中国科技统计年鉴

CHINA STATICAL YEARBOOK ON SCIENCE AND TECHNOLOGY

2012

国家统计局
科学技术部 编

Edited by
National Bureau of Statistics
Ministry of Science and Technology

中国统计出版社
China Statistics Press

图书在版编目（C I P）数据

中国科技统计年鉴. 2012：汉英对照 / 国家统计局，科学技术部编. -- 北京：中国统计出版社，2012.10

ISBN 978-7-5037-6721-0

Ⅰ. ①中… Ⅱ. ①国… ②科… Ⅲ. ①科技统计—中国—2012—年鉴—汉、英 Ⅳ. ①G322-66

中国版本图书馆 CIP 数据核字(2012)第 237100 号

中国科技统计年鉴. 2012

作　　者/国家统计局　科学技术部

责任编辑/徐　涛　赵利婧

封面设计/李雪燕

出版发行/中国统计出版社

通信地址/北京市丰台区西三环南路甲 6 号　邮政编码/100073

电　　话/邮购（010）63376909　书店（010）68783171

网　　址/http://csp.stats.gov.cn

印　　刷/河北天普润印刷厂

经　　销/新华书店

开　　本/880mm×1230mm　1/16

字　　数/544 千字

印　　张/17

版　　别/2012 年 11 月第 1 版

版　　次/2012 年 11 月第 1 次印刷

定　　价/260.00 元

本书附同版本 CD-ROM 一张，光盘内容以书面文字为准。

如有印装差错，由本社发行部调换。

《中国科技统计年鉴-2012》
编辑委员会和编辑部

THE CHINA STATISTICAL YEARBOOK ON SIENCE AND TECHNOLOGY—2012

Editorial Board and Editorial Staff

编者说明

《中国科技统计年鉴－2012》是国家统计局和科技部共同编辑的反映我国科技活动情况的统计资料书，收录了全国31个省、自治区、直辖市以及国务院有关部门2011年度科技统计数据。

全书内容分为九个部分。第一部分为反映全社会科技活动的综合统计资料。第二、三、四部分分别为工业企业、研究与开发机构和高等学校科技活动统计资料，其中工业企业的口径为规模以上工业企业，指年主营业务收入为2000万元及以上的法人工业企业；研究与开发机构的口径为地级及以上政府部门属科学研究与技术开发机构、科学技术信息和文献机构；高等学校包括高校及其附属医院。第五部分为高技术产业发展统计资料。第六部分为国家科技计划统计资料。第七部分为科技活动成果统计资料。第八部分为综合技术服务部门和科协活动有关资料。第九部分为国际科技统计资料。最后附有主要统计指标解释。

本书有关符号说明："空格"表示该项统计指标数据不足本表最小单位数、不详或无该项数据；"#"表示是其中的主要项；"*"或"①"表示本表下有注解。

本书中因小数取舍而产生的误差均未做配平处理。

参与本书编辑的单位还有教育部、国防科技工业局、财政部、人力资源和社会保障部、国土资源部、商务部、国家质量监督检验检疫总局、国家知识产权局、中国科学院、中国工程院、中国地震局、中国气象局、国家测绘地理信息局、中国科协。我们对上述单位有关人员在本书的编辑过程中给予的大力支持与合作，表示衷心感谢。

FOREWORD

China Statistical Yearbook on Science and Technology-2012 is prepared jointly by the National Bureau of Statistics and the Ministry of Science and Technology. The Yearbook, which covers data series at the national, provincial and local levels, and autonomous regions, as well as departments directly under the State Council, reports on the development of China's science and technology activities.

The yearbook contains the following nine parts. The first part reflect general science and technology(S&T) information on whole society; The second part, the third part and the forth part reflect respectively S&T information about Industrial Enterprises, Independent Research Institutions and Institutions of Higher Education. Industrial Enterprises cover Industrial Enterprises above Designated Size, with the sales revenue above 20 million RMB; Independent Research Institutions cover the municipal and above scientific research and technological development institutions which belong to government; Institutions of Higher Education cover Institutions of Higher Education and affiliated hospitals. The fifth part contains information on High Technology Industry. The sixth part contains information on National Program for Science and Technology. The seventh part contains information on results of S&T activities. The eighth part covers Scientific and Technologic Service and S&T activities of China Associations for S&T. The ninth part contains information on the international comparisons.

Notations used in this book:"(blank space)"indicates that the figure is not large enough to be measured with the smallest unit in the table or data are unknown or are not available;"#"indicates a major breakdown of the total; and "*" or "①" indicates footnotes at the end of the table.

Statistical discrepancies due to rounding are not adjusted in the yearbook.

The institutions participating editing this volume include: Ministry of Education, Sate Administration of Science, Technology and Industry for National Defense, Ministry of Finance, Ministry of Human Resources and Social Security,Ministry of Land and Resources, Ministry of Commerce, General Administration of Quality Supervision, Inspection and Quarantine, State Intellectual Property Office, Chinese Academy of Sciences, Chinese Academy of Engineering, China Earthquake Administration, China Meteorological Administration, National Administration of Surveying, Mapping and Geoinformation, China Association for Science and Technology. We would like to express our gratitude to these institutions of the State Council for their cooperation and support in sparing no effort to provide all the required data.

目 录 Contents

一、综合
General

二、工业企业

Industrial Enterprises

三、研究与开发机构
R&D Institutions

四、高等学校
Higher Education

五、高技术产业
High-tech Industry

六、国家科技计划
National Program for Science and Technology Development

七、科技活动成果

Results of Science and Technology Activities

八、科技服务
Scientific and Technologic Services

九、国际比较
International Comparison

一、综合

General

1-1 研究与试验发展(R&D)人员(2011年)

R&D Personnel (2011)

单位：人 (person)

项 目	Item	R&D人员 Total	#女性 Female	#全时人员 Full-time Equivalent	#博士毕业 Doctor	#硕士毕业 Master	#本科毕业 Under-graduate
全 国	**National Total**	**4017578**	**1017382**	**2522764**	**231677**	**566434**	**1279139**
按执行部门分	**By Performer**						
企 业	Enterprises	2845963	596679	1907501	31024	213703	902572
#规上工业企业	Industrial Enterprises above Designated Size	2546782	534369	1709885	25132	176469	811246
研究与开发机构	R&D Institutions	361920	118374	283886	49471	100134	140284
高等学校	Higher Education	631772	230197	277368	144219	227873	207042
其 他	Others	177923	72132	54009	6963	24724	29241
按地区分	**By Region**						
东部地区	Eastern Region	2607920	656177	1698160	152646	349265	822851
中部地区	Middle Region	866695	207698	512222	45980	125161	261318
西部地区	Western Region	542963	153507	312382	33060	92061	195535
北 京	Beijing	296990	100727	206885	52111	70478	80773
天 津	Tianjin	111586	30912	66869	6585	15208	33044
河 北	Hebei	111807	32280	62227	3560	14350	38826
山 西	Shanxi	67777	17519	37693	2711	9107	18334
内蒙古	Inner Mongolia	36225	11317	22499	1565	5244	13034
辽 宁	Liaoning	129637	37422	80640	9709	21352	41151
吉 林	Jilin	70704	24001	38907	7794	16934	24892
黑龙江	Heilongjiang	87258	25410	56701	5490	13439	24819
上 海	Shanghai	198667	51731	131940	18806	33920	57150
江 苏	Jiangsu	455135	102216	287387	19126	45939	148431
浙 江	Zhejiang	324245	77576	184105	10584	29128	106256
安 徽	Anhui	122640	24480	76780	5539	16420	39995
福 建	Fujian	128614	31859	82982	4439	10227	39032
江 西	Jiangxi	56919	14119	34084	2041	6716	18853
山 东	Shandong	327252	83448	218658	11822	34965	116931
河 南	Henan	167386	36504	90547	4880	17794	50056
湖 北	Hubei	166357	36548	103214	10890	22464	46146
湖 南	Hunan	127654	29117	74296	6635	22287	38223
广 东	Guangdong	515646	105593	371656	15224	72177	159011
广 西	Guangxi	61185	17108	30127	3699	11494	20250
海 南	Hainan	8341	2413	4811	680	1521	2246
重 庆	Chongqing	65287	17468	39748	4430	10270	21117
四 川	Sichuan	134125	34510	76724	7850	22495	53031
贵 州	Guizhou	24875	8130	12641	1492	4220	9526
云 南	Yunnan	43586	13506	21578	2987	7444	15188
西 藏	Tibet	1855	569	808	117	564	763
陕 西	Shaanxi	100585	30266	68347	6407	17639	34533
甘 肃	Gansu	31819	7863	17566	2373	5498	12536
青 海	Qinghai	7515	1924	4417	312	754	2491
宁 夏	Ningxia	12006	3046	6433	466	1420	4838
新 疆	Xinjiang	23900	7800	11494	1362	5019	8228

1-2 全国研究与试验发展(R&D)人员全时当量

Full-time Equivalent of R&D Personnel

单位：万人年 (10 000 man-year)

年份 Year	R&D人员全时当量 Total	基础研究 Basic Research	应用研究 Applied Research	试验发展 Experimental Development
1992	67.43	5.84	20.90	40.70
1993	69.78	6.33	21.49	41.96
1994	78.32	7.64	24.20	46.48
1995	75.17	6.66	22.79	45.71
1996	80.40	6.96	23.65	49.79
1997	83.12	7.17	25.27	50.68
1998	75.52	7.87	24.97	42.68
1999	82.17	7.60	24.15	50.42
2000	92.21	7.96	21.96	62.28
2001	95.65	7.88	22.60	65.17
2002	103.51	8.40	24.73	70.39
2003	109.48	8.97	26.03	74.49
2004	115.26	11.07	27.86	76.33
2005	136.48	11.54	29.71	95.23
2006	150.25	13.13	29.97	107.14
2007	173.62	13.81	28.60	131.21
2008	196.54	15.40	28.94	152.20
2009	229.13	16.46	31.53	181.14
2010	255.38	17.37	33.56	204.46
2011	288.29	19.32	35.28	233.73

1-3 按执行部门分研究与试验发展(R&D)人员全时当量(2011年)

Full-time Equivalent of R&D Personnel by Performer(2011)

单位：万人年 (10 000 man-year)

项 目	Item	R&D人员全时当量 Total	#研究人员 Researchers	基础研究 Basic Research	应用研究 Applied Research	试验发展 Experimental Development
全 国	**National Total**	**288.29**	**131.81**	**19.32**	**35.28**	**233.73**
企 业	Enterprises	216.93	81.88	0.22	4.00	212.75
#规上工业企业	Industrial Enterprises above Designated Size	193.91	71.68	0.14	2.87	190.92
研究与开发机构	R&D Institutions	31.57	19.99	5.03	11.33	15.20
高等学校	Higher Education	29.93	24.90	12.93	15.03	1.96
其 他	Others	9.86	5.04	1.14	4.91	3.81

1-4 各地区研究与试验发展(R&D)人员全时当量(2011年)

Full-time Equivalent of R&D Personnel by Region (2011)

单位：人年 (man-year)

地区	Region	R&D人员全时当量 Total	#研究人员 Researchers	基础研究 Basic Research	应用研究 Applied Research	试验发展 Experimental Development
全国	**National Total**	**2882903**	**1318086**	**193215**	**352777**	**2337287**
东部地区	Eastern Region	1932195	816234	107054	198986	1626306
中部地区	Middle Region	595115	305502	44426	78993	471734
西部地区	Western Region	355627	196376	41759	74838	239268
北京	Beijing	217255	121814	31734	54754	130782
天津	Tianjin	74293	34048	5342	10654	58303
河北	Hebei	73025	41826	4445	10560	58027
山西	Shanxi	47355	27142	3348	8780	35233
内蒙古	Inner Mongolia	27604	14973	2022	4328	21260
辽宁	Liaoning	80977	49316	7371	14498	59116
吉林	Jilin	44815	27582	9150	12492	23174
黑龙江	Heilongjiang	66599	42883	7691	8415	50494
上海	Shanghai	148500	69710	14539	24879	109105
江苏	Jiangsu	342765	123113	9964	17833	314979
浙江	Zhejiang	253687	74707	5935	11398	236360
安徽	Anhui	81087	37109	6976	9800	64314
福建	Fujian	96884	31705	3575	8537	84776
江西	Jiangxi	37517	19177	1944	4466	31109
山东	Shandong	228608	99719	11126	19897	197591
河南	Henan	118041	53334	2788	6516	108750
湖北	Hubei	113920	59605	6978	16393	90550
湖南	Hunan	85783	38670	5551	12130	68110
广东	Guangdong	410805	168108	12166	25197	373506
广西	Guangxi	40135	20436	5696	11348	23095
海南	Hainan	5397	2170	858	779	3762
重庆	Chongqing	40698	19883	4187	6232	30281
四川	Sichuan	82485	44005	9930	16694	56065
贵州	Guizhou	15886	8861	2436	2337	11114
云南	Yunnan	25092	14337	4009	6668	14419
西藏	Tibet	1081	676	312	517	253
陕西	Shaanxi	73501	44139	6859	14701	51948
甘肃	Gansu	21332	12991	2525	5302	13508
青海	Qinghai	5006	3189	716	1215	3077
宁夏	Ningxia	7358	3224	1145	1206	5010
新疆	Xinjiang	15451	9664	1924	4290	9238

1-5 全国研究与试验发展(R&D)经费内部支出
Intramural Expenditure on R&D

单位：亿元、% (100 million yuan,%)

年 份 Year	R&D经费内部支出 Total	基础研究 Basic Research	应用研究 Applied Research	试验发展 Experimental Development	占国内生产总值比重 of GDP	R&D经费内部支出现价增长 Growth at Current Price	R&D经费内部支出可比价增长 Growth at Constant Price
1995	348.69	18.06	92.02	238.60	0.57		38.10
1996	404.48	20.24	99.12	285.12	0.57	16.00	8.99
1997	509.16	27.44	132.46	349.26	0.64	25.88	24.00
1998	551.12	28.95	124.62	397.54	0.65	8.24	9.18
1999	678.91	33.90	151.55	493.46	0.76	23.19	24.75
2000	895.66	46.73	151.90	697.03	0.90	31.93	29.26
2001	1042.49	55.60	184.85	802.03	0.95	16.39	14.05
2002	1287.64	73.77	246.68	967.20	1.07	23.52	22.80
2003	1539.63	87.65	311.45	1140.52	1.13	19.57	16.53
2004	1966.33	117.18	400.49	1448.67	1.23	27.71	19.46
2005	2449.97	131.21	433.53	1885.24	1.32	24.60	19.88
2006	3003.10	155.76	488.97	2358.37	1.39	22.58	18.11
2007	3710.24	174.52	492.94	3042.78	1.40	23.55	14.82
2008	4616.02	220.82	575.16	3820.04	1.47	24.41	15.41
2009	5802.11	270.29	730.79	4801.03	1.70	25.70	26.45
2010	7062.58	324.49	893.79	5844.30	1.76	21.72	14.10
2011	8687.01	411.81	1028.39	7246.81	1.84	23.00	14.15

1-6 按执行部门分组的研究与试验发展(R&D)经费内部支出(2011年)
Intramural Expenditure on R&D by Performer(2011)

单位：亿元 (100 million yuan)

项 目	Item	R&D经费内部支出 Total	基础研究 Basic Research	应用研究 Applied Research	试验发展 Experimental Development
全 国	**National Total**	**8687.01**	**411.81**	**1028.39**	**7246.81**
企 业	Enterprises	6579.33	7.27	190.97	6381.09
#规上工业企业	Industrial Enterprises above Designated Size	5993.81	5.13	145.25	5843.42
研究与开发机构	R&D Institutions	1306.71	160.15	417.24	729.32
高等学校	Higher Education	688.85	226.67	372.42	89.76
其 他	Others	112.12	17.71	47.76	46.64

1-7 各地区研究与试验发展(R&D)经费内部支出(2011年)
Intramural Expenditure on R&D by Region (2011)

单位：万元　　(10 000 yuan)

地　区	Region	R&D经费内部支出 Total	基础研究 Basic Research	应用研究 Applied Research	试验发展 Experimental Development
全　国	**National Total**	**86870093**	**4118143**	**10283899**	**72468051**
东部地区	Eastern Region	61826215	2707411	6483047	52635773
中部地区	Middle Region	14634253	710276	1788901	12135091
西部地区	Western Region	10409654	700481	2011971	7697202
北　京	Beijing	9366439	1085319	2280064	6001059
天　津	Tianjin	2977580	130040	372977	2474566
河　北	Hebei	2013377	63349	257792	1692230
山　西	Shanxi	1133926	27463	171677	934788
内蒙古	Inner Mongolia	851685	16306	61628	773750
辽　宁	Liaoning	3638348	116268	527147	2994935
吉　林	Jilin	891337	89293	268497	533549
黑龙江	Heilongjiang	1287788	125096	190439	972253
上　海	Shanghai	5977131	377819	924252	4675064
江　苏	Jiangsu	10655109	234922	567979	9852207
浙　江	Zhejiang	5980824	136506	348300	5496022
安　徽	Anhui	2146439	177150	191711	1777579
福　建	Fujian	2215151	40653	117655	2056846
江　西	Jiangxi	967529	26696	69080	871750
山　东	Shandong	8443667	188278	541744	7713651
河　南	Henan	2644923	45774	107104	2492048
湖　北	Hubei	3230129	139258	471734	2619142
湖　南	Hunan	2332181	79544	318658	1933982
广　东	Guangdong	10454872	313873	531362	9609638
广　西	Guangxi	810205	46124	121830	642253
海　南	Hainan	103717	20385	13776	69556
重　庆	Chongqing	1283560	89403	206510	987649
四　川	Sichuan	2941009	207079	796042	1937889
贵　州	Guizhou	363089	29227	38962	294900
云　南	Yunnan	560797	66315	129858	364624
西　藏	Tibet	11530	1892	4442	5196
陕　西	Shaanxi	2493548	129869	461563	1902111
甘　肃	Gansu	485261	68419	91861	324979
青　海	Qinghai	125756	11140	19267	95349
宁　夏	Ningxia	153183	13815	14375	124994
新　疆	Xinjiang	330031	20891	65634	243509

1-8 各地区研究与试验发展(R&D)经费投入强度

The R&D Expenditure Input Intensity by Region

单位: % (%)

地 区	Region	2006	2007	2008	2009	2010	2011
全 国	**National Total**	**1.42**	**1.49**	**1.54**	**1.70**	**1.76**	**1.84**
北 京	Beijing	5.50	5.40	5.25	5.50	5.82	5.76
天 津	Tianjin	2.18	2.27	2.45	2.37	2.49	2.63
河 北	Hebei	0.66	0.66	0.67	0.78	0.76	0.82
山 西	Shanxi	0.76	0.86	0.90	1.10	0.98	1.01
内蒙古	Inner Mongolia	0.34	0.40	0.44	0.53	0.55	0.59
辽 宁	Liaoning	1.47	1.50	1.41	1.53	1.56	1.64
吉 林	Jilin	0.96	0.96	0.82	1.12	0.87	0.84
黑龙江	Heilongjiang	0.92	0.93	1.04	1.27	1.19	1.02
上 海	Shanghai	2.50	2.52	2.59	2.81	2.81	3.11
江 苏	Jiangsu	1.60	1.67	1.92	2.04	2.07	2.17
浙 江	Zhejiang	1.42	1.50	1.60	1.73	1.78	1.85
安 徽	Anhui	0.97	0.97	1.11	1.35	1.32	1.40
福 建	Fujian	0.89	0.89	0.94	1.11	1.16	1.26
江 西	Jiangxi	0.81	0.89	0.97	0.99	0.92	0.83
山 东	Shandong	1.06	1.20	1.40	1.53	1.72	1.86
河 南	Henan	0.64	0.67	0.66	0.90	0.91	0.98
湖 北	Hubei	1.25	1.21	1.31	1.65	1.65	1.65
湖 南	Hunan	0.71	0.80	1.01	1.18	1.16	1.19
广 东	Guangdong	1.19	1.30	1.41	1.65	1.76	1.96
广 西	Guangxi	0.38	0.37	0.46	0.61	0.66	0.69
海 南	Hainan	0.20	0.21	0.23	0.35	0.34	0.41
重 庆	Chongqing	1.06	1.14	1.18	1.22	1.27	1.28
四 川	Sichuan	1.25	1.32	1.28	1.52	1.54	1.40
贵 州	Guizhou	0.64	0.50	0.57	0.68	0.65	0.64
云 南	Yunnan	0.52	0.55	0.54	0.60	0.61	0.63
西 藏	Tibet	0.17	0.20	0.31	0.33	0.29	0.19
陕 西	Shaanxi	2.24	2.23	2.09	2.32	2.15	1.99
甘 肃	Gansu	1.05	0.95	1.00	1.10	1.02	0.97
青 海	Qinghai	0.52	0.49	0.41	0.70	0.74	0.75
宁 夏	Ningxia	0.70	0.84	0.69	0.77	0.68	0.73
新 疆	Xinjiang	0.28	0.28	0.38	0.51	0.49	0.50

1-9 按执行部门分组的研究与试验发展(R&D)经费内部支出
Intramural Expenditure on R&D by Performer

单位：亿元 (100 million yuan)

年 份 Year	R&D经费内部支出 Total	企 业 Enterprises	#规上工业企业 Industrial Enterprises above Designated Size	#大中型工业企业 Large & Medium-sized Industrial Enterprises	研究与开发机构 R&D Institutions	高等学校 Higher Education	其 他 Others
1995	348.7			141.7	146.4	42.3	
1996	404.5			160.5	172.9	47.8	
1997	509.2			188.3	206.4	57.7	
1998	551.1			197.1	234.3	57.3	
1999	678.9			249.9	260.5	63.5	
2000	895.7	537.0		353.4	258.0	76.7	24.0
2001	1042.5	630.0		442.3	288.5	102.4	21.6
2002	1287.6	787.8		560.2	351.3	130.5	18.0
2003	1539.6	960.2		720.8	399.0	162.3	18.1
2004	1966.3	1314.0	1104.5	954.4	431.7	200.9	19.7
2005	2450.0	1673.8		1250.3	513.1	242.3	20.8
2006	3003.1	2134.5		1630.2	567.3	276.8	24.5
2007	3710.2	2681.9		2112.5	687.9	314.7	25.7
2008	4616.0	3381.7	3073.1	2681.3	811.3	390.2	32.9
2009	5802.1	4248.6	3775.7	3210.2	995.9	468.2	89.4
2010	7062.6	5185.5		4015.4	1186.4	597.3	93.4
2011	8687.0	6579.3	5993.8	5030.7	1306.7	688.9	112.1

1-10 按执行部门和支出用途分R&D经费内部支出(2011年)
Intramural Expenditure on R&D by Performer and Use(2011)

单位：亿元 (100 million yuan)

项 目	Item	R&D经费内部支出 Total	日常性支出 Routine Expenses	#人员劳务费 Labor Cost	资产性支出 Assets Expenditure	#仪器和设备 Equipment
全 国	**National Total**	**8687.0**	**7335.4**	**2104.4**	**1351.7**	**1150.4**
企 业	Enterprises	6579.3	5718.9	1703.1	860.5	815.5
#规上工业企业	Industrial Enterprises above Designated Size	5993.8	5205.7	1468.4	788.1	759.4
研究与开发机构	R&D Institutions	1306.7	969.7	245.1	337.0	210.2
高等学校	Higher Education	688.9	559.6	107.5	129.3	108.3
其 他	Others	112.1	87.2	48.8	25.0	16.4

1-11 各地区按支出用途分研究与试验发展(R&D)经费内部支出(2011年)
Intramural Expenditure on R&D by Region and Use(2011)

单位：万元 (10 000 yuan)

地区	Region	R&D经费内部支出 Total	日常性支出 Routine Expenses	#人员劳务费 Labor Cost	资产性支出 Assets Expenditure	#仪器和设备 Equipment
全国	**National Total**	**86870093**	**73353585**	**21044229**	**13516535**	**11503996**
东部地区	Eastern Region	61826215	52485388	15717790	9340836	8095079
中部地区	Middle Region	14634253	12365723	3081414	2268569	1958443
西部地区	Western Region	10409654	8502493	2245065	1907154	1450501
北京	Beijing	9366439	7678573	2373410	1687868	1228386
天津	Tianjin	2977580	2388932	581208	588648	472557
河北	Hebei	2013377	1710348	437208	303029	270145
山西	Shanxi	1133926	941263	214324	192667	160901
内蒙古	Inner Mongolia	851685	745949	173338	105738	90245
辽宁	Liaoning	3638348	3203779	559841	434571	391919
吉林	Jilin	891337	758087	171244	133250	124981
黑龙江	Heilongjiang	1287788	1142789	283782	145000	129400
上海	Shanghai	5977131	5200556	1645689	776580	648863
江苏	Jiangsu	10655109	8977597	2380992	1677509	1520221
浙江	Zhejiang	5980824	5224555	1748609	756266	721342
安徽	Anhui	2146439	1743101	469539	403344	335209
福建	Fujian	2215151	1729453	547625	485701	470061
江西	Jiangxi	967529	816119	211353	151409	136133
山东	Shandong	8443667	7252714	1750657	1190955	1087520
河南	Henan	2644923	2198482	540314	446468	397746
湖北	Hubei	3230129	2729448	630592	500681	411950
湖南	Hunan	2332181	2036433	560266	295750	262125
广东	Guangdong	10454872	9033006	3666826	1421865	1272849
广西	Guangxi	810205	667288	194040	142915	130585
海南	Hainan	103717	85875	25726	17844	11217
重庆	Chongqing	1283560	1037141	265470	246419	217047
四川	Sichuan	2941009	2371221	709893	569790	352725
贵州	Guizhou	363089	326471	71750	36619	32315
云南	Yunnan	560797	459591	127036	101203	81705
西藏	Tibet	11530	8904	3505	2626	2609
陕西	Shaanxi	2493548	1976517	441325	517027	392565
甘肃	Gansu	485261	392574	114290	92686	65583
青海	Qinghai	125756	105500	22093	20257	17877
宁夏	Ningxia	153183	124375	38095	28807	27331
新疆	Xinjiang	330031	286963	84231	43069	39915

1-12 按资金来源分研究与试验发展(R&D)经费内部支出
Intramural Expenditure on R&D by Sources

单位：亿元 (100 million yuan)

年 份 Year	R&D经费内部支出 Total	政府资金 Government Funds	企业资金 Self-raised Funds by Enterprises	国外资金 Foreign Funds	其他资金 Other Funds
2003	1539.6	460.6	925.4	30.0	123.8
2004	1966.3	523.6	1291.3	25.2	126.2
2005	2450.0	645.4	1642.5	22.7	139.4
2006	3003.1	742.1	2073.7	48.4	138.9
2007	3710.2	913.5	2611.0	50.0	135.8
2008	4616.0	1088.9	3311.5	57.2	158.4
2009	5802.1	1358.3	4162.7	78.1	203.0
2010	7062.6	1696.3	5063.1	92.1	211.0
2011	8687.0	1883.0	6420.6	116.2	267.2

1-13 按执行部门和来源构成分研究与试验发展(R&D)经费内部支出(2011年)
Intramural Expenditure on R&D by Performer and Sources (2011)

单位：亿元 (100 million yuan)

项 目	Item	R&D经费内部支出 Total	政府资金 Government Funds	企业资金 Self-raised Funds by Enterprises	国外资金 Foreign Funds	其他资金 Other Funds
全 国	**National Total**	**8687.0**	**1883.0**	**6420.6**	**116.2**	**267.2**
企 业	Enterprises	6579.3	288.5	6118.0	104.7	68.1
#规上工业企业	Industrial Enterprises above Designated Size	5993.8	251.1	5647.8	46.1	48.8
研究与开发机构	R&D Institutions	1306.7	1106.1	39.9	4.9	155.8
高等学校	Higher Education	688.9	405.1	242.9	6.0	34.8
其 他	Others	112.1	83.2	19.8	0.7	8.4

1-14 各地区按资金来源分研究与试验发展(R&D)经费内部支出(2011年)
Intramural Expenditure on R&D by Region and Sources(2011)

单位：万元 (10 000 yuan)

地 区	Region	R&D经费内部支出 Total	政府资金 Government Funds	企业资金 Self-raised Funds by Enterprises	国外资金 Foreign Funds	其他资金 Other Funds
全 国	**National Total**	**86870093**	**18829656**	**64206443**	**1161963**	**2672030**
东部地区	Eastern Region	61826215	11951632	46956990	1104195	1813424
中部地区	Middle Region	14634253	2882430	11242125	30873	478853
西部地区	Western Region	10409654	3995627	6007353	26898	379782
北 京	Beijing	9366439	4978522	3229608	460907	697404
天 津	Tianjin	2977580	476001	2314746	59759	127076
河 北	Hebei	2013377	324406	1666239	435	22296
山 西	Shanxi	1133926	156524	934630	1138	41640
内蒙古	Inner Mongolia	851685	120587	719459	2677	8963
辽 宁	Liaoning	3638348	822489	2766218	12801	36840
吉 林	Jilin	891337	334721	527223	4108	25288
黑龙江	Heilongjiang	1287788	362306	896497	4221	24766
上 海	Shanghai	5977131	1759264	3920499	102312	195058
江 苏	Jiangsu	10655109	1176007	9101406	119807	257895
浙 江	Zhejiang	5980824	526815	5240432	111444	102133
安 徽	Anhui	2146439	468890	1596511	5153	75892
福 建	Fujian	2215151	183076	1971280	12962	47841
江 西	Jiangxi	967529	186630	754234	1483	25183
山 东	Shandong	8443667	720628	7562708	36810	123529
河 南	Henan	2644923	339418	2214143	1797	89567
湖 北	Hubei	3230129	722425	2390941	8140	108629
湖 南	Hunan	2332181	311517	1927946	4834	87889
广 东	Guangdong	10454872	941883	9127247	186689	199056
广 西	Guangxi	810205	171984	601015	218	36989
海 南	Hainan	103717	42542	56608	270	4298
重 庆	Chongqing	1283560	201425	1014755	5416	61970
四 川	Sichuan	2941009	1501274	1354653	9175	75902
贵 州	Guizhou	363089	75230	268919	238	18705
云 南	Yunnan	560797	175358	344181	3403	37857
西 藏	Tibet	11530	9739	1641		151
陕 西	Shaanxi	2493548	1414442	977678	1859	99568
甘 肃	Gansu	485261	171499	290893	376	22493
青 海	Qinghai	125756	32346	90381	313	2715
宁 夏	Ningxia	153183	33677	114329	15	5161
新 疆	Xinjiang	330031	88066	229449	3210	9307

1-15 研究与试验发展(R&D)经费外部支出(2011年)

External Expenditure on R&D (2011)

单位：万元 (10 000 yuan)

项 目	Item	R&D经费外部支出 Total	对境内研究机构支出 to Domestic Research Institutions	对境内高等学校支出 to Domestic Higher Education	对境内企业支出 to Domestic Enterprises	对境外机构支出 to Foreign Institutions
全 国	**National Total**	**4943405**	**2016277**	**1012463**	**1139091**	**607788**
按执行部门分	**By Performer**					
企 业	Enterprises	3898827	1622500	821222	869954	583190
#规上工业企业	Industrial Enterprises above Designated Size	3557345	1465807	756681	783837	551019
研究与开发机构	R&D Institutions	463591	187810	36965	77393	268
高等学校	Higher Education	518471	173040	146325	172821	24324
其 他	Others	62516	32926	7951	18923	6
按地区分	**By Region**					
东部地区	Eastern Region	3553622	1447416	665784	867709	475598
中部地区	Middle Region	756419	322794	184330	159567	85084
西部地区	Western Region	633375	246079	162357	111827	47108
北 京	Beijing	812140	419732	99394	194566	10264
天 津	Tianjin	106262	52561	11186	22909	17523
河 北	Hebei	76818	35499	23828	9855	6827
山 西	Shanxi	67046	30312	21093	11921	2131
内 蒙 古	Inner Mongolia	38090	16804	11290	9133	861
辽 宁	Liaoning	110385	45984	17911	33631	12763
吉 林	Jilin	43429	24501	11481	2840	4557
黑 龙 江	Heilongjiang	110568	39475	29800	30229	11064
上 海	Shanghai	311554	94673	27971	78430	107893
江 苏	Jiangsu	514708	176977	112484	116826	107667
浙 江	Zhejiang	362408	148834	66125	109101	37919
安 徽	Anhui	153863	49434	27836	47691	28519
福 建	Fujian	113535	45471	21071	18324	28665
江 西	Jiangxi	92066	43615	14691	8489	25080
山 东	Shandong	481692	194548	157515	81577	48050
河 南	Henan	109950	59106	26152	22097	2587
湖 北	Hubei	92695	34711	30307	25135	2357
湖 南	Hunan	86802	41638	22970	11165	8790
广 东	Guangdong	655766	225223	127946	202402	98027
广 西	Guangxi	42893	19500	11099	9302	2991
海 南	Hainan	8356	7915	354	87	
重 庆	Chongqing	78962	35828	12159	3526	27446
四 川	Sichuan	127844	50446	43129	24484	6134
贵 州	Guizhou	14067	6548	5651	1173	585
云 南	Yunnan	29954	16427	6798	6315	122
西 藏	Tibet	872	406	466		
陕 西	Shaanxi	158136	58674	25738	10563	1302
甘 肃	Gansu	54518	29403	13779	4375	6881
青 海	Qinghai	25388	2969	22076	141	200
宁 夏	Ningxia	7150	3067	3254	299	531
新 疆	Xinjiang	55501	6006	6919	42516	54

1-16 研究与试验发展(R&D)项目情况(2011年)
R&D Projects (2011)

项目	Item	R&D项目(课题)数(项) R&D Projects (item)	R&D项目(课题)参加人员折合全时当量(人年) Participants (man-year)	R&D项目(课题)经费内部支出(万元) Expenditure (10 000 yuan)
全国	**National Total**	**953124**	**2560619**	**69063295**
按执行部门分	**By Performer**			
企业	Enterprises	256253	1918789	55134010
#规上工业企业	Industrial Enterprises above Designated Size	232158	1715213	50519938
研究与开发机构	R&D Institutions	70967	273374	8070514
高等学校	Higher Education	604107	299013	5353389
其他	Others	21797	69443	505383
按地区分	**By Region**			
东部地区	Eastern Region	568753	1724545	49907148
中部地区	Middle Region	213694	525361	11633388
西部地区	Western Region	170677	310716	7522787
北京	Beijing	103526	195369	6618502
天津	Tianjin	28882	65769	2193089
河北	Hebei	22603	63699	1618820
山西	Shanxi	11823	41353	865195
内蒙古	Inner Mongolia	8211	23999	649181
辽宁	Liaoning	31235	70434	2727256
吉林	Jilin	19356	39992	697771
黑龙江	Heilongjiang	21374	58822	934658
上海	Shanghai	61757	131430	4551767
江苏	Jiangsu	79100	307027	8930126
浙江	Zhejiang	74091	236780	5477305
安徽	Anhui	32520	71635	1679116
福建	Fujian	26138	85772	1742881
江西	Jiangxi	17722	31907	790820
山东	Shandong	59183	203874	6915612
河南	Henan	28422	103884	2296657
湖北	Hubei	45457	101970	2440633
湖南	Hunan	37020	75799	1928537
广东	Guangdong	78772	359394	9071898
广西	Guangxi	20350	35601	611368
海南	Hainan	3466	4996	59891
重庆	Chongqing	19375	36095	985769
四川	Sichuan	41012	72932	2135057
贵州	Guizhou	10975	13747	295405
云南	Yunnan	14363	21968	389959
西藏	Tibet	564	834	8671
陕西	Shaanxi	32166	62879	1709553
甘肃	Gansu	11545	18100	303736
青海	Qinghai	1357	4414	87504
宁夏	Ningxia	4053	6795	118240
新疆	Xinjiang	6706	13353	228345

1-17 科技进步贡献率

MFP Contribution on Economic Growth

单位：% (%)

项 目	Item	1998-2003	1999-2004	2000-2005	2001-2006	2002-2007	2003-2008	2004-2009	2005-2010	2006-2011
GDP年均增速	The Annual Growth Rate of GDP	8.7	9.2	9.6	10.0	10.4	10.8	10.6	10.3	11.1
科技进步贡献率	MFP Contribution on Economic Growth	39.7	42.2	43.2	44.3	46.0	48.8	48.4	50.9	51.7

1-18 国家财政科技支出

Government Expenditure for Science and Technology

单位：亿元 (100 million yuan)

年份 Year	国家财政总支出 Total Government Budgetary Expenditure (A)	国家财政科技拨款 Appropriation for Science and Technology (B)	中央 Central Government	地方 Local Government	科技拨款占财政总支出的比重 % of Total Government Budgetary Expenditure (B/A)
1980	1228.8	64.6			5.26
1981	1138.4	61.6			5.41
1982	1230.0	65.3			5.31
1983	1409.5	79.0			5.61
1984	1701.0	94.7			5.57
1985	2004.3	102.6			5.12
1986	2204.9	112.6			5.11
1987	2262.2	113.8			5.03
1988	2491.2	121.1			4.86
1989	2823.8	127.9			4.53
1990	3083.6	139.1	97.6	41.6	4.51
1991	3386.6	160.7	115.4	45.3	4.74
1992	3742.2	189.3	133.6	55.7	5.06
1993	4642.3	225.6	167.6	58.0	4.86
1994	5792.6	268.3	199.0	69.3	4.63
1995	6823.7	302.4	215.6	86.8	4.43
1996	7937.6	348.6	242.8	105.8	4.39
1997	9233.6	408.9	273.9	134.0	4.43
1998	10798.2	438.6	289.7	148.9	4.06
1999	13187.7	543.9	355.6	188.3	4.12
2000	15886.5	575.6	349.6	226.0	3.62
2001	18902.6	703.3	444.3	258.9	3.72
2002	22053.2	816.2	511.2	305.0	3.70
2003	24650.0	944.6	609.9	335.6	3.83
2004	28486.9	1095.3	692.4	402.9	3.84
2005	33930.3	1334.9	807.8	527.1	3.93
2006	40422.7	1688.5	1009.7	678.8	4.18
2007	49781.4	2113.5	1043.0	1070.5	4.25
2008	62592.7	2581.8	1285.2	1296.6	4.12
2009	76299.9	3224.9	1648.6	1576.3	4.23
2010	89874.2	4114.4	2046.4	2068.0	4.58
2011	109247.8	4902.6	2469.0	2433.6	4.49

1-19 公有经济企事业单位专业技术人员
Technical Personnel in State-owned and Collective-owned Enterprises and Institutions

单位：人 (person)

年 份 Year	合 计 Total	小 计 Subtotal	工程技术 Engineering	农业技术 Agriculture	科学研究 Scientific Research	卫生技术 Health Care	教学人员 Teaching	公有企事业单位在岗职工（万人） Staff and Workers in State-owned Enterprises (10 000 persons)	平均每万名职工中专业技术人员 Technical Personnel per 10 000 Employees
1995	27053663	19133834	5625850	535731	302879	3035335	9634039	9975	2712
1996	28019313	19920785	5745367	579157	303177	3130788	10162296	9919	2825
1997	28603117	20495006	5719337	611458	302684	3213762	10647765	9723	2942
1998	28773511	20913343	5656735	635929	290537	3254958	11075184	7766	3705
1999	29042988	21430140	5654863	654138	283532	3329706	11507901	7286	3986
2000	28874159	21650807	5551098	670105	274506	3371966	11783132	6820	4234
2001	28477431	21698037	5316327	674644	265554	3390233	12051279	6355	4481
2002	28344158	21860024	5289166	666998	262692	3402326	12238842	5890	4812
2003	27745585	21739699	4992867	683437	275496	3441109	12346790	5575	4977
2004	27504073	21783019	4807869	704576	282002	3532282	12456290	5375	5117
2005	27567260	21978684	4791227	705720	311166	3581181	12589390	5161	5341
2006	27739287	22298171	4893672	701930	326728	3612091	12763750	5085	5455
2007	28014657	22545110	5017747	701481	349208	3640554	12836120	5044	5554
2008	28635696	23098880	5176798	715774	368655	3888273	12949380	5006	5720
2009	28879635	23211769	5310622	714720	388150	3929037	12869240	4935	5852
2010	28157323	22697107	5415126	688651	339676	3840124	12413530	4973	5662
2011	29186650	23569312	5715561	714489	403853	4107373	12628036	5150	5667

注：2008年及以前年份统计口径为"国有企事业单位"，不包含集体企事业单位情况。

1-20 公有经济企事业单位分行业专业技术人员(2011年)
Technical Personnel in State-owned and Collective-owned Enterprises and Institutions by Industrial Sector (2011)

单位：万人 (10 000 persons)

行 业	Industry	合 计 Total	企 业 Enterprise	事 业 Institution
总 计	**Total**	**2918.7**	**880.4**	**2038.2**
农、林、牧、渔业	Farming, Forestry, Farming of Animals and Fishing	107.2	19.3	87.9
工 业	Mining,Manufacturing,Production and Distribution of Electricity, Gas and Water	344.0	341.4	2.6
建筑业	Construction	116.0	107.9	8.1
交通运输、仓储和邮政业	Traffic,Transport, Storage and Post	77.4	52.0	25.4
信息传输、计算机服务和软件业	Information Transfer, Computer Services and Software	52.0	49.0	3.0
批发和零售业	Wholesale and Retail Trade	34.0	33.7	0.3
住宿和餐饮业	Accommodation and Restaurants	3.2	2.6	0.6
金融业	Finance	200.4	195.3	5.1
房地产业	Real Estate	13.1	9.9	3.2
租赁和商务服务业	Tenancy and Business Services	6.0	4.6	1.5
科学研究、技术服务和地质勘查业	Scientific Research,Technical Service and Geologic Perambulation	97.2	27.9	69.3
水利、环境和公共设施管理业	Management of Water Conservancy, Environment and Public Establishment	46.4	4.5	41.9
居民服务和其他服务业	Resident Services and Other Services	14.9	9.3	5.7
教 育	Education	1290.7	2.1	1288.6
卫生、社会保障和社会福利业	Sanitation, Social Security and Social welfare	404.7	5.0	399.7
文化、体育和娱乐业	Culture, Sports and Entertainment	63.8	9.5	54.3
公共管理和社会组织	Public Management and Social Organization	47.5	6.5	41.1

1-21 各地区公有经济企事业单位专业技术人员(2011年)

Technical Personnel in State-owned and Collective-owned Enterprises and Institutions by Region (2011)

单位：人 (person)

地 区	Region	合 计 Total	小 计 Subtotal	工程技术 Engineering	农业技术 Agriculture	科学研究 Scientific Research	卫生技术 Health Care	教学人员 Teaching
全 国	**National Total**	**29186650**	**23569312**	**5715561**	**714489**	**403853**	**4107373**	**12628036**
东部地区	Eastern Region	9421009	8076719	1350814	191892	74266	1618705	4841042
中部地区	Middle Region	6955053	6166099	791034	202397	37968	1239582	3895118
西部地区	Western Region	6363653	5758086	804040	286007	34796	1019951	3613292
北 京	Beijing	465049	364568	109459	4548	5744	87543	157274
天 津	Tianjin	313909	254234	69407	2984	3548	57220	121075
河 北	Hebei	1157712	1031070	126730	27115	3420	172677	701128
山 西	Shanxi	875919	738002	153618	23823	3613	122011	434937
内蒙古	Inner Mongolia	559597	495875	63173	33396	2346	90276	306684
辽 宁	Liaoning	765917	672184	200316	22048	5569	125605	318646
吉 林	Jilin	609675	535262	77158	27715	6179	112867	311343
黑龙江	Heilongjiang	762885	663207	103489	35441	6634	149943	367700
上 海	Shanghai	621526	377379	117596	3907	5812	94798	155266
江 苏	Jiangsu	1179099	1042342	114226	28284	7912	215557	676363
浙 江	Zhejiang	891166	761857	105137	17520	5051	191810	442339
安 徽	Anhui	832047	750273	88644	19086	2922	135730	503891
福 建	Fujian	623233	557730	72671	11822	6034	95001	372202
江 西	Jiangxi	708018	641455	67570	20068	3235	127586	422996
山 东	Shandong	1807447	1582861	276011	56991	25296	295117	929446
河 南	Henan	1314717	1187042	118289	30769	4677	222925	810382
湖 北	Hubei	843590	760818	78737	16833	3961	182081	479206
湖 南	Hunan	1008202	890040	103529	28662	6747	186439	564663
广 东	Guangdong	1448011	1304048	151700	13475	5260	253992	879621
广 西	Guangxi	828166	752309	153773	21169	2975	130294	444098
海 南	Hainan	147940	128446	7561	3198	620	29385	87682
重 庆	Chongqing	443943	391349	48714	13567	2344	69078	257646
四 川	Sichuan	1085783	1016124	113654	46057	6039	186535	663839
贵 州	Guizhou	577246	533075	57311	24881	1615	78377	370891
云 南	Yunnan	801428	739324	104229	44388	4025	128549	458133
西 藏	Tibet	57280	52873	3382	3353	485	9524	36129
陕 西	Shaanxi	771631	651633	116587	28099	4545	129114	373288
甘 肃	Gansu	526862	482569	62250	25675	2106	77332	315206
青 海	Qinghai	121538	109641	18253	8802	720	20826	61040
宁 夏	Ningxia	125591	111942	15357	8699	868	19756	67262
新 疆	Xinjiang	464588	421372	47357	27921	6728	80290	259076

注：全国数据包含中央属及地方属单位的专业技术人员，分地区数据只含地方属单位。

1-22 分学科研究生情况（2011年）

Number of Postgraduate Students by Field of Study (2011)

单位：人 (person)

项 目	Item	招生数 New Enrollment	硕士 Master's Degree	博士 Doctor's Degree	在校学生数 Total Enrollment	硕士 Master's Degree	博士 Doctor's Degree	毕业生数 Graduates	硕士 Master's Degree	博士 Doctor's Degree
分学科研究生数（总计）	**Total**	**560168**	**494609**	**65559**	**1645845**	**1374584**	**271261**	**429994**	**379705**	**50289**
#专业学位	Academic Degree	159942	158499	1443	338042	333037	5005	51239	50095	1144
哲 学	Philosophy	4699	3885	814	15482	11947	3535	4851	4095	756
经济学	Economics	25301	22481	2820	67503	55563	11940	19773	17390	2383
法 学	Law	40446	36920	3526	121760	107695	14065	37086	34576	2510
教育学	Education	27112	25751	1361	71423	66684	4739	19769	18848	921
文 学	Literature	48042	45165	2877	136101	124694	11407	37735	35494	2241
历史学	History	5705	4767	938	18229	14236	3993	5329	4493	836
理 学	Science	57688	44894	12794	181072	134463	46609	47731	37850	9881
工 学	Engineering	195082	170478	24604	587587	476320	111267	145303	127600	17703
农 学	Agriculture	20063	17084	2979	56119	44396	11723	12845	10604	2241
医 学	Medicine	60831	52721	8110	181129	152497	28632	49039	42048	6991
军事学	Military	261	217	44	854	648	206	211	177	34
管理学	Management	74938	70246	4692	208586	185441	23145	50322	46530	3792
分学科研究生数（普通高校）	**Regular Colleges**	**541077**	**482195**	**58882**	**1588462**	**1340435**	**248027**	**415687**	**371223**	**44464**
#专业学位	Academic Degree	157738	156295	1443	333352	328347	5005	50937	49793	1144
哲 学	Philosophy	4551	3790	761	15019	11663	3356	4708	3994	714
经济学	Economics	24680	22118	2562	65659	54561	11098	19232	17061	2171
法 学	Law	39581	36202	3379	119286	105691	13595	36451	34063	2388
教育学	Education	27027	25706	1321	71179	66568	4611	19706	18817	889
文 学	Literature	47770	44984	2786	135225	124110	11115	37496	35320	2176
历史学	History	5623	4702	921	17981	14059	3922	5258	4441	817
理 学	Science	50954	41408	9546	160049	124579	35470	42711	35692	7019
工 学	Engineering	187520	165058	22462	564892	461474	103418	139653	123849	15804
农 学	Agriculture	19115	16415	2700	53402	42576	10826	12164	10135	2029
医 学	Medicine	59946	52068	7878	178601	150714	27887	48342	41565	6777
军事学	Military	260	216	44	851	645	206	209	175	34
管理学	Management	74050	69528	4522	206318	183795	22523	49757	46111	3646
分学科研究生数（科研机构）	**Research Institutions**	**19091**	**12414**	**6677**	**57383**	**34149**	**23234**	**14307**	**8482**	**5825**
#专业学位	Academic Degree	2204	2204		4690	4690		302	302	
哲 学	Philosophy	148	95	53	463	284	179	143	101	42
经济学	Economics	621	363	258	1844	1002	842	541	329	212
法 学	Law	865	718	147	2474	2004	470	635	513	122
教育学	Education	85	45	40	244	116	128	63	31	32
文 学	Literature	272	181	91	876	584	292	239	174	65
历史学	History	82	65	17	248	177	71	71	52	19
理 学	Science	6734	3486	3248	21023	9884	11139	5020	2158	2862
工 学	Engineering	7562	5420	2142	22695	14846	7849	5650	3751	1899
农 学	Agriculture	948	669	279	2717	1820	897	681	469	212
医 学	Medicine	885	653	232	2528	1783	745	697	483	214
军事学	Military	1	1		3	3		2	2	
管理学	Management	888	718	170	2268	1646	622	565	419	146

1-23 普通本科分学科学生数（2011年）
Number of Students in Undergraduate and Junior Colleges by Field of Study (2011)

单位：人 (person)

项 目	Item	招生数 New Enrollment	在校学生数 Total Enrollment	毕业生数 Graduates
总 计	**Total**	**3566411**	**13496577**	**2796229**
#师范	Teacher Training	347198	1350393	302990
哲 学	Philosophy	2647	9187	2167
经济学	Economics	213366	805844	172583
法 学	Law	129428	501979	117923
教育学	Education	133587	474661	95140
文 学	Literature	672496	2534078	537958
#外语	Foreign Languages	199946	799245	185771
艺术	Art	312523	1115002	216458
历史学	History	18281	67854	14309
理 学	Science	341487	1287275	279101
工 学	Engineering	1134270	4275808	884542
农 学	Agriculture	60835	235342	51148
医 学	Medicine	217290	942912	168582
管理学	Management	642724	2361637	472776

1-24 普通专科分学科学生数（2011年）
Number of Students in Undergraduate and Junior Colleges by Field of Study (2011)

单位：人 (person)

项 目	Item	招生数 New Enrollment	在校学生数 Total Enrollment	毕业生数 Graduates
总 计	**Total**	**3248598**	**9588501**	**3285336**
#师 范	Teacher Training	179603	524926	198650
农林牧渔大类	Agriculture, Forestry, Animal Husbandry, and Fishery	57103	172439	59580
交通运输大类	Communication &Transpotation	142769	401420	116379
生化与药品大类	Biochemistry and Drugs	76758	237580	85344
资源开发与测绘大类类	Exploiture of Resources & Surveying and Mapping	49534	140031	40777
材料与能源大类	Material and Sources of Energy	45655	137167	46523
土建大类	Civil Construction	363343	950137	252816
水利大类	Water Conservancy	14003	37400	11036
制造大类	Manufacturing	422391	1279609	457549
电子信息大类	Electronic Information	313628	1006014	394674
环保、气象与安全大类	Environment Protection, Meteorology and Security	15516	45397	15955
轻纺食品大类	Textile and Food	56745	178163	64209
财经大类	Finance and Economics	689471	2032080	668498
医药卫生大类	Medicine and Health	311438	863942	276239
旅游大类	Tourism	108430	323212	106716
公共事业大类	Public Service	32815	97928	32915
文化教育大类	Culture and Education	343259	1059178	430851
艺术设计传媒大类	Art Design and Media	155198	463522	152434
公安大类	Public Security	11095	36524	24066
法律大类	Law	39447	126758	48775

1-25 中国科学院院士和中国工程院院士
Academicians of China Academy of Sciences and Academicians of China Academy of Engineering

单位：人　(person)

项　　目	Item	1995	2000	2001	2002	2003	2004	2005	2006	2007	2008	2009	2010	2011
中国科学院院士合计[1]	**Academicians of China Academy of Sciences**	**571**	**617**	**653**	**639**	**685**	**672**	**706**	**692**	**709**	**692**	**714**	**694**	**727**
数学物理学部	Division of Mathematics and Physics	113	115	124	122	128	126	130	130	135	134	137	133	139
化学部	Division of Chemistry	99	107	113	110	119	119	125	121	124	120	125	121	126
生命科学和医学学部	Division of Life Sciences and Medical Sciences	96	107	114	112	122	117	126	123	129	124	126	120	128
地学部	Division of Earth Sciences	102	110	115	110	117	113	119	117	117	113	116	112	119
信息技术科学部	Division of Information Technological Sciences						76	81	79	80	79	83	82	83
技术科学部	Division of Technological Sciences	161	178	187	185	199	121	125	122	124	122	127	126	132
中国工程院院士合计	**Academicians of China Academy of Engineering**	**327**	**542**	**613**	**609**	**660**	**655**	**701**	**694**	**718**	**711**	**749**	**736**	**766**
机械与运载工程学部	Division of Mechanical and Vehicle Engineering	49	78	89	88	96	96	104	102	105	103	106	105	110
信息与电子工程学部	Division of Information and Electronic Engineering	59	94	102	100	105	104	107	106	105	105	108	106	110
化工、冶金与材料工程学部	Division of Chemical, Metallurgic and Material	46	74	81	81	88	88	93	92	94	92	95	93	98
能源与矿业工程学部	Division of Energy and Mining Engineering	42	71	81	81	88	88	95	94	95	95	100	98	102
土木、水利与建筑工程学部	Division of Civil , Hydraulic and Architecture Engineering	41	71	80	80	87	86	93	93	97	96	100	98	101
环境与轻纺工程学部[2]	Division of Environment, Light and Textile Industries Engineering	42	74	86	85	92	91	97	95	37	36	42	41	43
农业学部	Division of Agriculture									64	64	70	70	71
医药与卫生工程学部	Division of Medical and Health	48	80	89	89	96	94	101	101	107	107	112	109	112
工程管理学部[3]	Division of Engineering Management			33	33	36	36	39	39	41	41	44	44	46

注：① 2006年中国科学院另有53位外籍院士。
② 2007年以前数据包括农业学部。
③ 2010年工程管理学部中有28人是跨学部院士；2011年工程管理学部中有27人是跨学部院士。

1-26 中国科学院全体院士名单(727人)

数学物理学部（139人）

丁伟岳	丁夏畦	于敏	于渌	万哲先	马大猷	马志明	王乃彦	王广厚	王元
王世绩	王业宁	王迅	王诗宬	王恩哥	王梓坤	王绶琯	王鼎盛	文兰	方成
方守贤	甘子钊	艾国祥	石钟慈	龙以明	叶叔华	叶朝辉	田刚	白以龙	邝宇平
冯端	邢定钰	曲钦岳	吕敏	朱邦芬	刘应明	汤定元	孙义燧	孙昌璞	严加安
苏定强	苏肇冰	李大潜	李方华	李正武	李邦河	李安民	李荫远	李家明	李家春
李惕碚	李德平	杨乐	杨应昌	杨国桢	杨福家	吴文俊	吴岳良	何祚庥	谷超豪
邹广田	闵乃本	汪承灏	沈文庆	沈学础	张仁和	张伟平	张杰	张宗烨	张恭庆
张家铝	张焕乔	张淑仪	张涵信	张维岩	张裕恒	张殿琳	张肇西	陆启铿	陆埮
陈木法	陈永川	陈式刚	陈和生	陈佳洱	陈建生	陈难先	陈彪	武向平	范海福
林群	欧阳钟灿	罗俊	周又元	周光召	周恒	周毓麟	冼鼎昌	郑厚植	郑晓静
经福谦	赵光达	赵忠贤	郝柏林	胡仁宇	胡和生	俞昌旋	姜伯驹	洪家兴	洪朝生
贺贤土	袁亚湘	夏道行	徐至展	徐叙瑢	高鸿钧	郭尚平	郭柏灵	席南华	唐孝威
陶瑞宝	黄祖洽	黄润乾	龚昌德	鄂维南	崔向群	章综	彭实戈	葛墨林	程开甲
童秉纲	谢家麟	詹文龙	解思深	熊大闰	潘建伟	霍裕平	戴元本	魏宝文	

化学部(126人)

万立骏	万惠霖	王方定	王佛松	王夔	支志明	计亮年	卢佩章	申泮文	田中群
田禾	田昭武	白春礼	包信和	冯守华	朱起鹤	朱清时	朱道本	任詠华	刘元方
刘有成	刘若庄	刘忠范	江元生	江龙	江明	江桂斌	江雷	孙家钟	麦松威
严东生	严纯华	苏锵	李亚栋	李灿	李洪钟	李静海	杨玉良	杨学明	吴云东
吴奇	吴养洁	吴新涛	何国钟	何鸣元	佟振合	余国琮	闵恩泽	汪尔康	沙国河
沈之荃	沈家骢	宋礼成	张玉奎	张礼和	张存浩	张希	张俐娜	张乾二	陆婉珍
陆熙炎	陈小明	陈庆云	陈凯先	陈茹玉	陈俊武	陈洪渊	陈家镛	陈新滋	陈懿
林励吾	林国强	卓仁禧	周同惠	周其凤	周其林	周维善	郑兰荪	赵玉芬	赵东元
赵进才	胡宏纹	胡英	查全性	段雪	侯建国	俞汝勤	洪茂椿	费维扬	姚守拙
姚建年	袁权	袁承业	柴之芳	钱逸泰	倪嘉缵	徐光宪	徐如人	徐晓白	徐僖
高松	高鸿	郭景坤	郭慕孙	唐本忠	唐有祺	涂永强	黄乃正	黄本立	黄志镗
黄春辉	黄维垣	黄量	曹镛	麻生明	梁敬魁	彭少逸	蒋锡夔	程津培	程镕时
游效曾	谢毓元	蔡启瑞	黎乐民	颜德岳	戴立信				

生命科学和医学学部(128人)

王大成	王文采	王正敏	王世真	王志珍	王志新	王恩多	毛江森	方荣祥	方精云
尹文英	孔祥复	邓子新	石元春	卢永根	叶玉如	田波	印象初	匡廷云	朱玉贤
朱兆良	朱作言	庄文颖	庄巧生	刘以训	刘允怡	刘建康	刘瑞玉	刘新垣	许智宏
孙大业	孙汉董	孙曼霁	孙儒泳	苏国辉	李林	李季伦	李振声	李家洋	李朝义
杨焕明	杨雄里	杨福愉	吴旻	吴征镒	吴建屏	吴孟超	吴祖泽	吴常信	汪忠镐
沈允钢	沈自尹	沈岩	沈善炯	张友尚	张永莲	张亚平	张启发	张明杰	张学敏
张春霆	张树政	张新时	陆士新	陈子元	陈文新	陈可冀	陈竺	陈宜张	陈宜瑜
陈晓亚	陈润生	陈霖	武维华	林其谁	林鸿宣	尚永丰	金国章	周俊	郑光美
郑守仪	郑国锠	郑儒永	孟安明	赵玉沛	赵尔宓	赵进东	赵国屏	段树民	侯凡凡
饶子和	施教耐	施蕴渝	洪国藩	洪孟民	洪德元	姚开泰	贺林	贺福初	郭爱克
唐守正	唐崇惕	黄路生	曹文宣	戚正武	龚岳亭	常文瑞	康乐	梁栋材	梁智仁
隋森芳	葛均波	蒋有绪	韩启德	韩济生	舒红兵	童坦君	曾益新	曾毅	谢华安
谢联辉	强伯勤	裴钢	翟中和	薛社普	鞠躬	魏于全	魏江春		

地学部(119人)

丁仲礼	丁国瑜	万卫星	马宗晋	马　瑾	王　水	王铁冠	王　颖	王德滋	文圣常
丑纪范	邓起东	石广玉	石耀霖	叶大年	叶　笃	叶嘉安	田在艺	冯士筰	戎嘉余
吕达仁	朱日祥	朱显谟	伍荣生	任纪舜	刘丛强	刘光鼎	刘昌明	刘宝珺	刘振兴
刘嘉麒	安芷生	许志琴	许厚泽	孙　枢	孙鸿烈	苏纪兰	李小文	李吉均	李廷栋
李崇银	李德仁	李德生	李曙光	杨元喜	杨文采	肖序常	吴国雄	吴新智	邱占祥
汪品先	汪集旸	沈其韩	张本仁	张国伟	张宗祜	张弥曼	张　经	张彭熹	陆大道
陈　旭	陈运泰	陈俊勇	陈梦熊	陈　颙	林学钰	欧阳自远	金振民	周卫健	周志炎
周秀骥	周忠和	於崇文	郑永飞	郑　度	赵其国	赵柏林	赵鹏大	胡敦欣	钟大赉
侯仁之	姚振兴	姚檀栋	秦大河	秦蕴珊	袁道先	莫宣学	贾承造	徐世浙	徐冠华
殷鸿福	高　山	高　俊	郭令智	郭华东	涂传诒	陶诗言	陶　澍	黄荣辉	龚健雅
常印佛	符淙斌	巢纪平	程国栋	傅伯杰	傅家谟	焦念志	舒德干	童庆禧	曾庆存
曾融生	谢学锦	翟明国	翟裕生	滕吉文	薛禹群	穆　穆	戴金星	魏奉思	

信息技术科学部(83人)

干　福	王之江	王占国	王　圩	王守武	王守觉	王阳元	王启明	王育竹	王家骐
王　越	包为民	母国光	匡定波	朱中梁	刘永坦	刘国治	刘颂豪	刘盛纲	许宁生
孙钟秀	李　未	李启虎	李树深	李衍达	杨芙清	杨学军	吴一戎	吴宏鑫	吴培亨
吴德馨	何积丰	沈绪榜	怀进鹏	宋　健	张　钹	张效祥	张景中	张　煦	张嗣瀛
陆元九	陆汝钤	陈国良	陈定昌	陈星旦	陈星弼	陈俊亮	陈桂林	陈翰馥	林为干
林惠民	林尊琪	金亚秋	周兴铭	周炳琨	周巢尘	郑有炓	郑建华	郑耀宗	保　铮
侯　洵	侯朝焕	姚建铨	秦国刚	夏建白	夏培肃	徐宗本	郭光灿	郭　雷	黄民强
黄宏嘉	黄　维	黄　琳	梅　宏	梁思礼	彭堃墀	董韫美	雷啸霖	简水生	阙端麟
褚君浩	薛永祺	戴汝为							

技术科学部(132人)

于起峰	王大中	王立鼎	王光谦	王自强	王克明	王希季	王补宣	王崇愚	王淀佐
王锡凡	王　曦	卢　柯	卢　强	叶恒强	叶培建	申长雨	邢球痕	过增元	师昌绪
朱位秋	朱　荻	朱森元	朱　静	伍小平	任新民	任露泉	庄逢辰	刘广均	刘竹生
刘宝镛	齐　康	许学彦	孙　钧	孙家栋	严陆光	李　天	李述汤	李依依	李济生
李敏华	杨　卫	杨叔子	杨　槱	肖纪美	吴良镛	吴承康	吴硕贤	邱大洪	余梦伦
邹世昌	闵桂荣	汪　耕	沈志云	沈保根	宋玉泉	宋振骐	宋家树	张光斗	张兴钤
张佑启	张　泽	张统一	张楚汉	陈　达	陈创天	陈学俊	陈祖煜	陈能宽	邵象华
范守善	林秉南	林　皋	欧阳予	金展鹏	周干峙	周尧和	周　远	周孝信	周国治
郑　平	郑时龄	郑哲敏	赵淳生	胡文瑞	胡聿贤	胡海岩	南策文	柯　俊	柳百新
钟万勰	钟香崇	俞鸿儒	闻邦椿	姜中宏	祝世宁	姚　熹	都有为	顾秉林	顾诵芬
顾逸东	徐采栋	徐性初	徐建中	徐祖耀	高镇同	唐叔贤	陶文铨	黄克智	曹春晓
曹楚南	屠守锷	彭一刚	葛昌纯	韩祯祥	程时杰	程耿东	温诗铸	谢光选	赖远明
路甬祥	蔡其巩	蔡睿贤	雒建斌	翟婉明	熊有伦	颜鸣皋	潘际銮	潘家铮	薛其坤
魏寿昆	魏炳波								

1-27 中国工程院全体院士名单(766人)

机械与运载工程学部(110人)

艾 兴	陈福田	陈懋章	陈士橹	陈一坚	陈予恕	崔国良	丁衡高	丁荣军	董春鹏
杜善义	段正澄	朵英贤	范本尧	冯培德	甘晓华	高伯龙	高金吉	顾国彪	顾诵芬
管 德	关 杰	关 桥	郭重庆	郭东明	郭孔辉	何友声	胡正寰	黄崇祺	黄瑞松
黄文虎	黄先祥	黄旭华	金东寒	乐嘉陵	李椿萱	李鹤林	李鸿志	李 明	李培根
李 钊	梁晋才	林尚扬	林忠钦	林宗虎	柳百成	刘大响	刘连元	刘人怀	刘怡昕
刘永才	刘友梅	龙乐豪	卢秉恒	路甬祥	陆元九	马伟明	孟执中	闵桂荣	潘健生
潘镜芙	戚发轫	钱清泉	饶芳权	阮雪榆	沈闻孙	沈志云	石 屏	宋文骢	苏哲子
孙敬良	谭建荣	唐长红	唐任远	涂铭旌	屠善澄	王 浚	汪顺亭	王兴治	王永志
汪槱生	王玉明	王哲荣	温俊峰	吴有生	谢友柏	徐滨士	徐德民	徐志磊	杨凤田
杨绍卿	杨士莪	尹泽勇	于本水	臧克茂	曾广商	张福泽	张贵田	张金麟	张立同
张彦仲	赵 煦	钟 掘	钟群鹏	钟志华	周 济	周勤之	朱能鸿	朱英富	朱英浩

信息与电子工程学部(110人)

贲 德	蔡鹤皋	蔡吉人	柴天佑	陈 鲸	陈敬熊	陈俊亮	陈良惠	陈志杰	陈左宁
戴 浩	邓中翰	段宝岩	范滇元	方滨兴	方家熊	封锡盛	高 浩	高 文	龚惠兴
宫先仪	龚知本	郭桂蓉	何德全	何新贵	胡光镇	胡启恒	黄培康	姜景山	姜文汉
金国藩	金怡濂	李伯虎	李德仁	李德毅	李国杰	李乐民	李三立	李天初	李同保
李幼平	梁骏吾	林祥棣	林永年	凌永顺	刘 玠	刘尚合	刘永坦	刘韵洁	陆建勋
卢锡城	吕跃广	马远良	毛二可	倪光南	牛憨笨	潘君骅	潘云鹤	沈昌祥	宋 健
苏君红	孙家广	孙优贤	孙 玉	孙忠良	童志鹏	汪成为	王任享	王天然	王小谟
王 越	王子才	韦 钰	魏正耀	魏子卿	吴 澄	邬贺铨	邬江兴	吴曼青	吴佑寿
吴祖垲	吾守尔.斯拉木		许居衍	徐扬生	徐元森	许祖彦	薛鸣球	杨士中	姚骏恩
叶铭汉	叶尚福	叶声华	俞大光	于 全	张光义	张履谦	张明高	张乃通	张锡祥
张尧学	张钟华	赵伊君	赵梓森	郑南宁	钟 山	周立伟	周寿桓	周仲义	朱高峰
庄松林									

化工、冶金与材料工程学部(98人)

才鸿年	曹湘洪	陈丙珍	陈 景	陈立泉	陈清如	陈祥宝	陈蕴博	崔 崑	戴永年
丁传贤	傅恒志	付贤智	干 勇	高从堦	顾真安	关兴亚	何季麟	侯芙生	胡永康
胡壮麒	黄伯云	姜德生	江东亮	金 涌	柯 伟	李大东	李东英	李冠兴	李恒德
李俊贤	李龙土	李言荣	李正邦	李正名	刘伯里	刘炯天	刘业翔	陆钟武	毛炳权
闵恩泽	欧阳平凯	钱旭红	邱定蕃	邱冠周	桑凤亭	沈德忠	沈寅初	师昌绪	舒兴田
孙传尧	谭天伟	唐明述	屠海令	王淀佐	王国栋	王海舟	王静康	汪燮卿	汪旭光
王一德	王泽山	王震西	魏可镁	翁宇庆	武 胜	吴慰祖	吴以成	徐承恩	徐德龙
徐更光	徐惠彬	徐匡迪	徐南平	薛群基	严东生	杨启业	殷国茂	殷瑞钰	余永富
袁晴棠	袁渭康	曾苏民	张国成	张生勇	张寿荣	张文海	张兴栋	张耀明	赵连城
赵振业	周光耀	周克崧	周 廉	周 玉	朱永濬	邹 竞	左铁镛		

能源与矿业工程学部(102人)

安继刚	陈清泉	岑可法	常印佛	陈念念	陈森玉	陈毓川	杜祥琬	多 吉	樊明武
范维澄	范维唐	傅依备	古德生	顾金才	顾心怿	韩大匡	韩英铎	何多慧	何继善
洪伯潜	胡见义	胡思得	黄其励	蒋洪德	金庆焕	康玉柱	雷清泉	李立浧	李庆忠
李晓红	李焯芬	梁维燕	刘宝珺	刘广志	罗平亚	马永生	毛用泽	倪维斗	潘 垣
潘自强	裴荣富	彭士禄	彭苏萍	彭先觉	钱皋韵	钱鸣高	钱绍钧	乔登江	秦裕琨
邱爱慈	邱中建	阮可强	沈国荣	沈忠厚	苏万华	苏义脑	孙承纬	孙龙德	孙玉发
唐西生	汤中立	童晓光	万元熙	王德民	王思敬	王仲奇	闻雪友	翁史烈	鲜学福
谢和平	谢克昌	徐大懋	徐 銤	许绍燮	薛禹胜	杨奇逊	杨裕生	叶奇蓁	衣宝廉
于俊崇	于润沧	余贻鑫	袁 亮	袁士义	岳光溪	曾恒一	翟光明	张光斗	张铁岗
张信威	张勇传	张玉卓	张宗祜	赵文津	赵宪庚	郑健超	郑绵平	周邦新	周世宁
周守为	周永茂								

土木、水利与建筑工程学部(101人)

曹楚生	陈厚群	陈吉余	陈肇元	陈志恺	程泰宁	崔俊芝	崔　恺	戴复东	董石麟
范立础	方秦汉	冯叔瑜	傅熹年	葛修润	龚晓南	关肇邺	韩其为	何华武	何镜堂
黄　卫	黄熙龄	江欢成	江　亿	雷志栋	李道增	李圭白	李建成	李　玶	李猷嘉
梁文灏	梁应辰	廖振鹏	林元培	刘建航	刘加平	刘经南	刘先林	龙驭球	卢耀如
罗绍基	吕志涛	马国馨	马洪琪	马克俭	茆　智	孟兆祯	缪昌文	宁津生	欧进萍
钱七虎	钱正英	秦顺全	任南琪	容柏生	沙庆林	沈世钊	沈祖炎	施仲衡	孙　伟
谭靖夷	王　超	王光远	王　浩	王家耀	王景全	王梦恕	王瑞珠	王小东	魏敦山
文伏波	吴良镛	吴中如	项海帆	谢礼立	谢世楞	许其凤	杨秀敏	杨永斌	叶可明
曾庆元	张超然	张建云	张　杰	张锦秋	张祖勋	赵国藩	郑皆连	郑守仁	郑颖人
郑哲敏	钟登华	钟训正	周丰峻	周福霖	周干峙	周　镜	周君亮	周绪红	朱伯芳
邹德慈									

环境与轻纺工程学部(43人)

蔡道基	陈克复	陈联寿	丁德文	丁一汇	段　宁	方国洪	郝吉明	侯保荣	侯立安
季国标	蒋士成	金鉴明	金翔龙	李泽椿	刘鸿亮	伦世仪	孟　伟	潘德炉	庞国芳
钱　易	瞿金平	曲久辉	任阵海	石　碧	孙宝国	孙晋良	孙铁珩	汤鸿霄	唐孝炎
王如松	王文兴	魏复盛	谢剑平	许健民	徐祥德	姚　穆	郁铭芳	袁业立	张全兴
张　懿	周国泰	周　翔							

农业学部(71人)

陈焕春	陈剑平	陈温福	陈宗懋	程顺和	戴景瑞	邓秀新	范云六	方智远	冯宗炜
傅廷栋	盖钧镒	官春云	管华诗	郭予元	侯　锋	蒋亦元	康绍忠	雷霁霖	李　坚
李　宁	李佩成	李文华	李　玉	林浩然	刘大钧	刘守仁	刘兴土	刘秀梵	刘　旭
刘　筠	卢良恕	罗锡文	马建章	麦康森	南志标	任继周	荣廷昭	山　仑	沈国舫
石元春	石玉林	束怀瑞	宋湛谦	孙九林	唐启升	汪懋华	王明庥	吴孔明	吴明珠
夏咸柱	向仲怀	辛世文	熊远著	旭日干	徐　洵	颜龙安	尹伟伦	喻树迅	余松烈
于振文	袁隆平	曾士迈	张福绥	张改平	张齐生	张子仪	赵法箴	周开达	朱英国
朱有勇									

医药卫生学部(112人)

安静娴	巴德年	曹雪涛	陈灏珠	陈洪铎	陈冀胜	陈君石	陈赛娟	陈香美	陈亚珠
陈肇隆	陈志南	程　京	程莘农	程书钧	程天民	池志强	丛　斌	戴尅戎	丁　健
樊代明	范上达	付小兵	高润霖	葛宝丰	顾健人	顾玉东	郭应禄	郝希山	洪　涛
侯惠民	侯云德	胡亚美	胡之璧	黄志强	郎景和	李春岩	李大鹏	黎介寿	李兰娟
李连达	李载平	廖万清	刘昌孝	刘德培	刘彤华	刘　耀	刘玉清	刘志红	陆道培
卢世璧	彭司勋	秦伯益	邱贵兴	邱蔚六	阮长耿	桑国卫	沈倍奋	沈家祥	沈渔邨
沈祖尧	盛志勇	石学敏	史轶蘩	孙　燕	唐希灿	汤钊猷	王红阳	王琳芳	王澍寰
王威琪	王学浩	王永炎	王正国	王振义	王忠诚	闻玉梅	吴德昌	吴天一	吴咸中
吴以岭	夏家辉	项坤三	肖碧莲	肖培根	谢立信	徐建国	杨宝峰	杨胜利	姚新生
于德泉	于金明	俞梦孙	俞永新	袁国勇	曾溢滔	詹启敏	张伯礼	张涤生	张金哲
张心湜	张　运	赵　铠	甄永苏	郑树森	钟南山	钟世镇	周宏灏	周后元	周良辅
朱晓东	庄　辉								

工程管理学部(46人,其中27 人为跨学部院士)

巴德年	陈清泉	程天民	杜祥琬	傅志寰	郭重庆	郭桂蓉	何继善	胡文瑞	蒋士成
金鉴明	李东英	李京文	刘德培	刘　玠	刘人怀	刘源张	卢良恕	陆佑楣	栾恩杰
罗绍基	钱七虎	饶芳权	沈荣骏	孙永福	王　安	王基铭	王礼恒	王陇德	汪应洛
王玉普	王众托	徐滨士	徐匡迪	许庆瑞	徐寿波	叶可明	殷瑞钰	袁晴棠	翟光明
张寿荣	赵晓哲	郑静晨	郑南宁	朱高峰	朱晓东				

二、工业企业
Industrial Enterprises

2-1 规模以上工业企业的科技活动基本情况
Basic Statistics on Science and Technology Activities of Industrial Enterprises above Designated Size

指　标	Item	2000	2004	2008	2009	2011
企业基本情况	**Statistics on Industrial Enterprises**					
有R&D活动企业数(个)	Number of Enterprises Having R&D Activities(unit)	17272	17075	27278	36387	37467
有R&D活动企业所占比重(%)	Percentage of Enterprises Having R&D Activities to Total Number of Enterprises(%)	10.6	6.2	6.5	8.5	11.5
研究与试验发展(R&D)活动情况	**Statitstics on R&D Activities**					
R&D人员全时当量(万人年)	Full-time Equivalent of R&D Personnel(10 000 man-years)	43.9	54.2	123.0	144.7	193.9
R&D经费内部支出(亿元)	Expenditure on R&D(100 million yuan)	489.7	1104.5	3073.1	3775.7	5993.8
R&D经费内部支出与主营业务收入之比 (%)	Percentage of Expenditure on R&D to Sales Revenue(%)	0.58	0.56	0.61	0.69	0.71
R&D项目数(项)	R&D Projects(item)	65289	53641	143448	194400	232158
R&D项目经费内部支出 (亿元)	Expenditure on R&D Projects(100 million yuan)	417.6	921.2	2902.0	3185.9	5052.0
企业办R&D机构情况	**Statistics on R&D Institutions**					
机构数(个)	Number of R&D Institutions(unit)	15529	17555	26177	29879	31320
机构人员数(万人)	R&D Personnel(10 000 persons)	60.1	64.4	130.4	155.0	181.6
机构经费支出(亿元)	Expenditure on R&D(100 million yuan)	435.8	841.6	2634.8	2983.6	3957.0
新产品开发及生产情况	**Statitstics on New Products Development and Production**					
新产品开发项目数(个)	Number of New Products(unit)	91880	76176	184859	237754	266232
新产品开经费支出(亿元)	Expenditure on New Products Development (100 million yuan)	529.5	965.7	3676.0	4482.0	6845.9
新产品销售收入(亿元)	Sales Revenue of New Products(100 million yuan)	9369.5	22808.6	57027.1	65838.2	100582.7
#新产品出口	Export	1728.4	5312.2	14081.6	11572.5	20223.1
专利情况	**Statistics on Patent**					
专利申请数(件)	Patent Applications(piece)	26184	64569	173573	265808	386075
#发明专利	Inventions	7970	20456	59254	92450	134843
有效发明专利数(件)	Number of Patents In Force(piece)	15333	30315	80252	118245	201089
技术获取和技术改造情况	**Statistics on Technology Acquisition and Technology Reconstruction**					
引进国外技术经费支出(亿元)	Expenditure for Acquisition of Foreign Technology (100 million yuan)	304.9	397.4	466.9	422.2	449.0
引进技术消化吸收经费支出(亿元)	Expenditure for Assimilation of Technology (100 million yuan)	22.8	61.2	122.7	182.0	202.2
购买国内技术经费支出(亿元)	Expenditure for Purchase of Domestic Technology (100 million yuan)	34.5	82.5	184.2	203.4	220.5
技术改造经费支出(亿元)	Expenditure for Technical Renovation(100 million yuan)	1291.5	2953.5	4672.7	4344.7	4293.7

注：从2011年起，规模以上工业企业的统计范围从年主营业务收入为500万元及以上的法人工业企业调整为年主营业务收入为2000万元及以上的法人工业企业。以下各表同。

From 2011, the statistics range of industrial enterprises above designated size change form the industrial enterprises with the sales revenue above 5 million RMB to the industrial enterprises with the sales revenue above 20 million RMB. The same applies to the following table.

2-2 按企业规模及登记注册类型分

Basic Statistics on Industrial Enterprises above

单位：个，人，万元

注册类型	Type of Registration	企业数 Number of Industrial Enterprises above Designated Size	#有研发机构的企业数 Number of Enterprises Having R&D Institutions	#有R&D活动的企业数 Number of Enterprises Having R&D Activities
总　计	**Total**	**325753**	**25454**	**37467**
#大型企业	Large-sized Industrial Enterprises	8916	3576	4442
中型企业	Medium-sized Industrial Enterprises	51475	8381	11267
内资企业	**Domestic Funded**	**268518**	**19892**	**28734**
国有企业	State-owned Enterprises	6706	779	1221
集体企业	Collective-owned Enterprises	5345	114	182
股份合作企业	Cooperative Enterprises	2431	149	242
联营企业	Joint Ownership Enterprises	510	26	44
国有联营企业	State Joint Ownership Enterprises	98	6	14
集体联营企业	Collective Joint Ownership Enterprises	140	5	6
国有与集体联营企业	Joint State-collective Enterprises	118	8	17
其他联营企业	Other Joint Ownership Enterprises	154	7	7
有限责任公司	Limited Liability Corporations	58861	5541	8131
国有独资公司	State Sole Funded Corporations	1343	371	488
其他有限责任公司	Other Limited Liability Corporations	57518	5170	7643
股份有限公司	Share-holding Corporations Ltd.	8637	2156	2712
私营企业	Private Enterprises	180109	10871	15811
私营独资企业	Private-funded Enterprises	36289	864	1362
私营合伙企业	Private Partnership Enterprises	5922	139	231
私营有限责任公司	Private Limited Liability Corporations	130752	9198	13274
私营股份有限公司	Private Share-holding Corporations Ltd.	7146	670	944
其他企业	Other Enterprises	5919	256	391
港澳台商投资企业	**Enterprises with Funds from Hong Kong, Macau and Taiwan**	**25977**	**2599**	**3965**
与港澳台商合资经营企业	Joint-venture Enterprises (with Funds from Hong Kong, Macau and Taiwan)	8552	1287	1888
与港澳台商合作经营企业	Cooperative Enterprises (with Funds from Hong Kong, Macau and Taiwan)	895	52	91
港澳台商独资经营企业	Enterprises with Sole Funds from Hong Kong, Macau and Taiwan	16037	1147	1841
港澳台商投资股份有限公司	Share-holding Corporations Ltd. With from Hong Kong, Macau and Taiwan	450	107	142
外商投资企业	**Foreign Funded Enterprises**	**31256**	**2963**	**4768**
中外合资经营企业	Joint-venture Enterprises	11686	1599	2479
中外合作经营	Cooperation Enterprises	925	72	109
外资企业	Enterprises with Sole Foreign Funds	18033	1181	2042
外商投资股份有限公司	Share-holding Corporations Ltd.with Foreign Funds	516	107	130

注：大型企业指同时满足年末从业人员人数在1000人及以上、年主营业务收入在4亿元及以上的工业企业；中型企业指年末从业人员人数介于300人(含)至1000人(不含),并且年主营业务收入介于2000万元(含)至4亿元(不含)的工业企业。

规上工业企业基本情况(2011年)

Designated Size by Scale and Registration Status (2011)

(unit, person, 10 000 yuan)

年末从业人员 Employed Persons at the year-end	工业总产值 Gross Industrial Output Value	#新产品 New Products	资产总计 Total Assets	主营业务收入 Revenue from Principal Business	#新产品 New Products	利润总额 Total Profits
90499690	**8461892158**	**1008904581**	**6775065051**	**8439548925**	**1005827245**	**613841821**
31610054	3395449440	705763784	3293001275	3467641997	713115732	256399105
29311210	2003583111	180062768	1641194391	1962647000	173386628	153674957
65331499	**6278468424**	**661590500**	**5156156487**	**6277054568**	**645500919**	**459678258**
5788722	662421189	78091561	879623392	686075671	75087570	33823606
1469142	109567646	8042397	53716371	110460399	7969827	8575340
460338	40031486	2922991	27477171	39455531	2733798	3734597
166898	17311429	1937405	15173332	16346372	1946250	1108823
56103	7893288	1094093	9588938	6969159	1112918	257888
41149	2449948	110991	1066803	2431014	101300	219971
34713	3381698	690702	3004518	3365888	690678	291362
34933	3586496	41619	1513073	3580310	41355	339602
20302693	1995610716	255339268	1995450471	2021951737	252885648	145607598
3087339	300183257	49167119	474746227	318488058	49156528	21008299
17215354	1695427460	206172149	1520704243	1703463679	203729120	124599300
6770209	834878609	169244030	842130412	835880467	165657099	76634184
29257897	2510724622	141786992	1270194321	2461558898	135095608	180728572
4878209	440617037	7020832	152657094	433945013	6791406	36776759
888568	68087651	1192511	23282933	66644698	1148508	6200095
21835508	1836918058	109925223	989542056	1800768258	104404051	124051238
1655612	165101877	23648426	104712239	160200930	22751643	13700480
1115600	107922727	4225856	72391017	105325493	4125119	9465539
11763975	**775649072**	**98746031**	**600195438**	**763982724**	**98220217**	**54872795**
3307133	275021545	43940935	233824451	267723590	43828105	19829252
330198	20298754	510817	15554740	19920559	480291	1670289
7811790	444730542	46354292	316581065	441911890	45896509	30860276
297333	34293453	7218948	32986117	33142542	7287084	2389411
13404059	**1407756031**	**248562255**	**1018699919**	**1398492530**	**262100315**	**99291360**
4526709	639212838	153884487	469774735	635782131	157203821	54609438
308970	29712504	1409814	23481556	28895374	1333501	1850271
8084648	689373779	82263727	471914181	683614196	92607212	38607371
448710	47932294	10826197	52449715	48790238	10752314	4145225

Note:Large-sized industrial enterprises cover industrial enterprises with employed persons at the year-end above 1 000 and annual revenue from principal business above 400 million RMB; Medium-sized industrial enterprises cover industrial enterprises with employed persons between 300 and 1 000 and annual revenue from principal business between 20 million and 400 million RMB.

2-3 按行业分规上工业

Basic Statistics on Industrial Enterprises above

单位：个，人，万元

行　业	Industry	企业数 Number of Industrial Enterprises above Designated Size	#有研发机构的企业数 Number of Enterprises Having R&D Institutions	#有R&D活动的企业数 Number of Enterprises Having R&D Activities
总　计	**Total**	**325753**	**25454**	**37467**
煤炭开采和洗选业	Mining and Washing of Coal	7697	284	175
石油和天然气开采业	Extraction of Petroleum and Natural Gas	271	124	48
黑色金属矿采选业	Mining of Ferrous Metal Ores	3481	34	43
有色金属矿采选业	Mining of Non-ferrous Metal Ores	2087	22	81
非金属矿采选业	Mining and Processing of Nonmetal Ores	3266	37	85
农副食品加工业	Processing of Food from Agricultural Products	20885	891	1145
食品制造业	Manufacture of Foods	6883	512	681
饮料制造业	Manufacture of Beverage	4878	386	475
烟草制品业	Manufacture of Tobacco	151	36	51
纺织业	Manufacture of Textile	22943	1087	1510
纺织服装、鞋、帽制造业	Manufacture of Textile Wearing Apparel, Footware and Caps	11754	255	337
皮革、毛皮、羽毛(绒)及其制品业	Manufacture of Leather, Fur, Feather and Its Products	6102	213	228
木材加工及木、竹、藤、棕、草制品业	Processing of Timbers, Manufacture of Wood, Bamboo, Rattan, Palm, Straw	8197	251	336
家具制造业	Manufacture of Furniture	4257	144	192
造纸及纸制品业	Manufacture of Paper and Paper Products	7080	274	427
印刷业和记录媒介的复制	Printing,Reproduction of Recording Media	3795	149	240
文教体育用品制造业	Manufacture of Articles for Culture, Education and Sport Activity	2991	206	274
石油加工、炼焦及核燃料加工业	Processing of Petroleum ,Coking,Processing of Nucleus Fuel	1980	139	192
化学原料及化学制品制造业	Manufacture of Chemical Raw Material and Chemical Products	22615	2480	3652
医药制造业	Manufacture of Medicines	5928	1472	1937
化学纤维制造业	Manufacture of Chemical Fiber	1751	197	265
橡胶制品业	Manufacture of Rubber	3264	270	362
塑料制品业	Manufacture of Plastic	13410	670	1074
非金属矿物制品业	Manufacture of Non-metallic Mineral Products	26561	1091	1717
黑色金属冶炼及压延加工业	Manufacture and Processing of Ferrous Metals	6743	360	503
有色金属冶炼及压延加工业	Manufacture and Processing of Non-ferrous Metals	6768	540	802
金属制品业	Manufacture of Metal Products	16568	910	1404
通用设备制造业	Manufacture of General Purpose Machinery	25873	2715	3940
专用设备制造业	Manufacture of Special Purpose Machinery	13926	1855	3002
交通运输设备制造业	Manufacture of Transport Equipment	15008	1818	2639
电气机械及器材制造业	Manufacture of Electrical Machinery and Equipment	20081	2989	4375
通信设备、计算机及其他电子设备制造业	Manufacture of Communication,Computer, Other Electronic Equipment	11384	2007	3146
仪器仪表及文化、办公用机械制造业	Manufacture of Measuring Instrument, Machinery for Cultural and Office Work	3896	837	1384
工艺品及其他制造业	Manufacture of Artwork, Other Manufacture	4883	250	331
电力、热力的生产和供应业	Production and Supply of Electric Power and Heat Power	5280	114	278
燃气生产和供应业	Production and Distribution of Gas	873	6	27
水的生产和供应业	Production and Distribution of Water	1150	21	57

企业基本情况(2011年)

Designated Size by Industrial Sector (2011)

(unit, person, 10 000 yuan)

年末从业人员 Employed Persons at the year-end	工业总产值 Gross Industrial Output Value	#新产品 New Products	资产总计 Total Assets	主营业务收入 Revenue from Principal Business	#新产品 New Products	利润总额 Total Profits
90499690	**8461892158**	**1008904581**	**6775065051**	**8439548925**	**1005827245**	**613841821**
5259049	287569008	11255035	378946538	313691358	11156173	45541061
1032396	128906935	363881	187859504	128824818	592612	42998911
650427	79031300	318466	71531215	81135523	322942	12101749
537292	50330863	680508	35606572	49280202	669279	8151760
522914	38546405	542249	21302860	37516050	534697	3597929
3602820	440939638	14780067	197370908	438242364	14677321	27926861
1813268	140532536	6741113	85079954	138807947	6814431	12264033
1326506	116432422	8087958	90006436	115764646	7833815	11900649
180846	68030065	14974783	61670027	66642283	14928820	8408780
5804074	326413708	33324893	199900626	322775478	32539362	19532531
3808811	135352385	8573809	74645888	132135009	8075745	9511046
2544718	89241920	5275574	42605630	87437508	5078221	7142609
1274061	119483486	2605625	69880302	117761883	2464675	8180065
1055293	50830826	2578779	29472849	49388248	2549037	3391961
1445843	120716773	10133030	109313322	117972987	10182264	7594223
704890	38674548	2817679	31515124	37907033	2795217	3497870
1043442	32118384	2096343	17907921	31330261	2079770	1756964
971177	369018982	11207254	189120388	372843171	11571279	4247991
4528572	608377484	65922097	449931723	601032171	64328995	44015858
1750598	149357067	24918306	132084955	144784843	23170435	16052517
464464	66683709	13540163	52426511	66431025	12845566	3537814
914405	73221734	10407290	48634422	72736152	10968601	4361482
2486594	155616258	9622517	96382072	152654481	9208862	10150782
5138106	401331606	15027278	298656613	392812774	14523912	35871116
3373617	639707756	68573237	518817295	658224921	68352484	22320221
1931651	358615222	35428157	236848748	368335689	34103901	20723264
3093351	233373575	15980464	151438928	229277876	15547666	15398218
4921546	408649953	59312338	298253405	400730012	59293578	30381391
3216798	261688454	46174710	227836575	260851706	44792466	21541687
5749660	631007632	196814988	540836729	629595940	200879221	54681843
5828051	513290190	115091229	375463237	500693814	109980157	32984035
7843270	638137126	169691115	414962701	634787743	182267801	28072640
1213056	76219075	15120795	60777790	74593400	14584253	6128739
1215947	70893115	3866060	38696290	71047263	3881170	4419886
2537145	474064195	6610232	835077200	471276913	1799907	19989222
197891	31397213	185081	34567724	32030705	171814	3143420
363709	11720378	22739	56449973	11654202	22771	702617

2-4 各地区规上工业

Basic Statistics on Industrial Enterprises above

单位：个，人，万元

地 区	Region	企业数 Number of Industrial Enterprises above Designated Size	#有研发机构的企业数 Number of Enterprises Having R&D Institutions	#有R&D活动的企业数 Number of Enterprises Having R&D Activities	年末从业人员 Employed Persons at the year-end
全 国	**National Total**	**325753**	**25454**	**37467**	**90499690**
东部地区	Eastern Region	213845	19367	28365	57296380
中部地区	Middle Region	72557	4170	6540	20966192
西部地区	Western Region	39351	1917	2562	12237118
北 京	Beijing	3746	561	931	1174838
天 津	Tianjin	5009	496	1037	1518045
河 北	Hebei	11570	443	656	3578450
山 西	Shanxi	3675	161	208	2154119
内蒙古	Inner Mongolia	4174	95	149	1240345
辽 宁	Liaoning	16906	415	652	3703331
吉 林	Jilin	5157	153	219	1412769
黑龙江	Heilongjiang	3376	169	272	1344747
上 海	Shanghai	9962	747	1480	2596457
江 苏	Jiangsu	43368	5327	7449	10642701
浙 江	Zhejiang	34697	6344	8026	7149572
安 徽	Anhui	12432	1153	1375	2671120
福 建	Fujian	14116	949	1502	3996642
江 西	Jiangxi	6481	266	419	2040755
山 东	Shandong	35811	1742	2433	8621377
河 南	Henan	18328	993	1250	5561324
湖 北	Hubei	10632	587	1160	2841927
湖 南	Hunan	12476	688	1637	2939431
广 东	Guangdong	38302	2316	4156	14196388
广 西	Guangxi	5046	267	466	1503104
海 南	Hainan	358	27	43	118579
重 庆	Chongqing	4778	270	431	1493419
四 川	Sichuan	12218	453	405	3035677
贵 州	Guizhou	2365	121	146	781991
云 南	Yunnan	2772	191	286	909277
西 藏	Tibet	56	2	5	16068
陕 西	Shaanxi	3684	243	332	1569254
甘 肃	Gansu	1370	100	138	594798
青 海	Qinghai	386	13	23	179487
宁 夏	Ningxia	764	86	94	303657
新 疆	Xinjiang	1738	76	87	610041

企业基本情况(2011年)

Designated Size by Region (2011)

(unit, person, 10 000 yuan)

工业总产值 Gross Industrial Output Value	#新产品 New Products	资产总计 Total Assets	主营业务收入 Revenue from Principal Business	#新产品 New Products	利润总额 Total Profits
8461892158	**1008904581**	**6775065051**	**8439548925**	**1005827245**	**613841821**
5365812774	727780913	4087546355	5375857768	736499854	359976634
1898376656	177764762	1431463886	1892197249	173608140	147384176
1197702728	103358906	1256054810	1171493908	95719251	106481011
145136282	35483108	253217462	157533565	34803252	11294991
208610659	37965079	173842700	211016358	38311448	19337460
396987982	19899159	296875534	402010246	18992289	26390077
160138262	8907109	221865050	168039060	8609925	12829640
177743525	5424867	184060780	175419318	5188902	22109720
417327041	28466489	313542406	428013176	29599588.6	25088880
169130862	22882999	118975301	167412177	24075631	11750643
115132754	5719207	119152415	114534000	5586813	14468964
324275576	71420544	294490307	342682739	77721952	22523651
1074336302	137552097.6	762465724	1068301020	148421106.7	69892894
564099283	107495792	506634325	553578846	100493941	33204323
258758699	33593180	191487115	249601596	31826110	16631564
274438980	31947073	185821486	268509523	31138914	21145439
179493845	9526524	102113193	185803336	9418710	12159406
995045431	109198091	608168130	997658072	111844081	70976506
471131035	26064850	291696851	478731535	25501566	42401106
280727731	32337155	231453551	270815708	30994175	18662838
263863468	38733738.5	154720410	257259837	37595209.3	18480015
949553981	146943021	675009206	930534189	143822736	58574063
128365749	12187918	101854632	122168696	12260904	8948183
16001259	1410460	17479077	16020036	1350545	1548350
118470581	31697481	93210985	113823442	30280328	6603471
304753514	20640382	261137204	298685355	21003174	21918373
77027306	9503771	90398772	74506891	4442117	4406371
77779646	3568221.4	110432307	76193976	3808209.2	6392383
748533	16973	3461491	726331	17728	128314
142834835	10916566	172346080	137901187	9657071	19763081
61307250	5100638	75771420	65250936	5026884	2663682
16548894	85004	29889678	14738266	86513	2153301
24914433	1531043	40441985	24256999	1385912	1756765
67208462	2686043	93049478	67822513	2561510	9637368

2-5 按企业规模及登记注册类型分

R&D Personnel in Industrial Enterprises above

单位：人，人年

注册类型	Type of Registration	R&D人员 R&D Personnel
总　计	**Total**	**2546782**
#大型企业	Large-sized Industrial Enterprises	1388920
中型企业	Medium-sized Industrial Enterprises	662855
内资企业	**Domestic Funded**	**1929280**
国有企业	State-owned Enterprises	200211
集体企业	Collective-owned Enterprises	14173
股份合作企业	Cooperative Enterprises	9236
联营企业	Joint Ownership Enterprises	3759
国有联营企业	State Joint Ownership Enterprises	2508
集体联营企业	Collective Joint Ownership Enterprises	145
国有与集体联营企业	Joint State-collective Enterprises	955
其他联营企业	Other Joint Ownership Enterprises	151
有限责任公司	Limited Liability Corporations	774807
国有独资公司	State Sole Funded Corporations	153852
其他有限责任公司	Other Limited Liability Corporations	620955
股份有限公司	Share-holding Corporations Ltd.	436431
私营企业	Private Enterprises	472633
私营独资企业	Private-funded Enterprises	26925
私营合伙企业	Private Partnership Enterprises	3687
私营有限责任公司	Private Limited Liability Corporations	388364
私营股份有限公司	Private Share-holding Corporations Ltd.	53657
其他企业	Other Enterprises	18030
港澳台商投资企业	**Enterprises with Funds from Hong Kong, Macau and Taiwan**	**270023**
与港澳台商合资经营企业	Joint-venture Enterprises (with Funds from Hong Kong, Macau and Taiwan)	109315
与港澳台商合作经营企业	Cooperative Enterprises (with Funds from Hong Kong, Macau and Taiwan)	3338
港澳台商独资经营企业	Enterprises with Sole Funds from Hong Kong, Macau and Taiwan	138833
港澳台商投资股份有限公司	Share-holding Corporations Ltd. With from Hong Kong, Macau and Taiwan	18117
外商投资企业	**Foreign Funded Enterprises**	**347479**
中外合资经营企业	Joint-venture Enterprises	168078
中外合作经营	Cooperation Enterprises	4493
外资企业	Enterprises with Sole Foreign Funds	152078
外商投资股份有限公司	Share-holding Corporations Ltd.with Foreign Funds	22528

规上工业企业R&D人员(2011年)

Designated Size by Scale and Registration Status(2011)

(person, man-year)

	R&D人员	
#女性 Female	全时当量 Full-time Equivalent	#研究人员 Researchers
534369	**1939075**	**716832**
297048	1098461	448239
140579	488704	151576
399942	**1442879**	**590533**
40372	148871	79949
2851	10468	3950
2190	6963	1837
790	2470	1414
551	1415	1062
41	132	44
163	782	269
35	142	40
162428	582652	272506
32905	122864	61088
129523	459788	211418
96324	332955	127536
91261	345095	99160
4992	19363	6255
615	2689	841
74578	282055	80579
11076	40989	11484
3726	13403	4182
57904	**217522**	**53595**
23307	87201	21568
765	2693	771
30063	112129	28123
3642	15079	3076
76523	**278675**	**72704**
35453	132188	36947
806	3276	968
34630	123258	28350
5564	19700	6362

2-6 按行业分规上工业企业R&D人员(2011年)

R&D Personnel in Industrial Enterprises above Designated Size by Industrial Sector(2011)

单位：人，人年 (person, man-year)

行业	Industry	R&D人员 R&D Personnel	#女性 Female	R&D人员全时当量 Full-time Equivalent	#研究人员 Researchers
总计	**Total**	**2546782**	**534369**	**1939075**	**716832**
煤炭开采和洗选业	Mining and Washing of Coal	72726	6836	50763	25468
石油和天然气开采业	Extraction of Petroleum and Natural Gas	42117	12711	32372	24291
黑色金属矿采选业	Mining of Ferrous Metal Ores	3113	311	1942	605
有色金属矿采选业	Mining of Non-ferrous Metal Ores	5758	602	3148	1268
非金属矿采选业	Mining and Processing of Nonmetal Ores	4588	938	3405	1364
农副食品加工业	Processing of Food from Agricultural Products	37044	8810	25154	7567
食品制造业	Manufacture of Foods	29643	8469	19564	5933
饮料制造业	Manufacture of Beverage	27854	7310	20013	7578
烟草制品业	Manufacture of Tobacco	6236	1233	3483	1946
纺织业	Manufacture of Textile	72684	26009	50863	13116
纺织服装、鞋、帽制造业	Manufacture of Textile Wearing Apparel, Footware and Caps	21823	6799	17248	5456
皮革、毛皮、羽毛(绒)及其制品业	Manufacture of Leather, Fur, Feather and Its Products	10309	3428	7960	1763
木材加工及木、竹、藤、棕、草制品业	Processing of Timbers,Manufacture of Wood, Bamboo,Rattan,Palm,Straw	7739	1457	4634	1354
家具制造业	Manufacture of Furniture	7378	1540	4960	905
造纸及纸制品业	Manufacture of Paper and Paper Products	21234	3934	15258	3771
印刷业和记录媒介的复制	Printing,Reproduction of Recording Media	11725	2818	8156	2343
文教体育用品制造业	Manufacture of Articles for Culture, Education and Sport Activity	10213	2212	7863	1576
石油加工、炼焦及核燃料加工业	Processing of Petroleum ,Coking,Processing of Nucleus Fuel	18117	4198	13638	7829
化学原料及化学制品制造业	Manufacture of Chemical Raw Material and Chemical Products	176864	37056	132036	47061
医药制造业	Manufacture of Medicines	118558	42814	93467	32924
化学纤维制造业	Manufacture of Chemical Fiber	19036	4630	14445	4611
橡胶制品业	Manufacture of Rubber	24358	5851	18189	4837
塑料制品业	Manufacture of Plastic	36988	7683	28477	6958
非金属矿物制品业	Manufacture of Non-metallic Mineral Products	75411	13700	53107	17274
黑色金属冶炼及压延加工业	Manufacture and Processing of Ferrous Metals	112747	17081	81788	40855
有色金属冶炼及压延加工业	Manufacture and Processing of Non-ferrous Metals	60511	9661	44746	17280
金属制品业	Manufacture of Metal Products	57959	9637	40167	11692
通用设备制造业	Manufacture of General Purpose Machinery	206404	36428	154694	56371
专用设备制造业	Manufacture of Special Purpose Machinery	188022	34770	146529	53691
交通运输设备制造业	Manufacture of Transport Equipment	286920	56916	220087	75698
电气机械及器材制造业	Manufacture of Electrical Machinery and Equipment	265703	54674	205275	60760
通信设备、计算机及其他电子设备制造业	Manufacture of Communication,Computer, Other Electronic Equipment	376172	77667	318018	134570
仪器仪表及文化、办公用机械制造业	Manufacture of Measuring Instrument, Machinery for Cultural and Office Work	75784	15299	61605	21242
工艺品及其他制造业	Manufacture of Artwork, Other Manufacture	17699	5770	12360	4396
电力、热力的生产和供应业	Production and Supply of Electric Power and Heat Power	33715	4273	21344	11453
燃气生产和供应业	Production and Distribution of Gas	1018	248	442	124
水的生产和供应业	Production and Distribution of Water	1591	370	1163	696

2-7 各地区规上工业企业R&D人员(2011年)

R&D Personnel in Industrial Enterprises above Designated Size by Region(2011)

单位：人，人年 (person, man-year)

地区	Region	R&D人员 R&D Personnel	#女性 Female	R&D人员全时当量 Full-time Equivalent	#研究人员 Researchers
全国	**National Total**	**2546782**	**534369**	**1939075**	**716832**
东部地区	Eastern Region	1763542	374103	1371349	468841
中部地区	Middle Region	532558	102070	392857	169641
西部地区	Western Region	250682	58196	174869	78350
北京	Beijing	67421	18712	49829	15914
天津	Tianjin	69736	16190	47828	16359
河北	Hebei	73995	18307	51498	24758
山西	Shanxi	41294	8020	32476	16196
内蒙古	Inner Mongolia	20815	6144	17645	8318
辽宁	Liaoning	76228	18263	47513	25036
吉林	Jilin	24706	6435	17884	9289
黑龙江	Heilongjiang	49092	11700	39661	25567
上海	Shanghai	100298	22040	79147	27279
江苏	Jiangsu	362492	72572	287447	85331
浙江	Zhejiang	248156	52966	203904	50181
安徽	Anhui	83114	14156	56275	20483
福建	Fujian	94942	21716	75503	21267
江西	Jiangxi	33896	6897	23969	10018
山东	Shandong	252020	58488	180832	69242
河南	Henan	124525	22391	93833	36498
湖北	Hubei	97785	18564	71281	30800
湖南	Hunan	78146	13907	57478	20792
广东	Guangdong	416017	74376	346260	133082
广西	Guangxi	26283	5417	20155	7827
海南	Hainan	2237	473	1587	394
重庆	Chongqing	40490	9084	27652	10527
四川	Sichuan	59868	12453	36839	14903
贵州	Guizhou	12309	3218	9564	3946
云南	Yunnan	18190	3571	10335	4671
西藏	Tibet	106	16	22	16
陕西	Shaanxi	41329	11847	30829	16531
甘肃	Gansu	13832	2640	9307	5510
青海	Qinghai	2592	487	1833	1147
宁夏	Ningxia	6030	1274	3967	1414
新疆	Xinjiang	8838	2045	6723	3542

2-8 按企业规模及登记注册类型分规上

Intramural Expenditure on R&D in Industrial Enterprises

单位：万元

注册类型	Type of Registration	R&D经费内部支出 Intramural Expenditure on R&D	#试验发展支出 Experimental Development	日常性支出 Routine Expenses
总　计	**Total**	**59938055**	**58434245**	**52056717**
#大型企业	Large-sized Industrial Enterprises	37669010	36539492	33174824
中型企业	Medium-sized Industrial Enterprises	12637951	12433061	10669749
内资企业	**Domestic Funded**	**44972324**	**43636622**	**39151639**
国有企业	State-owned Enterprises	4678394	4424185	4144075
集体企业	Collective-owned Enterprises	595943	581803	556562
股份合作企业	Cooperative Enterprises	239227	231697	197216
联营企业	Joint Ownership Enterprises	117722	117722	115139
国有联营企业	State Joint Ownership Enterprises	93316	93316	91960
集体联营企业	Collective Joint Ownership Enterprises	3084	3084	2799
国有与集体联营企业	Joint State-collective Enterprises	18882	18882	18128
其他联营企业	Other Joint Ownership Enterprises	2441	2441	2253
有限责任公司	Limited Liability Corporations	18903933	18287144	16567713
国有独资公司	State Sole Funded Corporations	4097467	3870703	3648679
其他有限责任公司	Other Limited Liability Corporations	14806466	14416441	12919035
股份有限公司	Share-holding Corporations Ltd.	10633145	10357868	9405972
私营企业	Private Enterprises	9440009	9277487	7873123
私营独资企业	Private-funded Enterprises	510111	502839	426267
私营合伙企业	Private Partnership Enterprises	61744	60934	51224
私营有限责任公司	Private Limited Liability Corporations	7632232	7504758	6316722
私营股份有限公司	Private Share-holding Corporations Ltd.	1235922	1208957	1078911
其他企业	Other Enterprises	363950	358716	291839
港澳台商投资企业	**Enterprises with Funds from Hong Kong, Macau and Taiwan**	**5604239**	**5542243**	**4856122**
与港澳台商合资经营企业	Joint-venture Enterprises (with Funds from Hong Kong, Macau and Taiwan)	2324769	2307875	2016435
与港澳台商合作经营企业	Cooperative Enterprises (with Funds from Hong Kong, Macau and Taiwan)	59424	59424	49911
港澳台商独资经营企业	Enterprises with Sole Funds from Hong Kong, Macau and Taiwan	2772008	2729155	2460874
港澳台商投资股份有限公司	Share-holding Corporations Ltd. With from Hong Kong, Macau and Taiwan	442975	441278	325040
外商投资企业	**Foreign Funded Enterprises**	**9361492**	**9255380**	**8048956**
中外合资经营企业	Joint-venture Enterprises	4825999	4779329	4188467
中外合作经营	Cooperation Enterprises	88789	85143	75188
外资企业	Enterprises with Sole Foreign Funds	3759745	3726840	3175168
外商投资股份有限公司	Share-holding Corporations Ltd.with Foreign Funds	679100	656210	603099

工业企业R&D经费内部支出(2011年)

above Designated Size by Scale and Registration Status(2011)

(10 000 yuan)

	资产性支出		政府资金	企业资金	国外资金	其他资金
#人员劳务费 Labor Cost	Assets Expenditure	#仪器和设备 Equipment	Government Funds	Self-raised Funds by Enterprises	Foreign Funds	Other Funds
14683762	**7881338**	**7594058**	**2510834**	**56478269**	**460870**	**488081**
9304924	4494186	4324406	1538888	35630816	296800	202506
3088630	1968201	1901140	528133	11861124	94551	154143
10716098	**5820685**	**5593626**	**2174304**	**42371165**	**83626**	**343229**
960105	534320	507049	233074	4401000	3444	40877
144213	39381	36491	9982	580441		5519
44065	42011	41021	6914	228202	897	3214
29974	2583	2460	2088	115148	1	485
22569	1356	1272	1146	92015		155
988	285	282	136	2948		
5574	754	721	664	17886	1	330
843	188	185	141	2300		
4798454	2336220	2249125	1134121	17592694	40028	137091
819774	448789	423147	342401	3723830	11565	19672
3978681	1887431	1825978	791720	13868864	28463	117419
2568719	1227173	1174148	444040	10129382	14032	45691
2093743	1566886	1513702	333405	8978357	24118	104130
107105	83845	79914	16579	485159	1951	6422
15345	10521	10249	1991	59090	69	594
1689662	1315510	1271883	254650	7272129	18836	86617
281632	157011	151657	60185	1161980	3262	10496
76825	72112	69630	10680	345941	1107	6223
1482956	**748118**	**729323**	**142862**	**5335267**	**62890**	**63221**
563300	308335	299264	62278	2221409	10223	30859
16306	9514	9300	2053	56600	370	401
794521	311134	302787	63645	2628913	49355	30097
107305	117935	116772	14849	423321	2942	1864
2484709	**1312535**	**1271109**	**193669**	**8771838**	**314354**	**81631**
1219553	637532	613813	119503	4623160	68866	14471
18180	13601	13130	4538	84046	168	36
1068068	584577	570913	51485	3398175	244975	65110
177098	76000	72549	18118	658683	346	1952

2-9 按行业分规上工业

Intramural Expenditure on R&D in Industrial Enterprises

单位：万元

行业	Industry	R&D经费内部支出 Intramural Expenditure on R&D	#试验发展支出 Experimental Development	日常性支出 Routine Expenses
总计	**Total**	**59938055**	**58434245**	**52056717**
煤炭开采和洗选业	Mining and Washing of Coal	1451311	1345193	1268355
石油和天然气开采业	Extraction of Petroleum and Natural Gas	821291	692291	753594
黑色金属矿采选业	Mining of Ferrous Metal Ores	41268	40578	34267
有色金属矿采选业	Mining of Non-ferrous Metal Ores	139231	134469	119416
非金属矿采选业	Mining and Processing of Nonmetal Ores	72678	70414	59128
农副食品加工业	Processing of Food from Agricultural Products	920658	892706	781828
食品制造业	Manufacture of Foods	626131	613969	520478
饮料制造业	Manufacture of Beverage	693436	646608	569843
烟草制品业	Manufacture of Tobacco	159702	142368	128124
纺织业	Manufacture of Textile	1360233	1339619	1121983
纺织服装、鞋、帽制造业	Manufacture of Textile Wearing Apparel, Footware and Caps	289534	288793	247485
皮革、毛皮、羽毛(绒)及其制品业	Manufacture of Leather, Fur, Feather and Its Products	154417	153269	136421
木材加工及木、竹、藤、棕、草制品业	Processing of Timbers,Manufacture of Wood, Bamboo,Rattan,Palm,Straw	144700	141521	110874
家具制造业	Manufacture of Furniture	90341	89944	81713
造纸及纸制品业	Manufacture of Paper and Paper Products	558877	543786	481071
印刷业和记录媒介的复制	Printing,Reproduction of Recording Media	190130	188837	156184
文教体育用品制造业	Manufacture of Articles for Culture, Education and Sport Activity	136993	127836	121092
石油加工、炼焦及核燃料加工业	Processing of Petroleum ,Coking,Processing of Nucleus Fuel	625447	615394	509853
化学原料及化学制品制造业	Manufacture of Chemical Raw Material and Chemical Products	4699215	4627342	4019989
医药制造业	Manufacture of Medicines	2112462	2071547	1798508
化学纤维制造业	Manufacture of Chemical Fiber	587560	586979	526791
橡胶制品业	Manufacture of Rubber	631281	628681	533695
塑料制品业	Manufacture of Plastic	726377	715511	608076
非金属矿物制品业	Manufacture of Non-metallic Mineral Products	1397206	1384773	1082541
黑色金属冶炼及压延加工业	Manufacture and Processing of Ferrous Metals	5126475	4992121	4597545
有色金属冶炼及压延加工业	Manufacture and Processing of Non-ferrous Metals	1901947	1843989	1623101
金属制品业	Manufacture of Metal Products	1112914	1075216	932291
通用设备制造业	Manufacture of General Purpose Machinery	4066679	4017920	3491055
专用设备制造业	Manufacture of Special Purpose Machinery	3656608	3600016	3280076
交通运输设备制造业	Manufacture of Transport Equipment	7852546	7506060	6938144
电气机械及器材制造业	Manufacture of Electrical Machinery and Equipment	6240088	6149720	5408522
通信设备、计算机及其他电子设备制造业	Manufacture of Communication,Computer, Other Electronic Equipment	9410520	9316502	8335956
仪器仪表及文化、办公用机械制造业	Manufacture of Measuring Instrument, Machinery for Cultural and Office Work	1208653	1159866	1044569
工艺品及其他制造业	Manufacture of Artwork, Other Manufacture	242662	237288	222327
电力、热力的生产和供应业	Production and Supply of Electric Power and Heat Power	428121	394039	365536
燃气生产和供应业	Production and Distribution of Gas	12316	12316	9156
水的生产和供应业	Production and Distribution of Water	18307	18236	14839

企业R&D经费内部支出(2011年)

above Designated Size by Industrial Sector(2011)

(10 000 yuan)

	资产性支出		政府资金	企业资金	国外资金	其他资金
#人员劳务费 Labor Cost	Assets Expenditure	#仪器和设备 Equipment	Government Funds	Self-raised Funds by Enterprises	Foreign Funds	Other Funds
14683762	**7881338**	**7594058**	**2510834**	**56478269**	**460870**	**488081**
393136	182955	176579	30778	1417215	808	2510
255148	67697	65223	44872	769395	90	6934
9852	7002	5849	1173	40089		7
30015	19815	19294	11991	126083		1158
19365	13550	13329	5657	65622	228	1172
163095	138831	128232	32314	862570	1296	24478
120914	105653	101852	26249	593150	1707	5026
157304	123593	115949	23199	662766	4700	2771
46912	31578	31254	332	152523		6847
309367	238249	231256	30358	1310916	2419	16540
93016	42050	40704	4997	275702	859	7977
46235	17996	17463	2144	147765	368	4141
25220	33826	32211	3041	135881	819	4959
30179	8628	8396	2039	86755	377	1170
90900	77807	73432	7630	548113		3134
52193	33946	33494	2498	185888	140	1604
41726	15901	15617	6400	126782	3172	639
107758	115594	110559	8053	612377	1522	3494
913000	679227	650283	147411	4492833	30678	28293
536306	313954	302171	127310	1958925	9152	17075
87242	60769	60216	6983	577944		2632
112261	97586	93466	12983	614095	734	3470
168427	118302	115224	16923	695118	9092	5245
272043	314665	306923	42555	1337931	1808	14912
647789	528931	505149	32391	5079013	9557	5515
290465	278846	263575	52559	1825548	7003	16837
253210	180623	174513	27839	1071649	5071	8355
1038951	575624	557048	153893	3861439	16887	34461
948525	376532	359428	192546	3429263	11216	23583
1887158	914402	875487	727138	6994787	43351	87270
1476244	831565	805324	200332	5966957	34747	38052
3484266	1074565	1054923	440744	8644889	246864	78023
389759	164084	156233	59600	1114154	16114	18784
67177	20335	19908	14914	219108	10	8630
105139	62585	60001	6169	420037	83	1832
2685	3160	2880	859	11457		
5650	3468	3358	2885	15070		352

2-10 各地区规上工业

Intramural Expenditure on R&D in Industrial Enterprises

单位：万元

地 区	Region	R&D经费内部支出 Intramural Expenditure on R&D	#试验发展支出 Experimental Development	日常性支出 Routine Expenses	#人员劳务费 Labor Cost
全 国	**National Total**	**59938055**	**58434245**	**52056717**	**14683762**
东部地区	Eastern Region	43752620	42903142	38055388	11234721
中部地区	Middle Region	10683355	10305463	9252150	2276221
西部地区	Western Region	5502080	5225640	4749179	1172820
北 京	Beijing	1648538	1623930	1512981	562110
天 津	Tianjin	2107772	2016325	1726357	399606
河 北	Hebei	1586189	1541969	1383979	364268
山 西	Shanxi	895891	826425	766842	165493
内 蒙 古	Inner Mongolia	701635	693904	626797	133572
辽 宁	Liaoning	2747063	2603546	2500443	390063
吉 林	Jilin	488723	397322	414761	80192
黑 龙 江	Heilongjiang	838042	838042	777001	188736
上 海	Shanghai	3437627	3313540	3098172	1016225
江 苏	Jiangsu	8998944	8996658	7713621	2024080
浙 江	Zhejiang	4799069	4781697	4234468	1330437
安 徽	Anhui	1628304	1598128	1370525	357184
福 建	Fujian	1943993	1920454	1512632	441205
江 西	Jiangxi	769834	758432	674106	158247
山 东	Shandong	7431254	7179029	6440083	1444098
河 南	Henan	2137236	2123061	1800721	446473
湖 北	Hubei	2107553	2094830	1813374	440546
湖 南	Hunan	1817773	1669223	1634821	439350
广 东	Guangdong	8994412	8868569	7879196	3251662
广 西	Guangxi	586791	566474	489327	130065
海 南	Hainan	57760	57425	53458	10967
重 庆	Chongqing	943975	904337	787888	200663
四 川	Sichuan	1044666	995725	943249	285744
贵 州	Guizhou	275217	272058	257837	47662
云 南	Yunnan	299279	269982	251052	62238
西 藏	Tibet	1637	1051	1033	263
陕 西	Shaanxi	966768	885239	798684	172421
甘 肃	Gansu	257916	240008	224211	58931
青 海	Qinghai	81965	81685	69448	7248
宁 夏	Ningxia	118879	115647	98875	24346
新 疆	Xinjiang	223352	199531	200780	49668

企业R&D经费内部支出(2011年)

above Designated Size by Region(2011)

(10 000 yuan)

资产性支出 Assets Expenditure	#仪器和设备 Equipment	政府资金 Government Funds	企业资金 Self-raised Funds by Enterprises	国外资金 Foreign Funds	其他资金 Other Funds
7881338	**7594058**	**2510834**	**56478269**	**460870**	**488081**
5697232	5513391	1494302	41448622	428140	381556
1431205	1364915	566906	10036248	18952	61249
752901	715753	449626	4993399	13779	45276
135557	132193	123444	1467823	9071	48200
381415	370395	57501	1973333	56557	20381
202210	194322	41004	1541225	351	3609
129049	120052	31755	862107	114	1915
74838	70705	25892	671852	2300	1590
246620	242828	243686	2491490	7756	4131
73962	72821	17749	464951	2008	4015
61041	59140	90981	737922	3412	5727
339455	330350	182090	3214229	21451	19857
1285322	1237419	196029	8605380	97098	100437
564602	552683	110764	4640483	18652	29170
257779	248325	139003	1478372	4270	6659
431361	419819	50032	1848619	12475	32867
95729	91273	51371	711218	1289	5956
991171	947461	207505	7135616	25637	62495
336515	320847	68451	2060971	1664	6149
294179	282397	96233	1988708	2945	19667
182952	170060	71362	1732000	3250	11161
1115217	1081665	279849	8475151	179003	60409
97465	95199	26374	557209	44	3165
4302	4257	2399	55273	88	
156087	150903	45124	885922	4843	8086
101417	92654	104739	929673	5298	4956
17380	16798	25322	239918	74	9903
48227	47147	17064	279908	215	2092
604	587	78	1559		
168084	159075	168861	785566	788	11554
33706	30406	16742	240822	90	262
12517	10956	3433	78334		198
20005	19584	11108	105816		1956
22572	21739	4891	216820	127	1514

2-11 按企业规模及登记注册类型分规上工业企业R&D经费外部支出(2011年)

External Expenditure on R&D in Industrial Enterprises above Designated Size by Scale and Registration Status(2011)

单位：万元 (10 000 yuan)

注册类型	Type of Registration	R&D经费外部支出 External Expenditure on R&D	#对境内研究机构支出 to Research Institutions	#对境内高校支出 to Higher Education
总　计	**Total**	**3557345**	**1465807**	**756681**
#大型企业	Large-sized Industrial Enterprises	2339948	824091	420247
中型企业	Medium-sized Industrial Enterprises	860119	481039	205409
内资企业	**Domestic Funded**	**2799620**	**1189884**	**652208**
国有企业	State-owned Enterprises	353363	176123	87533
集体企业	Collective-owned Enterprises	49744	3195	4292
股份合作企业	Cooperative Enterprises	7216	3046	2154
联营企业	Joint Ownership Enterprises	9102	3794	4050
国有联营企业	State Joint Ownership Enterprises	4634	1476	2719
集体联营企业	Collective Joint Ownership Enterprises	718	559	159
国有与集体联营企业	Joint State-collective Enterprises	3751	1759	1173
有限责任公司	Limited Liability Corporations	1198339	569519	240801
国有独资公司	State Sole Funded Corporations	243877	128372	66770
其他有限责任公司	Other Limited Liability Corporations	954462	441147	174032
股份有限公司	Share-holding Corporations Ltd.	824126	286699	208153
私营企业	Private Enterprises	334915	134091	97432
私营独资企业	Private-funded Enterprises	13916	6519	5788
私营合伙企业	Private Partnership Enterprises	3389	1560	886
私营有限责任公司	Private Limited Liability Corporations	223052	112845	77682
私营股份有限公司	Private Share-holding Corporations Ltd.	94559	13166	13076
其他企业	Other Enterprises	22814	13418	7792
港澳台商投资企业	**Enterprises with Funds from Hong Kong, Macau and Taiwan**	**175219**	**77500**	**46199**
与港澳台商合资经营企业	Joint-venture Enterprises (with Funds from Hong Kong, Macau and Taiwan)	77247	38255	19526
与港澳台商合作经营企业	Cooperative Enterprises (with Funds from Hong Kong, Macau and Taiwan)	2709	2022	525
港澳台商独资经营企业	Enterprises with Sole Funds from Hong Kong, Macau and Taiwan	85997	34630	23391
港澳台商投资股份有限公司	Share-holding Corporations Ltd. With from Hong Kong, Macau and Taiwan	8753	2554	2719
外商投资企业	**Foreign Funded Enterprises**	**582506**	**198423**	**58274**
中外合资经营企业	Joint-venture Enterprises	361742	111773	35390
中外合作经营	Cooperation Enterprises	5445	389	4271
外资企业	Enterprises with Sole Foreign Funds	184204	69411	13193
外商投资股份有限公司	Share-holding Corporations Ltd.with Foreign Funds	30828	16563	5420

2-12 按行业分规上工业企业R&D经费外部支出(2011年)

External Expenditure on R&D in Industrial Enterprises above Designated Size by Industrial Sector(2011)

单位：万元 (10 000 yuan)

行 业	Industry	R&D经费外部支出 External Expenditure on R&D	#对境内研究机构支出 to Research Institutions	#对境内高校支出 to Higher Education
总 计	**Total**	**3557345**	**1465807**	**756681**
煤炭开采和洗选业	Mining and Washing of Coal	139234	50046	68093
石油和天然气开采业	Extraction of Petroleum and Natural Gas	136446	44757	33341
黑色金属矿采选业	Mining of Ferrous Metal Ores	3330	2023	1302
有色金属矿采选业	Mining of Non-ferrous Metal Ores	13076	4425	4121
非金属矿采选业	Mining and Processing of Nonmetal Ores	4987	1221	2254
农副食品加工业	Processing of Food from Agricultural Products	45076	16748	21682
食品制造业	Manufacture of Foods	21823	10363	6875
饮料制造业	Manufacture of Beverage	29183	15084	8792
烟草制品业	Manufacture of Tobacco	45604	25063	8054
纺织业	Manufacture of Textile	36449	10816	17438
纺织服装、鞋、帽制造业	Manufacture of Textile Wearing Apparel, Footware and Caps	17787	9667	6653
皮革、毛皮、羽毛(绒)及其制品业	Manufacture of Leather, Fur, Feather and Its Products	9677	6829	1596
木材加工及木、竹、藤、棕、草制品业	Processing of Timbers,Manufacture of Wood, Bamboo,Rattan,Palm,Straw	4607	1477	3022
家具制造业	Manufacture of Furniture	2831	1359	217
造纸及纸制品业	Manufacture of Paper and Paper Products	9949	3549	3218
印刷业和记录媒介的复制	Printing,Reproduction of Recording Media	3585	2306	688
文教体育用品制造业	Manufacture of Articles for Culture, Education and Sport Activity	2210	916	894
石油加工、炼焦及核燃料加工业	Processing of Petroleum ,Coking,Processing of Nucleus Fuel	60341	32580	15167
化学原料及化学制品制造业	Manufacture of Chemical Raw Material and Chemical Products	225012	98194	68615
医药制造业	Manufacture of Medicines	452929	275692	134845
化学纤维制造业	Manufacture of Chemical Fiber	9942	2936	5990
橡胶制品业	Manufacture of Rubber	24822	5783	12122
塑料制品业	Manufacture of Plastic	13551	5113	4231
非金属矿物制品业	Manufacture of Non-metallic Mineral Products	25813	11682	10172
黑色金属冶炼及压延加工业	Manufacture and Processing of Ferrous Metals	222323	63339	54730
有色金属冶炼及压延加工业	Manufacture and Processing of Non-ferrous Metals	76529	44886	21431
金属制品业	Manufacture of Metal Products	27156	9535	7356
通用设备制造业	Manufacture of General Purpose Machinery	190051	50203	40055
专用设备制造业	Manufacture of Special Purpose Machinery	91324	30295	32913
交通运输设备制造业	Manufacture of Transport Equipment	831412	400452	54719
电气机械及器材制造业	Manufacture of Electrical Machinery and Equipment	265366	62292	46624
通信设备、计算机及其他电子设备制造业	Manufacture of Communication,Computer, Other Electronic Equipment	351425	82909	27912
仪器仪表及文化、办公用机械制造业	Manufacture of Measuring Instrument, Machinery for Cultural and Office Work	58672	24524	12549
工艺品及其他制造业	Manufacture of Artwork, Other Manufacture	9564	2999	2167
电力、热力的生产和供应业	Production and Supply of Electric Power and Heat Power	89347	52043	15639
燃气生产和供应业	Production and Distribution of Gas	4226	3117	183
水的生产和供应业	Production and Distribution of Water	1171	446	647

2-13 各地区规上工业企业R&D经费外部支出(2011年)
External Expenditure on R&D in Industrial Enterprises above Designated Size by Region(2011)

单位：万元 (10 000 yuan)

地　区	Region	R&D经费外部支出 External Expenditure on R&D	#对境内研究机构支出 to Research Institutions	#对境内高校支出 to Higher Education
全　国	**National Total**	**3557345**	**1465807**	**756681**
东部地区	Eastern Region	2502332	994762	486824
中部地区	Middle Region	626247	287983	149286
西部地区	Western Region	428767	183062	120572
北　京	Beijing	215220	152931	9154
天　津	Tianjin	87865	45162	9453
河　北	Hebei	61042	28990	21620
山　西	Shanxi	62494	29705	19834
内蒙古	Inner Mongolia	29037	12132	8141
辽　宁	Liaoning	89008	41015	12828
吉　林	Jilin	36873	22173	9441
黑龙江	Heilongjiang	91499	35786	26249
上　海	Shanghai	244552	61648	17801
江　苏	Jiangsu	436058	148169	91606
浙　江	Zhejiang	266072	98172	49007
安　徽	Anhui	143185	45225	24526
福　建	Fujian	102380	41346	18361
江　西	Jiangxi	79796	38488	11915
山　东	Shandong	445676	182129	144333
河　南	Henan	89404	57320	24736
湖　北	Hubei	61338	27796	17325
湖　南	Hunan	61659	31490	15259
广　东	Guangdong	546238	187320	112379
广　西	Guangxi	38147	18648	7652
海　南	Hainan	8221	7880	283
重　庆	Chongqing	70739	33641	8493
四　川	Sichuan	60582	22493	22326
贵　州	Guizhou	10742	5407	4822
云　南	Yunnan	24361	14020	5228
西　藏	Tibet	292	228	64
陕　西	Shaanxi	65908	40645	21544
甘　肃	Gansu	47291	26671	12813
青　海	Qinghai	22912	2028	20763
宁　夏	Ningxia	6761	2916	3109
新　疆	Xinjiang	51994	4234	5616

2-14 按企业规模及登记注册类型分规上工业企业R&D项目情况(2011年)

R&D Projects in Industrial Enterprises above Designated Size by Scale and Registration Status(2011)

注册类型	Type of Registration	R&D项目数(项) R&D Projects (item)	R&D项目人员数(人) R&D Personnel (person)	R&D项目经费支出(万元) Expenditure on R&D Project (10 000 yuan)
总　计	**Total**	**232158**	**2251070**	**50519938**
#大型企业	Large-sized Industrial Enterprises	95857	1229497	31723841
中型企业	Medium-sized Industrial Enterprises	65369	581594	10610019
内资企业	**Domestic Funded**	**180487**	**1705365**	**37526345**
国有企业	State-owned Enterprises	18376	173092	3598121
集体企业	Collective-owned Enterprises	1990	12993	543791
股份合作企业	Cooperative Enterprises	1074	8053	198105
联营企业	Joint Ownership Enterprises	231	3411	94593
国有联营企业	State Joint Ownership Enterprises	137	2251	71801
集体联营企业	Collective Joint Ownership Enterprises	15	138	3042
国有与集体联营企业	Joint State-collective Enterprises	63	885	17415
其他联营企业	Other Joint Ownership Enterprises	16	137	2336
有限责任公司	Limited Liability Corporations	70357	682596	15691502
国有独资公司	State Sole Funded Corporations	13040	134737	3273413
其他有限责任公司	Other Limited Liability Corporations	57317	547859	12418089
股份有限公司	Share-holding Corporations Ltd.	34183	386837	9086570
私营企业	Private Enterprises	52749	422486	8012126
私营独资企业	Private-funded Enterprises	3430	23975	438442
私营合伙企业	Private Partnership Enterprises	490	3277	53269
私营有限责任公司	Private Limited Liability Corporations	43331	347856	6450465
私营股份有限公司	Private Share-holding Corporations Ltd.	5498	47378	1069951
其他企业	Other Enterprises	1527	15897	301537
港澳台商投资企业	**Enterprises with Funds from Hong Kong, Macau and Taiwan**	**22396**	**238547**	**4814463**
与港澳台商合资经营企业	Joint-venture Enterprises (with Funds from Hong Kong, Macau and Taiwan)	10312	97204	2067004
与港澳台商合作经营企业	Cooperative Enterprises (with Funds from Hong Kong, Macau and Taiwan)	383	2862	52023
港澳台商独资经营企业	Enterprises with Sole Funds from Hong Kong, Macau and Taiwan	10339	121992	2374434
港澳台商投资股份有限公司	Share-holding Corporations Ltd. With from Hong Kong, Macau and Taiwan	1337	16083	317601
外商投资企业	**Foreign Funded Enterprises**	**29275**	**307158**	**8179130**
中外合资经营企业	Joint-venture Enterprises	15335	147345	4217397
中外合作经营	Cooperation Enterprises	521	4090	76600
外资企业	Enterprises with Sole Foreign Funds	11795	135365	3275085
外商投资股份有限公司	Share-holding Corporations Ltd.with Foreign Funds	1594	20093	602987

2-15 按行业分规上工业企业R&D项目情况(2011年)

R&D Projects in Industrial Enterprises above Designated Size by Industrial Sector(2011)

行业	Industry	R&D项目数(项) R&D Projects (item)	R&D项目人员数(人) R&D Personnel (person)	R&D项目经费支出(万元) Expenditure on R&D Project (10 000 yuan)
总计	**Total**	**232158**	**2251070**	**50519938**
煤炭开采和洗选业	Mining and Washing of Coal	4057	66884	1164413
石油和天然气开采业	Extraction of Petroleum and Natural Gas	3610	36895	578055
黑色金属矿采选业	Mining of Ferrous Metal Ores	191	2685	35476
有色金属矿采选业	Mining of Non-ferrous Metal Ores	373	5255	126496
非金属矿采选业	Mining and Processing of Nonmetal Ores	350	4114	60929
农副食品加工业	Processing of Food from Agricultural Products	3545	33002	792755
食品制造业	Manufacture of Foods	2917	25866	515653
饮料制造业	Manufacture of Beverage	2742	24858	577113
烟草制品业	Manufacture of Tobacco	884	5354	86724
纺织业	Manufacture of Textile	6767	65530	1143311
纺织服装、鞋、帽制造业	Manufacture of Textile Wearing Apparel, Footware and Caps	1141	17594	262846
皮革、毛皮、羽毛(绒)及其制品业	Manufacture of Leather, Fur, Feather and Its Products	585	9270	139201
木材加工及木、竹、藤、棕、草制品业	Processing of Timbers,Manufacture of Wood, Bamboo,Rattan,Palm,Straw	758	6973	119387
家具制造业	Manufacture of Furniture	808	6572	74380
造纸及纸制品业	Manufacture of Paper and Paper Products	1602	19163	491474
印刷业和记录媒介的复制	Printing,Reproduction of Recording Media	1047	10384	159505
文教体育用品制造业	Manufacture of Articles for Culture, Education and Sport Activity	1239	8827	118801
石油加工、炼焦及核燃料加工业	Processing of Petroleum ,Coking,Processing of Nucleus Fuel	1827	15673	480884
化学原料及化学制品制造业	Manufacture of Chemical Raw Material and Chemical Products	18038	154436	4046365
医药制造业	Manufacture of Medicines	15022	104459	1809267
化学纤维制造业	Manufacture of Chemical Fiber	1202	17612	541212
橡胶制品业	Manufacture of Rubber	2812	21374	555016
塑料制品业	Manufacture of Plastic	3956	33287	617366
非金属矿物制品业	Manufacture of Non-metallic Mineral Products	6004	65841	1102669
黑色金属冶炼及压延加工业	Manufacture and Processing of Ferrous Metals	7514	98945	4318181
有色金属冶炼及压延加工业	Manufacture and Processing of Non-ferrous Metals	4360	54026	1615412
金属制品业	Manufacture of Metal Products	5617	51105	922949
通用设备制造业	Manufacture of General Purpose Machinery	22938	181128	3364525
专用设备制造业	Manufacture of Special Purpose Machinery	18396	165009	3122905
交通运输设备制造业	Manufacture of Transport Equipment	24994	250589	6247186
电气机械及器材制造业	Manufacture of Electrical Machinery and Equipment	27792	233054	5320001
通信设备、计算机及其他电子设备制造业	Manufacture of Communication,Computer, Other Electronic Equipment	26552	338641	8405436
仪器仪表及文化、办公用机械制造业	Manufacture of Measuring Instrument, Machinery for Cultural and Office Work	7990	67072	1013942
工艺品及其他制造业	Manufacture of Artwork, Other Manufacture	1877	16094	205123
电力、热力的生产和供应业	Production and Supply of Electric Power and Heat Power	2344	30160	336153
燃气生产和供应业	Production and Distribution of Gas	65	967	10361
水的生产和供应业	Production and Distribution of Water	141	1448	13245

2-16 各地区规上工业企业R&D项目情况(2011年)
R&D Projects in Industrial Enterprises above Designated Size by Region (2011)

地 区	Region	R&D项目数 (项) R&D Projects (item)	R&D项目人员数 (人) R&D Personnel (person)	R&D项目经费支出 (万元) Expenditure on R&D Project (10 000 yuan)
全 国	**National Total**	**232158**	**2251070**	**50519938**
东部地区	Eastern Region	164576	1564300	37582264
中部地区	Middle Region	42030	469652	8738268
西部地区	Western Region	25552	217118	4199407
北 京	Beijing	7048	59302	1284900
天 津	Tianjin	10515	60029	1629171
河 北	Hebei	6055	63227	1360221
山 西	Shanxi	2348	35876	707747
内蒙古	Inner Mongolia	1320	17920	544990
辽 宁	Liaoning	6799	64313	2134585
吉 林	Jilin	1885	21185	425061
黑龙江	Heilongjiang	4343	41819	608270
上 海	Shanghai	12378	89266	2932134
江 苏	Jiangsu	31933	323339	7743727
浙 江	Zhejiang	28672	230996	4509534
安 徽	Anhui	8426	73586	1325186
福 建	Fujian	6441	84175	1530296
江 西	Jiangxi	2608	28474	639834
山 东	Shandong	25193	225288	6327202
河 南	Henan	8415	111638	1892771
湖 北	Hubei	7077	87154	1561021
湖 南	Hunan	6928	69920	1578379
广 东	Guangdong	29243	362474	8094556
广 西	Guangxi	2890	23217	501601
海 南	Hainan	299	1891	35939
重 庆	Chongqing	4524	34918	761360
四 川	Sichuan	6712	52324	770625
贵 州	Guizhou	1345	10264	230907
云 南	Yunnan	1514	16102	239296
西 藏	Tibet	16	96	1591
陕 西	Shaanxi	4210	34838	659850
甘 肃	Gansu	1280	12332	165296
青 海	Qinghai	131	1938	61403
宁 夏	Ningxia	853	5581	99091
新 疆	Xinjiang	757	7588	163398

2-17 按企业规模及登记注册类型分规上工业企业办研发机构情况(2011年)

R&D Institutions in Industrial Enterprises above Designated Size by Scale and Registration Status(2011)

注册类型	Type of Registration	机构数(个) Institutions (unit)	机构人员(人) Personnel (person)	#博士和硕士 Doctor and Master	机构经费支出(万元) Expenditures on S&T Institutions (10 000 yuan)	仪器和设备原价(万元) Equipment (10 000 yuan)
总　计	**Total**	**31320**	**1816456**	**228882**	**39569793**	**30318360**
#大型企业	Large-sized Industrial Enterprises	6273	1019468	148498	26628198	19252444
中型企业	Medium-sized Industrial Enterprises	10178	474956	43898	7915456	6985819
内资企业	**Domestic Funded**	**24476**	**1372807**	**185362**	**28988098**	**22301230**
国有企业	State-owned Enterprises	1201	125531	17640	2632022	2563065
集体企业	Collective-owned Enterprises	160	8447	729	170762	126695
股份合作企业	Cooperative Enterprises	181	6296	536	105732	93111
联营企业	Joint Ownership Enterprises	32	3036	411	125649	53818
国有联营企业	State Joint Ownership Enterprises	9	2292	332	109570	22073
集体联营企业	Collective Joint Ownership Enterprises	8	204	27	1460	2123
国有与集体联营企业	Joint State-collective Enterprises	8	401	36	12895	24142
其他联营企业	Other Joint Ownership Enterprises	7	139	16	1724	5480
有限责任公司	Limited Liability Corporations	7113	534424	74926	12026979	9551472
国有独资公司	State Sole Funded Corporations	639	90939	10279	2312236	2132741
其他有限责任公司	Other Limited Liability Corporations	6474	443485	64647	9714743	7418731
股份有限公司	Share-holding Corporations Ltd.	3240	351232	60320	8199617	5761981
私营企业	Private Enterprises	12243	331385	29614	5537187	4007462
私营独资企业	Private-funded Enterprises	961	18481	1923	285819	230596
私营合伙企业	Private Partnership Enterprises	146	2518	241	39885	32760
私营有限责任公司	Private Limited Liability Corporations	10295	270110	23041	4427871	3225339
私营股份有限公司	Private Share-holding Corporations Ltd.	841	40276	4409	783613	518768
其他企业	Other Enterprises	306	12456	1186	190150	143626
港澳台商投资企业	**Enterprises with Funds from Hong Kong, Macau and Taiwan**	**3310**	**191877**	**16049**	**3903624**	**2948597**
与港澳台商合资经营企业	Joint-venture Enterprises (with Funds from Hong Kong, Macau and Taiwan)	1549	83424	5247	1615172	1282387
与港澳台商合作经营企业	Cooperative Enterprises (with Funds from Hong Kong, Macau and Taiwan)	61	2202	144	27412	28953
港澳台商独资经营企业	Enterprises with Sole Funds from Hong Kong, Macau and Taiwan	1542	91720	8467	1945708	1410160
港澳台商投资股份有限公司	Share-holding Corporations Ltd. with Funds from Hong Kong, Macau and Taiwan	149	13196	2046	289684	183682
外商投资企业	**Foreign Funded Enterprises**	**3534**	**251772**	**27471**	**6678071**	**5068533**
中外合资经营企业	Joint-venture Enterprises	1924	117600	13835	3320911	2651191
中外合作经营	Cooperation Enterprises	76	2601	196	63562	35235
外资企业	Enterprises with Sole Foreign Funds	1371	113541	9337	2704819	2068213
外商投资股份有限公司	Share-holding Corporations Ltd. With Foreign Funds	157	17819	4088	579063	308565

2-18 按行业分规上工业企业办研发机构情况(2011年)
R&D Institutions in Industrial Enterprises above Designated Size by Industrial Sector(2011)

行业	Industry	机构数(个) Institutions (unit)	机构人员(人) Personnel (person)	#博士和硕士 Doctor and Master	机构经费支出(万元) Expenditures on S&T Institutions (10 000 yuan)	仪器和设备原价(万元) Equipment (10 000 yuan)
总　计	**Total**	**31320**	**1816456**	**228882**	**39569793**	**30318360**
煤炭开采和洗选业	Mining and Washing of Coal	185	20242	2096	392541	398048
石油和天然气开采业	Extraction of Petroleum and Natural Gas	121	36737	7034	576258	474130
黑色金属矿采选业	Mining of Ferrous Metal Ores	24	1191	89	19704	113320
有色金属矿采选业	Mining of Non-ferrous Metal Ores	56	2080	90	93017	25096
非金属矿采选业	Mining and Processing of Nonmetal Ores	79	2079	237	48630	35098
农副食品加工业	Processing of Food from Agricultural Products	1067	30565	4610	633200	460208
食品制造业	Manufacture of Foods	612	22816	3125	432169	287204
饮料制造业	Manufacture of Beverage	478	24441	2009	629763	525131
烟草制品业	Manufacture of Tobacco	37	2577	702	175787	180766
纺织业	Manufacture of Textile	1261	48416	2777	911546	822141
纺织服装、鞋、帽制造业	Manufacture of Textile Wearing Apparel, Footware and Caps	312	13509	781	190440	144675
皮革、毛皮、羽毛(绒)及其制品业	Manufacture of Leather, Fur, Feather and Its Products	233	10090	391	140883	81387
木材加工及木、竹、藤、棕、草制品业	Processing of Timbers,Manufacture of Wood, Bamboo,Rattan,Palm,Straw	278	5300	612	89621	57289
家具制造业	Manufacture of Furniture	163	6790	176	76580	52690
造纸及纸制品业	Manufacture of Paper and Paper Products	315	14969	983	435705	309848
印刷业和记录媒介的复制	Printing,Reproduction of Recording Media	176	6903	463	101199	169207
文教体育用品制造业	Manufacture of Articles for Culture, Education and Sport Activity	233	8281	339	108200	62428
石油加工、炼焦及核燃料加工业	Processing of Petroleum ,Coking,Processing of Nucleus Fuel	174	11087	1524	401471	305321
化学原料及化学制品制造业	Manufacture of Chemical Raw Material and Chemical Products	3069	119516	13760	3170965	2064797
医药制造业	Manufacture of Medicines	1856	83959	15186	1495647	1209896
化学纤维制造业	Manufacture of Chemical Fiber	235	13997	984	525575	552237
橡胶制品业	Manufacture of Rubber	334	19016	1000	512441	600377
塑料制品业	Manufacture of Plastic	786	32538	1957	472426	404872
非金属矿物制品业	Manufacture of Non-metallic Mineral Products	1264	45526	4138	683318	849962
黑色金属冶炼及压延加工业	Manufacture and Processing of Ferrous Metals	489	55445	6005	1951839	1268015
有色金属冶炼及压延加工业	Manufacture and Processing of Non-ferrous Metals	679	39171	3564	1131313	826648
金属制品业	Manufacture of Metal Products	1054	44133	2888	668365	1892410
通用设备制造业	Manufacture of General Purpose Machinery	3247	145771	11532	2603816	2283519
专用设备制造业	Manufacture of Special Purpose Machinery	2259	118136	14045	1987035	1620237
交通运输设备制造业	Manufacture of Transport Equipment	2238	228614	23430	5517743	4176812
电气机械及器材制造业	Manufacture of Electrical Machinery and Equipment	3702	211992	17903	4603271	3553947
通信设备、计算机及其他电子设备制造业	Manufacture of Communication,Computer, Other Electronic Equipment	2777	308865	73298	7677077	3396055
仪器仪表及文化、办公用机械制造业	Manufacture of Measuring Instrument, Machinery for Cultural and Office Work	1035	50821	6792	693593	441251
工艺品及其他制造业	Manufacture of Artwork, Other Manufacture	296	14428	888	167962	160595
电力、热力的生产和供应业	Production and Supply of Electric Power and Heat Power	139	15167	3171	222880	479036
燃气生产和供应业	Production and Distribution of Gas	6	164	40	6084	20286
水的生产和供应业	Production and Distribution of Water	24	750	186	9367	5987

2-19 各地区规上工业企业办研发机构情况(2011年)

R&D Institutions in Industrial Enterprises above Designated Size by Region(2011)

地 区	Region	机构数 (个) Institutions (unit)	机构人员 (人) Personnel (person)	#博士和硕士 Doctor and Master	机构经费支出 (万元) Expenditures on S&T Institutions (10 000 yuan)	仪器和设备原价 (万元) Equipment (10 000 yuan)
全 国	**National Total**	**31320**	**1816456**	**228882**	**39569793**	**30318360**
东部地区	Eastern Region	23575	1298569	168635	29830418	19620527
中部地区	Middle Region	5156	319178	39810	5873806	5403794
西部地区	Western Region	2589	198709	20437	3865569	5294039
北 京	Beijing	677	50531	12516	1296334	443811
天 津	Tianjin	645	35286	4026	764990	886721
河 北	Hebei	557	45152	5005	726200	853421
山 西	Shanxi	172	19637	2410	347352	415396
内蒙古	Inner Mongolia	146	12082	1602	237264	259445
辽 宁	Liaoning	561	43688	5523	960997	721790
吉 林	Jilin	173	21928	3070	446037	438406
黑龙江	Heilongjiang	216	22381	3255	320506	338004
上 海	Shanghai	884	69934	12852	2555020	1822066
江 苏	Jiangsu	6518	241648	24715	5872054	4054329
浙 江	Zhejiang	6781	237075	15840	4499461	3251852
安 徽	Anhui	1514	65836	7222	1370139	1232536
福 建	Fujian	1066	63011	4507	1104055	1060951
江 西	Jiangxi	325	18002	2033	388062	241966
山 东	Shandong	2566	191547	22383	5147954	3404927
河 南	Henan	1273	84072	8598	1384341	874184
湖 北	Hubei	667	52821	8307	1040937	1120071
湖 南	Hunan	816	34501	4915	576432	743232
广 东	Guangdong	3289	319634	61121	6883439	3107916
广 西	Guangxi	354	15560	1550	314488	328044
海 南	Hainan	31	1063	147	19913	12744
重 庆	Chongqing	365	27934	2846	656547	469000
四 川	Sichuan	587	64321	5516	1276014	2735284
贵 州	Guizhou	163	12497	990	260910	363719
云 南	Yunnan	219	10105	1035	254357	245206
西 藏	Tibet	2	43	6	508	419
陕 西	Shaanxi	358	29974	4173	480146	447416
甘 肃	Gansu	150	11127	1130	142393	130561
青 海	Qinghai	24	1956	135	42305	29022
宁 夏	Ningxia	124	6967	650	92426	176161
新 疆	Xinjiang	97	6143	804	108212	109762

2-20 按企业规模及登记注册类型分规上工业企业新产品开发和生产(2011年)
New Products Development and Production of Industrial Enterprises above Designated Size by Scal and Registration Status (2011)

单位：万元 (10 000 yuan)

注册类型	Type of Registration	新产品开发项目数(项) New Products (unit)	新产品开发经费支出 Expenditure on New Products Development	新产品产值 Output Value of New Products	新产品销售收入 Sales Revenue of New Products	#出口 Exports
总　计	**Total**	**266232**	**68459430**	**1008904581**	**1005827245**	**202230938**
#大型企业	Large-sized Industrial Enterprises	98363	41837112	705763784	713115732	163496972
中型企业	Medium-sized Industrial Enterprises	77681	15134569	180062768	173386628	26068843
内资企业	**Domestic Funded**	**205080**	**49343583**	**661590500**	**645500919**	**81941699**
国有企业	State-owned Enterprises	18350	4633558	78091561	75087570	4321096
集体企业	Collective-owned Enterprises	1387	425794	8042397	7969827	1316488
股份合作企业	Cooperative Enterprises	1013	211026	2922991	2733798	488005
联营企业	Joint Ownership Enterprises	237	109034	1937405	1946250	27982
国有联营企业	State Joint Ownership Enterprises	108	75553	1094093	1112918	7677
集体联营企业	Collective Joint Ownership Enterprises	20	3428	110991	101300	6117
国有与集体联营企业	Joint State-collective Enterprises	88	27094	690702	690678	14189
其他联营企业	Other Joint Ownership Enterprises	21	2959	41619	41355	
有限责任公司	Limited Liability Corporations	76702	19893924	255339268	252885648	35327687
国有独资公司	State Sole Funded Corporations	13069	4126142	49167119	49156528	6209570
其他有限责任公司	Other Limited Liability Corporations	63633	15767782	206172149	203729120	29118117
股份有限公司	Share-holding Corporations Ltd.	38051	12474504	169244030	165657099	20403354
私营企业	Private Enterprises	67557	11177559	141786992	135095608	19285091
私营独资企业	Private-funded Enterprises	3835	602827	7020832	6791406	672445
私营合伙企业	Private Partnership Enterprises	576	70560	1192511	1148508	105497
私营有限责任公司	Private Limited Liability Corporations	57011	9048254	109925223	104404051	15575543
私营股份有限公司	Private Share-holding Corporations Ltd.	6135	1455917	23648426	22751643	2931606
其他企业	Other Enterprises	1783	418186	4225856	4125119	771996
港澳台商投资企业	**Enterprises with Funds from Hong Kong, Macau and Taiwan**	**25518**	**6985007**	**98746031**	**98220217**	**27906828**
与港澳台商合资经营企业	Joint-venture Enterprises (with Funds from Hong Kong, Macau and Taiwan)	11947	2960831	43940935	43828105	11129999
与港澳台商合作经营企业	Cooperative Enterprises (with Funds from Hong Kong, Macau and Taiwan)	417	67767	510817	480291	106463
港澳台商独资经营企业	Enterprises with Sole Funds from Hong Kong, Macau and Taiwan	11703	3400280	46354292	45896509	15370157
港澳台商投资股份有限公司	Share-holding Corporations Ltd. with Funds from Hong Kong, Macau and Taiwan	1300	530982	7218948	7287084	1285757
外商投资企业	**Foreign Funded Enterprises**	**35634**	**12130839**	**248562255**	**262100315**	**92382411**
中外合资经营企业	Joint-venture Enterprises	18581	5830463	153884487	157203821	27284676
中外合作经营	Cooperation Enterprises	678	116466	1409814	1333501	359969
外资企业	Enterprises with Sole Foreign Funds	14350	5314612	82263727	92607212	62068047
外商投资股份有限公司	Share-holding Corporations Ltd. With Foreign Funds	1961	854874	10826197	10752314	2637730

2-21 按行业分规上工业企业新产品开发和生产(2011年)

New Products Development and Production of Industrial Enterprises above Designated Size by Industrial Sector (2011)

单位：万元 (10 000 yuan)

行 业	Industry	新产品开发项目数(项) New Products (unit)	新产品开发经费支出 Expenditure on New Products Development	新产品产值 Output Value of New Products	新产品销售收入 Sales Revenue of New Products	#出口 Exports
总 计	**Total**	**266232**	**68459430**	**1008904581**	**1005827245**	**202230938**
煤炭开采和洗选业	Mining and Washing of Coal	1470	503871	11255035	11156173	842514
石油和天然气开采业	Extraction of Petroleum and Natural Gas	1043	304433	363881	592612	2102
黑色金属矿采选业	Mining of Ferrous Metal Ores	67	30761	318466	322942	
有色金属矿采选业	Mining of Non-ferrous Metal Ores	81	37522	680508	669279	1896
非金属矿采选业	Mining and Processing of Nonmetal Ores	224	38940	542249	534697	5240
农副食品加工业	Processing of Food from Agricultural Products	3947	1197057	14780067	14677321	1258787
食品制造业	Manufacture of Foods	3007	682741	6741113	6814431	930873
饮料制造业	Manufacture of Beverage	2628	716557	8087958	7833815	214597
烟草制品业	Manufacture of Tobacco	800	164401	14974783	14928820	32326
纺织业	Manufacture of Textile	7822	1652357	33324893	32539362	6164165
纺织服装、鞋、帽制造业	Manufacture of Textile Wearing Apparel, Footware and Caps	1452	401892	8573809	8075745	953207
皮革、毛皮、羽毛(绒)及其制品业	Manufacture of Leather, Fur, Feather and Its Products	1049	209395	5275574	5078221	1264771
木材加工及木、竹、藤、棕、草制品业	Processing of Timbers,Manufacture of Wood, Bamboo,Rattan,Palm,Straw	821	160893	2605625	2464675	374461
家具制造业	Manufacture of Furniture	1134	129602	2578779	2549037	879145
造纸及纸制品业	Manufacture of Paper and Paper Products	1512	635175	10133030	10182264	1073576
印刷业和记录媒介的复制	Printing,Reproduction of Recording Media	1081	219487	2817679	2795217	211689
文教体育用品制造业	Manufacture of Articles for Culture, Education and Sport Activity	1690	172334	2096343	2079770	954129
石油加工、炼焦及核燃料加工业	Processing of Petroleum ,Coking,Processing of Nucleus Fuel	1578	607879	11207254	11571279	37032
化学原料及化学制品制造业	Manufacture of Chemical Raw Material and Chemical Products	17353	4460791	65922097	64328995	6666168
医药制造业	Manufacture of Medicines	16440	2330718	24918306	23170435	2424277
化学纤维制造业	Manufacture of Chemical Fiber	1563	847647	13540163	12845566	1375161
橡胶制品业	Manufacture of Rubber	3310	810419	10407290	10968601	2790811
塑料制品业	Manufacture of Plastic	9438	919430	9622517	9208862	1669939
非金属矿物制品业	Manufacture of Non-metallic Mineral Products	6238	1375155	15027278	14523912	1899670
黑色金属冶炼及压延加工业	Manufacture and Processing of Ferrous Metals	7371	5368655	68573237	68352484	5866790
有色金属冶炼及压延加工业	Manufacture and Processing of Non-ferrous Metals	4041	1784680	35428157	34103901	3253271
金属制品业	Manufacture of Metal Products	6520	1275447	15980464	15547666	2952550
通用设备制造业	Manufacture of General Purpose Machinery	27985	5003972	59312338	59293578	7452655
专用设备制造业	Manufacture of Special Purpose Machinery	22362	4580086	46174710	44792466	5093861
交通运输设备制造业	Manufacture of Transport Equipment	31329	9734550	196814988	200879221	21612717
电气机械及器材制造业	Manufacture of Electrical Machinery and Equipment	32603	7683599	115091229	109980157	23161205
通信设备、计算机及其他电子设备制造业	Manufacture of Communication,Computer, Other Electronic Equipment	34672	12357996	169691115	182267801	96385716
仪器仪表及文化、办公用机械制造业	Manufacture of Measuring Instrument, Machinery for Cultural and Office Work	9802	1483066	15120795	14584253	3159888
工艺品及其他制造业	Manufacture of Artwork, Other Manufacture	2016	268384	3866060	3881170	1220727
电力、热力的生产和供应业	Production and Supply of Electric Power and Heat Power	1569	265257	6610232	1799907	45023
燃气生产和供应业	Production and Distribution of Gas	48	10887	185081	171814	
水的生产和供应业	Production and Distribution of Water	86	11578	22739	22771	

2-22 各地区规上工业企业新产品开发和生产(2011年)

New Products Development and Production of Industrial Enterprise above Designated Size by Region (2011)

单位：万元　(10 000 yuan)

地　区	Region	新产品开发项目数(项) New Products (unit)	新产品开发经费支出 Expenditure on New Products Development	新产品产值 Output Value of New Products	新产品销售收入 Sales Revenue of New Products	#出口 Exports
全　国	**National Total**	**266232**	**68459430**	**1008904581**	**1005827245**	**202230938**
东部地区	Eastern Region	188591	50020948	727780913	736499854	182689791
中部地区	Middle Region	47032	12035251	177764762	173608140	11838745
西部地区	Western Region	30609	6403231	103358906	95719251	7702403
北　京	Beijing	9238	2135861	35483108	34803252	6470514
天　津	Tianjin	14658	1848538	37965079	38311448	7490317
河　北	Hebei	6292	1496755	19899159	18992289	2288188
山　西	Shanxi	2171	900093	8907109	8609925	1522788
内蒙古	Inner Mongolia	1314	534739	5424867	5188902	342358
辽　宁	Liaoning	7416	2866543	28466489	29599589	4150239
吉　林	Jilin	2631	709348	22882999	24075631	746941
黑龙江	Heilongjiang	4148	745311	5719207	5586813	318892
上　海	Shanghai	15726	4476248	71420544	77721952	10326436
江　苏	Jiangsu	38009	11824447	137552098	148421107	43928942
浙　江	Zhejiang	34186	6014674	107495792	100493941	25355077
安　徽	Anhui	11174	2363512	33593180	31826110	2344049
福　建	Fujian	6721	1997710	31947073	31138914	7957495
江　西	Jiangxi	2870	738567	9526524	9418710	1301037
山　东	Shandong	23040	6623255	109198091	111844081	17688021
河　南	Henan	7880	2053205	26064850	25501566	2176170
湖　北	Hubei	8633	2435245	32337155	30994175	1614369
湖　南	Hunan	7525	2089970	38733739	37595209	1814498
广　东	Guangdong	32879	10662949	146943021	143822736	56849072
广　西	Guangxi	3468	740604	12187918	12260904	641547
海　南	Hainan	426	73969	1410460	1350545	185490
重　庆	Chongqing	4612	1073308	31697481	30280328	3928448
四　川	Sichuan	10035	1485843	20640382	21003174	1233514
贵　州	Guizhou	1749	362492	9503771	4442117	308647
云　南	Yunnan	1485	390303	3568221	3808209	257761
西　藏	Tibet	7	2776	16973	17728	119
陕　西	Shaanxi	5035	1065457	10916566	9657071	408447
甘　肃	Gansu	1192	273986	5100638	5026884	300885
青　海	Qinghai	94	34745	85004	86513	296
宁　夏	Ningxia	887	120351	1531043	1385912	196998
新　疆	Xinjiang	731	318627	2686043	2561510	83385

2-23 按企业规模及登记注册类型分规上工业企业专利(2011年)

Statistics on Patent of Industrial Enterprises above Designated Size by Scale and Registration Status (2011)

单位：件 (piece)

注册类型	Type of Registration	专利申请数 Patent Application	#发明专利 Invention Patents	有效发明专利数 Number of Patents in Force
总　计	**Total**	**386075**	**134843**	**201089**
#大型企业	Large-sized Industrial Enterprises	159061	67137	98303
中型企业	Medium-sized Industrial Enterprises	106551	30685	48166
内资企业	**Domestic Funded**	**291769**	**100277**	**148535**
国有企业	State-owned Enterprises	20746	7318	11076
集体企业	Collective-owned Enterprises	2624	1048	1071
股份合作企业	Cooperative Enterprises	1154	348	362
联营企业	Joint Ownership Enterprises	243	76	152
国有联营企业	State Joint Ownership Enterprises	135	34	59
集体联营企业	Collective Joint Ownership Enterprises	14	7	14
国有与集体联营企业	Joint State-collective Enterprises	66	23	74
其他联营企业	Other Joint Ownership Enterprises	28	12	5
有限责任公司	Limited Liability Corporations	86208	32775	57413
国有独资公司	State Sole Funded Corporations	11100	4293	5414
其他有限责任公司	Other Limited Liability Corporations	75108	28482	51999
股份有限公司	Share-holding Corporations Ltd.	66059	28656	35696
私营企业	Private Enterprises	111705	29210	41366
私营独资企业	Private-funded Enterprises	5958	2318	2171
私营合伙企业	Private Partnership Enterprises	742	249	300
私营有限责任公司	Private Limited Liability Corporations	92746	23046	34088
私营股份有限公司	Private Share-holding Corporations Ltd.	12259	3597	4807
其他企业	Other Enterprises	3030	846	1399
港澳台商投资企业	**Enterprises with Funds from Hong Kong, Macau and Taiwan**	**41595**	**12130**	**23371**
与港澳台商合资经营企业	Joint-venture Enterprises (with Funds from Hong Kong, Macau and Taiwan)	18428	4589	8797
与港澳台商合作经营企业	Cooperative Enterprises (with Funds from Hong Kong, Macau and Taiwan)	752	123	295
港澳台商独资经营企业	Enterprises with Sole Funds from Hong Kong, Macau and Taiwan	19667	6653	12312
港澳台商投资股份有限公司	Share-holding Corporations Ltd. with Funds from Hong Kong, Macau and Taiwan	2697	760	1956
外商投资企业	**Foreign Funded Enterprises**	**52711**	**22436**	**29183**
中外合资经营企业	Joint-venture Enterprises	24434	8497	11048
中外合作经营	Cooperation Enterprises	621	202	354
外资企业	Enterprises with Sole Foreign Funds	25023	12753	15250
外商投资股份有限公司	Share-holding Corporations Ltd. With Foreign Funds	2547	956	2502

2-24 按行业分规上工业企业专利(2011年)

Statistics on Patent of Industrial Enterprises above Designated Size by Industrial Sector (2011)

单位：件 (piece)

行业	Industry	专利申请数 Patent Application	#发明专利 Invention Patents	有效发明专利数 Patents In Force
总　计	**Total**	**386075**	**134843**	**201089**
煤炭开采和洗选业	Mining and Washing of Coal	1917	505	606
石油和天然气开采业	Extraction of Petroleum and Natural Gas	2337	698	954
黑色金属矿采选业	Mining of Ferrous Metal Ores	301	162	204
有色金属矿采选业	Mining of Non-ferrous Metal Ores	193	88	71
非金属矿采选业	Mining and Processing of Nonmetal Ores	145	70	118
农副食品加工业	Processing of Food from Agricultural Products	4350	1689	1613
食品制造业	Manufacture of Foods	3870	1512	1435
饮料制造业	Manufacture of Beverage	2174	600	1239
烟草制品业	Manufacture of Tobacco	1145	381	490
纺织业	Manufacture of Textile	12711	1854	1962
纺织服装、鞋、帽制造业	Manufacture of Textile Wearing Apparel, Footware and Caps	3565	345	686
皮革、毛皮、羽毛(绒)及其制品业	Manufacture of Leather, Fur, Feather and Its Products	2008	214	377
木材加工及木、竹、藤、棕、草制品业	Processing of Timbers,Manufacture of Wood, Bamboo,Rattan,Palm,Straw	1914	541	583
家具制造业	Manufacture of Furniture	3298	303	1102
造纸及纸制品业	Manufacture of Paper and Paper Products	2243	619	809
印刷业和记录媒介的复制	Printing,Reproduction of Recording Media	1281	365	578
文教体育用品制造业	Manufacture of Articles for Culture, Education and Sport Activity	4463	555	1229
石油加工、炼焦及核燃料加工业	Processing of Petroleum ,Coking,Processing of Nucleus Fuel	1055	632	1228
化学原料及化学制品制造业	Manufacture of Chemical Raw Material and Chemical Products	18436	9417	11917
医药制造业	Manufacture of Medicines	11115	6968	10506
化学纤维制造业	Manufacture of Chemical Fiber	2231	560	733
橡胶制品业	Manufacture of Rubber	2814	849	999
塑料制品业	Manufacture of Plastic	7735	2055	3393
非金属矿物制品业	Manufacture of Non-metallic Mineral Products	9136	2715	6366
黑色金属冶炼及压延加工业	Manufacture and Processing of Ferrous Metals	8381	2911	4119
有色金属冶炼及压延加工业	Manufacture and Processing of Non-ferrous Metals	6519	2456	4651
金属制品业	Manufacture of Metal Products	12699	2575	4780
通用设备制造业	Manufacture of General Purpose Machinery	33060	8637	13464
专用设备制造业	Manufacture of Special Purpose Machinery	32022	10300	16358
交通运输设备制造业	Manufacture of Transport Equipment	38829	9267	12071
电气机械及器材制造业	Manufacture of Electrical Machinery and Equipment	57713	16667	24052
通信设备、计算机及其他电子设备制造业	Manufacture of Communication,Computer, Other Electronic Equipment	71890	40980	62159
仪器仪表及文化、办公用机械制造业	Manufacture of Measuring Instrument, Machinery for Cultural and Office Work	14059	4319	6759
工艺品及其他制造业	Manufacture of Artwork, Other Manufacture	3396	612	863
电力、热力的生产和供应业	Production and Supply of Electric Power and Heat Power	6716	2256	2415
燃气生产和供应业	Production and Distribution of Gas	63	8	48
水的生产和供应业	Production and Distribution of Water	197	111	116

2-25 各地区规上工业企业专利(2011年)

Statistics on Patent of Industrial Enterprises above Designated Size by Region (2011)

单位: 件 (piece)

地　区	Region	专利申请数 Patent Application	#发明专利 Invention Patents	有效发明专利数 Patents in Force
全　国	**National Total**	**386075**	**134843**	**201089**
东部地区	Eastern Region	295137	104261	158570
中部地区	Middle Region	62156	20537	27124
西部地区	Western Region	28782	10045	15395
北　京	Beijing	13041	6997	7342
天　津	Tianjin	11889	4410	5193
河　北	Hebei	5771	1756	2601
山　西	Shanxi	2848	1104	1659
内 蒙 古	Inner Mongolia	1250	564	467
辽　宁	Liaoning	8363	2994	4207
吉　林	Jilin	2030	751	1006
黑 龙 江	Heilongjiang	2814	1099	1532
上　海	Shanghai	19365	8176	12530
江　苏	Jiangsu	72763	21649	26720
浙　江	Zhejiang	52207	9335	18091
安　徽	Anhui	19214	5385	5092
福　建	Fujian	11272	3244	3847
江　西	Jiangxi	2363	874	975
山　东	Shandong	27560	9428	11207
河　南	Henan	10186	2961	4049
湖　北	Hubei	9893	3469	5379
湖　南	Hunan	12808	4894	7432
广　东	Guangdong	72520	36053	66453
广　西	Guangxi	2069	738	932
海　南	Hainan	386	219	379
重　庆	Chongqing	8121	2089	2532
四　川	Sichuan	5919	2483	5618
贵　州	Guizhou	2034	813	990
云　南	Yunnan	1728	711	1208
西　藏	Tibet	20	19	58
陕　西	Shaanxi	4393	1679	2464
甘　肃	Gansu	1053	320	493
青　海	Qinghai	168	37	87
宁　夏	Ningxia	601	261	221
新　疆	Xinjiang	1426	331	325

2-26 按企业规模及登记注册类型分规上工业企业技术获取和技术改造(2011年)

Technology Acquisition and Renovation of Industrial Enterprises above Designated Size by Scale and Registration Status (2011)

单位：万元 (10 000 yuan)

注册类型	Type of Registration	引进技术经费支出 Expenditure for Acquisition of Foreign Technology	消化吸收经费支出 Expenditure for Assimilation of Technology	购买国内技术经费支出 Expenditure for Purchase of Domestic Technology	技术改造经费支出 Expenditure for Technical Renovation
总　计	**Total**	**4489861**	**2021669**	**2205219**	**42936624**
#大型企业	Large-sized Industrial Enterprises	3581532	1539469	1654095	29504460
中型企业	Medium-sized Industrial Enterprises	627696	243033	375739	7273649
内资企业	**Domestic Funded**	**2348916**	**1499480**	**1950927**	**37604900**
国有企业	State-owned Enterprises	224150	117488	301289	5748224
集体企业	Collective-owned Enterprises	5605	2282	2554	160034
股份合作企业	Cooperative Enterprises	2406	3268	3308	105754
联营企业	Joint Ownership Enterprises	4513	5588	7814	107904
国有联营企业	State Joint Ownership Enterprises	2013	3688	6860	41830
集体联营企业	Collective Joint Ownership Enterprises				1276
国有与集体联营企业	Joint State-collective Enterprises	2500	300	900	22212
其他联营企业	Other Joint Ownership Enterprises		1600	54	42585
有限责任公司	Limited Liability Corporations	1234874	813223	899762	16182036
国有独资公司	State Sole Funded Corporations	418940	81356	111158	5246839
其他有限责任公司	Other Limited Liability Corporations	815934	731867	788604	10935197
股份有限公司	Share-holding Corporations Ltd.	624057	357044	461724	9085979
私营企业	Private Enterprises	249565	193578	262492	6020333
私营独资企业	Private-funded Enterprises	9570	13684	10927	635922
私营合伙企业	Private Partnership Enterprises	729	4576	2384	189604
私营有限责任公司	Private Limited Liability Corporations	214842	157789	232736	4662610
私营股份有限公司	Private Share-holding Corporations Ltd.	24425	17529	16445	532197
其他企业	Other Enterprises	3747	7010	11984	194638
港澳台商投资企业	**Enterprises with Funds from Hong Kong, Macau and Taiwan**	**422700**	**59753**	**126425**	**2096404**
与港澳台商合资经营企业	Joint-venture Enterprises (with Funds from Hong Kong, Macau and Taiwan)	82731	35532	72957	924868
与港澳台商合作经营企业	Cooperative Enterprises (with Funds from Hong Kong, Macau and Taiwan)	536	362	252	19131
港澳台商独资经营企业	Enterprises with Sole Funds from Hong Kong, Macau and Taiwan	304100	14476	40613	1011632
港澳台商投资股份有限公司	Share-holding Corporations Ltd. with Funds from Hong Kong, Macau and Taiwan	26752	4556	8749	132761
外商投资企业	**Foreign Funded Enterprises**	**1718244**	**462436**	**127867**	**3235320**
中外合资经营企业	Joint-venture Enterprises	1004390	315065	82588	2234678
中外合作经营	Cooperation Enterprises	7970	1825	615	52476
外资企业	Enterprises with Sole Foreign Funds	627234	130690	31576	761167
外商投资股份有限公司	Share-holding Corporations Ltd. With Foreign Funds	78649	14856	13072	168189

2-27 按行业分规上工业企业技术获取和技术改造(2011年)

Technology Acquisition and Renovation of Industrial Enterprises above Designated Size by Industrial Sector (2011)

单位：万元 (10 000 yuan)

行　业	Industry	引进技术经费支出 Expenditure for Acquisition of Foreign Technology	消化吸收经费支出 Expenditure for Assimilation of Technology	购买国内技术经费支出 Expenditure for Purchase of Domestic Technology	技术改造经费支出 Expenditure for Technical Renovation
总　计	**Total**	**4489861**	**2021669**	**2205219**	**42936624**
煤炭开采和洗选业	Mining and Washing of Coal	174575	340081	48036	2156526
石油和天然气开采业	Extraction of Petroleum and Natural Gas	2655	76	314	82943
黑色金属矿采选业	Mining of Ferrous Metal Ores	680		100	65571
有色金属矿采选业	Mining of Non-ferrous Metal Ores	1800	994	2605	84486
非金属矿采选业	Mining and Processing of Nonmetal Ores	2204	919	4256	115343
农副食品加工业	Processing of Food from Agricultural Products	8855	18070	12779	579936
食品制造业	Manufacture of Foods	31582	14514	11458	442871
饮料制造业	Manufacture of Beverage	19734	13087	40460	641885
烟草制品业	Manufacture of Tobacco	34080	1823	22027	709105
纺织业	Manufacture of Textile	87680	36234	29794	705968
纺织服装、鞋、帽制造业	Manufacture of Textile Wearing Apparel, Footware and Caps	11262	4903	5635	94594
皮革、毛皮、羽毛(绒)及其制品业	Manufacture of Leather, Fur, Feather and Its Products	4498	6474	1817	74727
木材加工及木、竹、藤、棕、草制品业	Processing of Timbers,Manufacture of Wood, Bamboo,Rattan,Palm,Straw	4072	7080	9965	156557
家具制造业	Manufacture of Furniture	2431	195	1039	27424
造纸及纸制品业	Manufacture of Paper and Paper Products	57166	21808	59034	663162
印刷业和记录媒介的复制	Printing,Reproduction of Recording Media	25254	4075	11427	190793
文教体育用品制造业	Manufacture of Articles for Culture, Education and Sport Activity	1720	529	2290	31914
石油加工、炼焦及核燃料加工业	Processing of Petroleum ,Coking,Processing of Nucleus Fuel	21869	63912	43832	2320228
化学原料及化学制品制造业	Manufacture of Chemical Raw Material and Chemical Products	489306	111455	131691	3875610
医药制造业	Manufacture of Medicines	61564	51359	94827	789221
化学纤维制造业	Manufacture of Chemical Fiber	26649	16386	21125	383874
橡胶制品业	Manufacture of Rubber	37909	31767	9052	319420
塑料制品业	Manufacture of Plastic	9418	6484	10751	404463
非金属矿物制品业	Manufacture of Non-metallic Mineral Products	89734	11632	23742	868840
黑色金属冶炼及压延加工业	Manufacture and Processing of Ferrous Metals	564414	226740	787272	8438384
有色金属冶炼及压延加工业	Manufacture and Processing of Non-ferrous Metals	174817	177047	138766	1925524
金属制品业	Manufacture of Metal Products	38378	21025	26844	450268
通用设备制造业	Manufacture of General Purpose Machinery	247182	130160	78640	2200797
专用设备制造业	Manufacture of Special Purpose Machinery	136406	37489	51015	2252961
交通运输设备制造业	Manufacture of Transport Equipment	1101571	333827	273887	4617397
电气机械及器材制造业	Manufacture of Electrical Machinery and Equipment	357205	156373	98228	2783000
通信设备、计算机及其他电子设备制造业	Manufacture of Communication,Computer, Other Electronic Equipment	549137	81101	72958	1303276
仪器仪表及文化、办公用机械制造业	Manufacture of Measuring Instrument, Machinery for Cultural and Office Work	52824	36352	17761	506597
工艺品及其他制造业	Manufacture of Artwork, Other Manufacture	1906	1470	1282	130264
电力、热力的生产和供应业	Production and Supply of Electric Power and Heat Power	55140	11468	59280	2273913
燃气生产和供应业	Production and Distribution of Gas	4145	44242	999	79043
水的生产和供应业	Production and Distribution of Water	41		204	170793

2-28 各地区规上工业企业技术获取和技术改造(2011年)

Technology Acquisition and Renovation of Industrial Enterprises above Designated Size by Region(2011)

单位：万元 (10 000 yuan)

地　区	Region	引进技术经费支出 Expenditure for Acquisition of Foreign Technology	消化吸收经费支出 Expenditure for Assimilation of Technology	购买国内技术经费支出 Expenditure for Purchase of Domestic Technology	技术改造经费支出 Expenditure for Technical Renovation
全　国	**National Total**	**4489861**	**2021669**	**2205219**	**42936624**
东部地区	Eastern Region	3314682	1152603	1417746	22749019
中部地区	Middle Region	491586	282264	321846	11206641
西部地区	Western Region	683593	586802	465627	8980964
北　京	Beijing	241288	70576	43320	962114
天　津	Tianjin	151064	98019	63326	851801
河　北	Hebei	81807	23332	146646	1908089
山　西	Shanxi	47882	59122	27682	1285884
内蒙古	Inner Mongolia	249865	262999	208931	989408
辽　宁	Liaoning	92698	35032	177528	2304973
吉　林	Jilin	52575	6819	16429	594574
黑龙江	Heilongjiang	45493	19218	7696	748096
上　海	Shanghai	652724	281930	219066	1384810
江　苏	Jiangsu	722060	254320	239696	6729448
浙　江	Zhejiang	169427	85523	133282	2572742
安　徽	Anhui	115892	69982	72434	2009900
福　建	Fujian	336257	22529	109507	1095487
江　西	Jiangxi	25418	6127	31990	657884
山　东	Shandong	299241	183306	198253	3114586
河　南	Henan	80734	38893	78889	1645949
湖　北	Hubei	83699	32771	29104	1007668
湖　南	Hunan	39892	49332	57622	3256685
广　东	Guangdong	567613	97786	84120	1810850
广　西	Guangxi	15298	12430	26682	1308802
海　南	Hainan	503	250	3002	14119
重　庆	Chongqing	181504	18197	50483	672935
四　川	Sichuan	45630	19873	34816	2725632
贵　州	Guizhou	4946	6119	6078	807739
云　南	Yunnan	31044	4335	65567	615286
西　藏	Tibet				2001
陕　西	Shaanxi	76171	101328	14569	800778
甘　肃	Gansu	53317	127331	41682	419642
青　海	Qinghai	489	911	377	42134
宁　夏	Ningxia	19132	27022	5787	337285
新　疆	Xinjiang	6197	6256	10655	259320

三、研究与开发机构

R&D Institutions

3-1 研究与开发机构基本情况
Basic Statistics on Scientific Research and Development Institutions

指　标	Item	2005	2006	2007	2008	2009	2010	2011
机构基本情况	**Basic Statistics on Institutions**							
机构数（个）	Number of R&D Institutions(unit)	3901	3803	3775	3727	3707	3696	3673
#中央属	Subordinated to Central Level	679	673	674	678	691	686	686
地方属	Subordinated to Local Level	3222	3130	3101	3049	3016	3010	2987
研究与试验发展(R&D)投入情况	**Statistics on R&D Input**							
R&D人员（万人）	R&D Personnel(10 000 persons)	24.1	25.7	29.0	30.4	32.3	34.2	36.2
R&D人员全时当量（万人年）	Full-time Equivalent of R&D Personnel (10 000 man-year)	21.5	23.1	25.5	26.0	27.7	29.3	31.6
#基础研究	Basic Research	2.8	3.2	3.6	3.8	4.1	4.2	5.0
应用研究	Applied Research	8.3	8.9	9.3	9.7	10.3	10.9	11.3
试验发展	Experimental Development	10.4	11.0	12.6	12.5	13.4	14.2	15.2
R&D经费内部支出（亿元）	Intramural Expenditure on R&D (100 million yuan)	513.1	567.3	687.9	811.3	996.0	1186.4	1306.7
#基础研究	Basic Research	58.0	67.9	74.7	92.7	110.6	129.9	160.2
应用研究	Applied Research	176.3	196.2	227.1	271.3	350.9	387.6	417.2
试验发展	Experimental Development	278.7	303.2	386.1	447.2	534.4	668.9	729.3
#政府资金	Government Funds	424.7	481.2	592.9	699.7	849.5	1036.5	1106.1
企业资金	Self-raised Funds by Enterprises	17.6	17.3	26.2	28.2	29.8	34.2	39.9
国外资金	Forein Funds	1.8	2.6	3.4	4.0	4.2	3.4	4.9
其他资金	Other Funds	68.1	66.1	65.3	79.3	112.4	112.2	155.8
研究与试验发展(R&D)项目(课题)情况	**Statistics on R&D Projects**							
R&D项目(课题)数（项）	R&D Projects(item)	39072	42262	49453	54900	61135	67050	70967
R&D项目(课题)人员全时当量（万人年）	Participants(10 000 man-year)	17.6	20.2	22.2	22.9	23.7	25.4	27.3
R&D项目(课题)经费内部支出（亿元）	Intramural Expenditure(100 million yuan)	353.5	365.4	451.7	537.7	579.8	681.5	807.1
科技产出及成果情况	**Statistics on S&T Outputs and Results**							
发表科技论文(篇)	Scientific Papers Issued(piece)	109995	118211	126527	132072	138119	140818	148039
#国外发表	Published in Foreign Periodicals	15638	17597	19596	21498	25882	26862	31598
出版科技著作（种）	Publication on Science and Technology(kind)	3578	3791	4134	4691	4788	3922	4292
专利申请受理数（件）	Number of Patents Applications Accepted (piece)	6814	8026	9802	12536	15773	19192	24059
#发明专利	Inventions	5064	6200	7782	9864	12361	14979	18227
专利申请授权数（件）	Number of Patents Applications Granted (piece)	3234	3499	4036	5048	6391	8698	12126
#发明专利	Inventions	2088	2191	2467	3102	4077	5249	7862

3-2 按隶属关系和学科分研究与开发机构R&D人员(2011年)
R&D Personnel in R&D Institutions by Subordination and Subject (2011)

项 目	Item	机构数(个) R&D Institutions (unit)	从业人员(人) Employed Persons (person)	R&D人员合计(人) R&D Personnel (person)	#女性 Female	#博士毕业 Doctor	#硕士毕业 Master	#本科毕业 Under-graduate
总 计		**3673**	**702621**	**361920**	**118374**	**49471**	**100134**	**140284**
按隶属关系分组	**by Subordination**							
中央部门属	Subordinated to Central Level	686	481131	281502	88308	42808	80068	104254
#中国科学院	Chinese Academy of Sciences	102	52865	80056	27826	27098	22652	21387
地方部门属	Subordi-nated to Local Level	2987	221490	80418	30066	6663	20066	36030
省级部门属	Provincial Level	1439	151587	63671	24836	6253	17479	27814
副省级城市部门属	Sub-provincial Cities Level	170	11370	2631	991	134	623	1310
地市级部门属	Miniciple Level	1378	58533	14116	4239	276	1964	6906
按门类学科分组	**by Subject**							
自然科学	Natural sciences	273	58220	67743	23890	21500	18408	19668
农业科学	Agricultural Sciences	1288	103173	47641	16121	5016	11059	19929
医药科学	Medical Science	299	51887	23029	11485	3561	5632	9449
工程与技术科学	Engineering and Technological Sciences	1154	453060	209456	61145	16403	60927	86051
人文与社会科学	Humanities and Social Sciences	659	36281	14051	5733	2991	4108	5187

项 目	Item	#全时人员 Full-time Personnel	R&D人员全时当量(人年) Full-time Equivalent of R&D Personnel (man-year)	#研究人员 Researchers	基础研究 Basic Research	应用研究 Applied Research	试验发展 Experi-mental Develop-ment
总 计		**283886**	**315679**	**199852**	**50308**	**113328**	**152043**
按隶属关系分组	**by Subordination**						
中央部门属	Subordinated to Central Level	227728	248026	160660	43963	93115	110948
#中国科学院	Chinese Academy of Sciences	50736	61081	37758	24456	31214	5411
地方部门属	Subordi-nated to Local Level	56158	67653	39192	6345	20213	41095
省级部门属	Provincial Level	44373	53496	32016	6097	18105	29294
计划单列市部门属	Separate Planning Cities Level	1727	2129	1131	77	655	1397
地市级部门属	Miniciple Level	10058	12028	6045	171	1453	10404
按门类学科分组	**by Subject**						
自然科学	Natural sciences	44395	53156	32994	23738	21501	7917
农业科学	Agricultural Sciences	35615	41451	22445	2972	9352	29127
医药科学	Medical Science	15352	19068	10724	3318	9516	6234
工程与技术科学	Engineering and Technological Sciences	177498	189649	124090	16672	66784	106193
人文与社会科学	Humanities and Social Sciences	11026	12355	9599	3608	6175	2572

3-3 各地区研究与开发

R&D Personnel in R&D

地区	Region	机构数（个） R&D Institutions (unit)	从业人员（人） Employed Persons (person)	R&D人员合计（人） R&D Personnel (person)	#女性 Female	#博士毕业 Doctor
全国	**National Total**	**3673**	**702621**	**361920**	**118374**	**49471**
东部地区	Eastern Region	1589	361456	208085	71298	38334
中部地区	Middle Region	1087	147375	68990	20510	5098
西部地区	Western Region	997	193790	84845	26566	6039
北京	Beijing	370	146738	96058	35269	23457
天津	Tianjin	58	13536	7845	2803	463
河北	Hebei	75	17095	6926	1859	321
山西	Shanxi	170	16927	6471	2099	328
内蒙古	Inner Mongolia	95	8227	3815	1201	165
辽宁	Liaoning	166	21372	13734	4115	2088
吉林	Jilin	112	13167	8389	2685	1182
黑龙江	Heilongjiang	179	15168	7431	2634	387
上海	Shanghai	134	41491	28082	9231	4236
江苏	Jiangsu	148	43544	21495	6570	2662
浙江	Zhejiang	98	19888	5907	1618	839
安徽	Anhui	107	18178	7661	1928	865
福建	Fujian	97	6408	3294	1016	522
江西	Jiangxi	116	12952	5216	1417	132
山东	Shandong	227	22822	11690	4137	1571
河南	Henan	121	25404	11996	3515	414
湖北	Hubei	152	29706	14593	4001	1494
湖南	Hunan	130	15873	7233	2231	296
广东	Guangdong	185	23173	11899	4268	1948
广西	Guangxi	124	10487	4310	1559	229
海南	Hainan	31	5389	1155	412	227
重庆	Chongqing	30	12413	4227	1456	187
四川	Sichuan	171	69302	24509	6640	1740
贵州	Guizhou	73	5480	2441	877	414
云南	Yunnan	105	10550	6722	2519	723
西藏	Tibet	18	1348	435	163	11
陕西	Shaanxi	114	56476	27205	8499	889
甘肃	Gansu	109	10591	6220	1792	1041
青海	Qinghai	25	1040	835	258	170
宁夏	Ningxia	22	864	429	144	18
新疆	Xinjiang	111	7012	3697	1458	452

机构R&D人员(2011年)
Institutions by Region(2011)

#硕士毕业 Master	#本科毕业 Undergraduate	#全时人员 Full-time Personnel	R&D人员全时当量(人年) Full-time Equivalent of R&D Personnel (man-year)	#研究人员 Researchers	基础研究 Basic Research	应用研究 Applied Research	试验发展 Experimental Development
100134	**140284**	**283886**	**315679**	**199852**	**50308**	**113328**	**152043**
61349	75740	161532	180271	116122	31745	70488	78038
17270	29550	55211	60385	37031	7305	19039	34041
21515	34994	67143	75023	46699	11258	23801	39964
29240	30619	76559	83796	53719	18514	32672	32610
1917	3081	6863	7258	5122	615	3509	3134
1947	3823	5592	6423	5031	985	4055	1383
1232	3146	5062	5621	3474	510	2188	2923
801	1831	2490	3136	1892	180	1173	1783
3575	5835	10892	12266	8092	1225	4043	6998
2306	3380	5299	6505	3044	732	2307	3466
2034	3806	6680	7165	4728	1245	1967	3953
8226	10507	23060	25256	14727	4254	9626	11376
6221	8510	16335	17568	12288	1100	6130	10338
1741	2734	3676	4631	2801	303	1775	2553
1961	3298	6246	6901	4126	1880	2803	2218
1025	1304	1926	2766	1156	666	971	1129
831	2702	4418	4741	3213	172	864	3705
3183	4950	8468	10112	6887	1698	3406	5008
2963	4634	8859	9652	5872	125	2059	7468
4436	5484	12341	13036	8805	2048	5259	5729
1507	3100	6306	6764	3769	593	1592	4579
3866	4062	7343	9165	5685	2015	4044	3106
1220	1873	2727	3736	2008	403	1462	1871
408	315	818	1030	614	370	257	403
1086	1801	3195	3657	2426	942	1828	887
6482	9174	19071	21334	13467	3220	6238	11876
486	1146	1748	2101	1464	674	372	1055
1700	2874	4741	5425	3492	1350	1839	2236
80	201	287	367	181	69	111	187
6572	11484	24302	25499	15417	2177	7592	15730
1574	2486	5150	5635	3539	1430	1525	2680
182	365	534	665	466	287	261	117
120	198	281	349	188	65	148	136
1212	1561	2617	3119	2159	461	1252	1406

3-4 各地区地方部门属研究与

R&D Personnel in R&D Institutions on

地　区	Region	机构数（个）R&D Institutions (unit)	从业人员（人）Employed Persons (person)	R&D人员合计（人）R&D Personnel (person)	#女性 Female	#博士毕业 Doctor
全　国	**National Total**	**2987**	**221490**	**80418**	**30066**	**6663**
东部地区	Eastern Region	1089	87513	34296	13487	4359
中部地区	Middle Region	1010	67360	22706	8015	1152
西部地区	Western Region	888	66617	23416	8564	1152
北　京	Beijing	49	6740	2862	1490	622
天　津	Tianjin	42	3384	1661	755	210
河　北	Hebei	67	3810	1310	465	111
山　西	Shanxi	163	10255	2042	743	93
内蒙古	Inner Mongolia	90	6074	2318	721	104
辽　宁	Liaoning	151	8975	2823	1026	143
吉　林	Jilin	106	9165	3566	1395	145
黑龙江	Heilongjiang	173	11277	5034	1992	208
上　海	Shanghai	85	8178	3346	1470	807
江　苏	Jiangsu	121	11809	5411	2237	683
浙　江	Zhejiang	85	6867	2388	660	417
安　徽	Anhui	99	4453	1648	503	104
福　建	Fujian	94	5362	2110	650	156
江　西	Jiangxi	112	9007	2448	724	120
山　东	Shandong	216	17972	7231	2834	702
河　南	Henan	108	6435	1895	677	155
湖　北	Hubei	125	7253	1758	630	148
湖　南	Hunan	124	9515	4315	1351	179
广　东	Guangdong	160	12242	4984	1861	493
广　西	Guangxi	122	9566	3916	1479	205
海　南	Hainan	19	2174	170	39	15
重　庆	Chongqing	24	7318	1998	657	152
四　川	Sichuan	142	11696	2615	854	210
贵　州	Guizhou	69	4169	1280	499	74
云　南	Yunnan	95	6333	3833	1680	135
西　藏	Tibet	18	1348	435	163	11
陕　西	Shaanxi	76	5617	1188	516	56
甘　肃	Gansu	99	6788	2777	854	92
青　海	Qinghai	23	631	214	67	6
宁　夏	Ningxia	22	864	429	144	18
新　疆	Xinjiang	108	6213	2413	930	89

开发机构R&D人员(2011年)

Local Governments by Region (2011)

			R&D人员				
#硕士毕业 Master	#本科毕业 Undergraduate	#全时人员 Full-time Personnel	全时当量(人年) Full-time Equivalent of R&D Personnel (man-year)	#研究人员 Researchers	基础研究 Basic Research	应用研究 Applied Research	试验发展 Experimental Development
20066	**36030**	**56158**	**67653**	**39192**	**6345**	**20213**	**41095**
9583	13925	23309	28211	17108	2630	9802	15779
4845	10683	17327	20049	11158	1637	4861	13551
5638	11422	15522	19393	10926	2078	5550	11765
845	910	2227	2512	1264	460	945	1107
554	687	1005	1254	845	90	381	783
415	652	849	1009	720	71	205	733
478	1083	1421	1693	785	167	509	1017
409	1191	1072	1716	830	161	468	1087
704	1367	1878	2417	1300	9	419	1989
666	1722	2111	2769	1129	166	669	1934
1367	2682	4403	4797	2988	443	951	3403
971	1015	2508	2808	1852	235	1412	1161
1481	1926	3808	4150	2513	60	1574	2516
730	915	1436	1913	1269	196	762	955
381	632	1350	1516	911	184	808	524
621	967	1274	1764	774	181	498	1085
465	1054	1897	2188	1330	160	401	1627
1862	3440	4960	6211	4213	900	1852	3459
389	907	1539	1672	1039	81	213	1378
423	721	1111	1498	815	94	565	839
676	1882	3495	3916	2161	342	745	2829
1361	1974	3214	4010	2271	428	1721	1861
1052	1719	2385	3379	1681	286	1317	1776
39	72	150	163	87		33	130
643	839	1389	1681	897	276	643	762
562	1227	1474	1994	1132	66	267	1661
339	619	907	1116	765	170	344	602
885	1907	2596	2923	1684	315	884	1724
80	201	287	367	181	69	111	187
283	618	747	945	598	121	272	552
522	1536	2421	2596	1452	239	394	1963
27	131	150	190	110	80	76	34
120	198	281	349	188	65	148	136
716	1236	1813	2137	1408	230	626	1281

3-5 按服务的国民经济行业分研究与

R&D Personnel in R&D Institutions by Industrial Sector

行业	Industry	机构数(个) R&D Institutions (unit)	从业人员(人) Employed Persons (person)	R&D人员合计(人) R&D Personnel (person)
总　计	**Total**	**3673**	**702621**	**361920**
农、林、牧、渔服务业	**Farming, Forestry, Animal Husbandry and Fishery**	**1222**	**98241**	**45865**
农　业	Farming	568	55903	27637
林　业	Forestry	199	11598	4906
畜牧业	Animal Husbandry	75	7447	3363
渔　业	Fishery	63	4371	2084
农、林、牧、渔服务业	Service Activities for Agriculture, Forestry, Farming of Animals and Fishing	317	18922	7875
采矿业小计	**Mining**	**10**	**2103**	**1141**
煤炭开采和洗选业	Mining and Washing of Coal	6	513	105
有色金属矿采选业	Nonferrous Metals Mining and Dressing	3	1572	1019
其他采矿业	Other Minerals Mining and Dressing	1	18	17
制造业小计	**Manufacturing**	**370**	**26681**	**11915**
农副食品加工业	Processing of Food from Agricultural Products	39	1847	910
食品制造业	Food Production	11	452	165
饮料制造业	Beverage Production	2	157	30
烟草制品业	Manufacture of Tobacco	1	31	
纺织业	Textile Industry	9	400	35
纺织服装、鞋、帽制造业	Manufacture of Textile Wearing Apparel, Footware and Caps	6	129	22
皮革、毛皮、羽毛(绒)及其制品业	Manufacture of Leather, Fur, Feather and its Products	2	36	8
木材加工及木、竹、藤、棕、草制品业	Processing of Timbers, Manufacture of Wood, Bamboo, Rattan, Palm and Straw Products	2	235	172
家具制造业	Furniture Manufacturing	1	21	12
造纸及纸制品业	Papermaking and Paper Products	2	104	35
印刷业和记录媒介的复制	Printing and Record Medium Reproduction	5	95	
文教体育用品制造业	Culture, Educational and Sports Goods	9	167	24
石油加工、炼焦及核燃料加工业	Processing of Petroleum ,Coking, Processing of Nucleus Fuel	2	47	30
化学原料及化学制品制造业	Raw Chemical Materials and Chemical Products	40	3137	1738
医药制造业	Medical and Pharmaceutical Products	54	6722	4204
化学纤维制造业	Chemical Fiber	4	165	68
塑料制品业	Plastic Products	6	278	90
非金属矿物制品业	Nonmetal Mineral Products	21	1267	99
黑色金属冶炼及压延加工业	Smelting and Pressing of Ferrous Metals	4	152	32

开发机构R&D人员(2011年)

in which the R&D Institutions Served (2011)

#女性 Female	#博士毕业 Doctor	#硕士毕业 Master	#本科毕业 Under-graduate	#全时人员 Full-time Personnel	R&D人员全时当量(人年) Full-time Equivalent of R&D Personnel (man-year)	#研究人员 Researchers	基础研究 Basic Research	应用研究 Applied Research	试验发展 Experimental Development
118374	**49471**	**100134**	**140284**	**283886**	**315679**	**199852**	**50308**	**113328**	**152043**
15736	**4762**	**10775**	**19149**	**34536**	**40145**	**21789**	**3241**	**9146**	**27758**
9772	2390	6564	11875	21105	24310	13243	1706	4726	17878
1708	614	856	2160	3287	4121	2026	222	781	3118
1103	356	800	1338	2495	2902	1480	206	1084	1612
551	258	470	749	1454	1769	1014	265	543	961
2602	1144	2085	3027	6195	7043	4026	842	2012	4189
365	**110**	**444**	**517**	**560**	**745**	**388**		**15**	**730**
15		9	55	37	74	19			74
340	109	429	456	506	654	359		15	639
10	1	6	6	17	17	10			17
4492	**1686**	**3254**	**4848**	**7738**	**9160**	**5366**	**1150**	**3044**	**4966**
300	79	198	367	535	728	325	77	143	508
83	23	51	76	114	152	102	35	38	79
11	6	11	10	1	21	8	2	10	9
9		3	15	26	31	18			31
		1	15	19	19	10			19
4		1	7	4	5	4			5
73	24	40	74	169	172	108	28	50	94
3			9	9	12	8			12
12		4	26	28	33	12			33
7		2	7	17	20	8			20
11		4	14	27	30	10	15	15	
571	283	439	771	1190	1272	907	422	482	368
2210	729	1104	1514	2707	3146	1892	409	1311	1426
34		5	32	66	67	38			67
28	5	18	53	74	74	35	19	10	45
28	1	22	64	58	74	42		1	73
14			24	29	32	18			32

3-5 续表 1

行 业	Industry	机构数（个） R&D Institutions (unit)	从业人员（人） Employed Persons (person)	R&D人员合计（人） R&D Personnel (person)
有色金属冶炼及压延加工业	Smelting and Pressing of Nonferrous	2	128	39
金属制品业	Metal Products	2	63	52
通用设备制造业	Manufacture of General Purpose Machinery	27	2329	298
专用设备制造业	Equipment for Special Purposes	75	5659	2136
交通运输设备制造业	Transport Equipment	4	206	57
电气机械及器材制造业	Electric Equipment and Machinery	4	93	60
通信设备、计算机及其他电子设备制造业	Manufacture of Communication Equipment, Computer and Other Electronic Equipment	21	1817	1258
仪器仪表及文化、办公用机械制造业	Instruments, Meters, Cultural and Office Machinery	14	942	341
工艺品及其他制造业	Manufacture of Artwork, Other Manufacture	1	2	
电力、燃气及水的生产和供应业小计	**Production and Distribution of Electricity, Gas and Water**	**13**	**2276**	**1077**
电力、热力的生产和供应业	Production and Supply of Electric Power and Heat Power	10	2106	1025
燃气生产和供应业	Production and Distribution of Gas	2	162	52
水的生产和供应业	Production and Distribution of Water	1	8	
建筑业小计	**Construction**	**43**	**6492**	**1012**
房屋和土木工程建筑业	Construction of Building and Civil Engineering	38	6316	962
其他建筑业	Other Construction	5	176	50
交通运输、仓储和邮政业小计	**Traffic,Transport, Storage and Post**	**24**	**3026**	**1200**
铁路运输业	Railway Transportation	3	153	90
道路运输业	Transport Via Road	16	2107	880
水上运输业	Water Transport	3	472	68
航空运输业	Air Transport	1	191	162
装卸运输和其他运输服务业	Loading, Unloading, Portage and Other Transport Services	1	103	
信息传输、计算机服务和软件业小计	**Information Transfer, Computer Services and Software**	**45**	**3734**	**2583**
电信和其他信息传输服务业	Telecom and Other Information Transfer Services	16	1564	610
计算机服务业	Computer Services	5	285	
软件业	Software Industry	24	1885	1973
批发和零售业小计	**Wholesale and Retail Trade**	**3**	**74**	
批发业	Wholesale	2	44	
零售业	Retail trade	1	30	

continued

#女性 Female	#博士毕业 Doctor	#硕士毕业 Master	#本科毕业 Under-graduate	#全时人员 Full-time Personnel	R&D人员全时当量(人年) Full-time Equivalent of R&D Personnel (man-year)	#研究人员 Researchers	基础研究 Basic Research	应用研究 Applied Research	试验发展 Experimental Development
15		4	30	23	27	8			27
13	3	8	28	52	52	46	9	18	25
62	15	53	153	106	134	79		8	126
496	147	566	1133	1376	1731	829	14	73	1644
19		3	42	21	40	19		4	36
14	18	27	11	44	45	41	7	24	14
405	320	571	242	763	927	605	103	763	61
70	33	119	131	280	316	194	10	94	212
408	**313**	**329**	**346**	**581**	**731**	**429**	**38**	**337**	**356**
390	310	314	319	537	685	387	38	330	317
18	3	15	27	44	46	42		7	39
280	**82**	**331**	**501**	**541**	**757**	**388**	**25**	**156**	**576**
257	69	308	494	511	719	373	25	155	539
23	13	23	7	30	38	15		1	37
395	**185**	**302**	**466**	**594**	**843**	**583**	**12**	**66**	**765**
18		13	64	87	89	51			89
284	127	192	339	333	556	432	5	39	512
22	16	32	16	33	49	41		1	48
71	42	65	47	141	149	59	7	26	116
809	**370**	**925**	**1038**	**1490**	**1855**	**929**	**317**	**797**	**741**
213	66	253	259	496	562	172		38	524
596	304	672	779	994	1293	757	317	759	217

3-5 续表 2

行 业	Industry	机构数(个) R&D Institutions (unit)	从业人员(人) Employed Persons (person)	R&D人员合计(人) R&D Personnel (person)
金融业小计	**Finance**	**2**	**36**	**23**
银行业	**Bank**	**2**	**36**	**23**
房地产业小计	**Real Estate**	**2**	**56**	
房地产业	Real Estate	2	56	
租赁和商务服务业小计	**Tenancy and Business Services**	**10**	**309**	**26**
商务服务业	Business Service	10	309	26
科学研究、技术服务和地质勘查业小计	**Scientific Research, Technical Service and Geologic Perambulation**	**1259**	**481751**	**269345**
研究和试验发展	Research and Experimental Development	703	431006	251066
专业技术服务业	Professional Technique Services	322	33332	13080
科技交流和推广服务业	Services of Science and Technique Intercommunion and Generalization	183	7171	2023
地质勘查业	Geologic Perambulation	51	10242	3176
水利、环境和公共设施管理业小计	**Management of Water Conservancy, Environment and public Establishment**	**225**	**21588**	**7296**
水利管理业	Management of Water Conservancy	82	9023	2517
环境管理业	Environmental Management	129	10958	4651
公共设施管理业	Management of Public Establishment	14	1607	128
居民服务和其他服务业小计	**Resident Services and Other Services**	**5**	**131**	**25**
居民服务业	Resident Services	2	57	21
其他服务业	Other Services	3	74	4
教育小计	**Education**	**40**	**2474**	**587**
教 育	Education	40	2474	587
卫生、社会保障和社会福利业小计	**Sanitation, Social Security and Welfare**	**237**	**42280**	**15858**
卫 生	Sanitation	237	42280	15858
文化、体育和娱乐业小计	**Culture, Sports and Entertainment**	**88**	**4873**	**1409**
新闻出版业	Journalism and Publishing Activities	2	207	53
广播、电视、电影和音像业	Broadcasting,Movies,Television and Audiovisual Activities	1	43	18
文化艺术业	Culture and Art	54	3400	863
体 育	Sports Activities	30	1115	391
娱乐业	Entertainment	1	108	84
公共管理和社会组织小计	**Public Management and Social Organization**	**75**	**6496**	**2558**
中国共产党机关	Chinese Communist Party Organs	2	28	14
国家机构	Organ of State	71	6420	2544
群众团体、社会团体和宗教组织	Mass Communities, Social Communities and Religion Organizations	2	48	

continued

					R&D人员全				
#女性 Female	#博士毕业 Doctor	#硕士毕业 Master	#本科毕业 Under-graduate	#全时人员 Full-time Personnel	时当量(人年) Full-time Equivalent of R&D Personnel (man-year)	#研究人员 Researchers	基础研究 Basic Research	应用研究 Applied Research	试验发展 Experimental Development
8	**2**	**8**	**13**	**20**	**22**	**22**		**22**	
8	**2**	**8**	**13**	**20**	**22**	**22**		**22**	
11		**4**	**15**	**18**	**19**	**11**		**9**	**10**
11		4	15	18	19	11		9	10
83671	**37304**	**76355**	**102280**	**218932**	**238199**	**156017**	**42248**	**89096**	**106855**
77833	34191	70735	95222	206527	223207	147275	39967	83861	99379
4199	1981	4048	5227	8306	10441	6048	1689	3443	5309
644	654	553	610	1444	1690	905	159	837	694
995	478	1019	1221	2655	2861	1789	433	955	1473
2428	**1769**	**2299**	**2365**	**5469**	**6342**	**3807**	**569**	**2401**	**3372**
596	280	821	1087	1639	2097	1306	196	716	1185
1776	1465	1441	1224	3731	4130	2455	372	1668	2090
56	24	37	54	99	115	46	1	17	97
9	**3**	**7**	**12**	**17**	**19**	**7**			**19**
9	3	7	10	13	15	5			15
			2	4	4	2			4
274	**65**	**166**	**311**	**410**	**476**	**376**		**192**	**284**
274	65	166	311	410	476	376		192	284
7999	**2303**	**3808**	**6717**	**10089**	**13084**	**7621**	**2093**	**6712**	**4279**
7999	2303	3808	6717	10089	13084	7621	2093	6712	4279
554	**94**	**352**	**647**	**943**	**1137**	**630**	**483**	**335**	**319**
23	8	25	18	15	35	29			35
7	2	11	4	10	12	7			12
334	36	149	414	600	711	374	480	176	55
170	36	143	165	234	295	159	3	105	187
20	12	24	46	84	84	61		54	30
935	**423**	**775**	**1059**	**1948**	**2145**	**1489**	**132**	**1000**	**1013**
2	2	4	5	14	14	14		14	
933	421	771	1054	1934	2131	1475	132	986	1013

3-6 按隶属关系和学科分研究与开发

Intramural Expenditure on R&D of R&D Institutions

单位：万元

项 目	Item	R&D经费内部支出 Intramural Expenditure on R&D	基础研究 Basic Research	应用研究 Applied Research	试验发展 Experimental Development
总 计	**Total**	**13067062**	**1601515**	**4172387**	**7293160**
按隶属关系分组	**by Subordination**				
中央部门属	Subordinated to Central Level	11765728	1492361	3780934	6492434
#中国科学院	Chinese Academy of Sciences	2670004	965497	1408412	296095
地方部门属	Subordi-nated to Local Level	1301334	109154	391453	800727
省级部门属	Provincial Level	1138409	105939	361230	671240
计划单列市部门属	Separate Planning Cities Level	34501	969	12694	20837
地市级部门属	Miniciple Level	128425	2246	17529	108650
按门类学科分组	**by Subject**				
自然科学	Natural sciences	2235268	953578	928828	352862
农业科学	Agricultural Sciences	909109	59577	229881	619651
医药科学	Medical Science	468343	67897	239869	160578
工程与技术科学	Engineering and Technological Sciences	9202014	447267	2653718	6101029
人文与社会科学	Humanities and Social Sciences	252328	73196	120092	59040

机构R&D经费内部支出(2011年)

by Subordination and Subject (2011)

(10 000 yuan)

日常性支出 Routine Expenses	#人员劳务费 Labor Cost	资产性支出 Assets Expenditure	#仪器和设备支出 Equipment	政府资金 Government Funds	企业资金 Self-raised Funds by Enterprises	国外资金 Foreign Funds	其他资金 Other Funds
9697442	**2450849**	**3369619**	**2102245**	**11060749**	**399128**	**48871**	**1558314**
8669663	1982588	3096065	1900477	10027223	353872	42957	1341676
1919517	608385	750487	507082	2212187	139204	34754	283859
1027779	468261	273554	201768	1033526	45256	5914	216638
892052	387785	246356	182525	897417	42195	5837	192960
26240	15673	8261	6332	28489	625		5386
109487	64804	18938	12911	107620	2436	77	18292
1643816	519035	591451	424697	1916491	77817	21493	219467
721971	285855	187138	122849	790171	17741	6003	95193
355385	148499	112958	94750	350880	18403	5442	93618
6753253	1406682	2448761	1437064	7773573	280897	13934	1133610
223017	90778	29311	22885	229634	4269	1999	16426

3-7 各地区研究与开发机构R&D

Intramural Expenditure on R&D of R&D

单位：万元

地　区	Region	R&D经费内部支出 Intramural Expenditure on R&D	基础研究 Basic Research	应用研究 Applied Research	试验发展 Experimental Development
全　国	**National Total**	**13067062**	**1601515**	**4172387**	**7293160**
东部地区	Eastern Region	8293361	1126304	2726428	4440628
中部地区	Middle Region	1645526	175898	513642	955986
西部地区	Western Region	3128174	299312	932315	1896546
北　京	Beijing	4343010	683625	1294634	2364750
天　津	Tianjin	257717	4885	93724	159108
河　北	Hebei	224911	25443	152280	47188
山　西	Shanxi	122670	3214	54804	64652
内蒙古	Inner Mongolia	63236	3696	25291	34248
辽　宁	Liaoning	457421	36879	160488	260054
吉　林	Jilin	202030	17506	81374	103150
黑龙江	Heilongjiang	117001	22999	35311	58691
上　海	Shanghai	1335823	169418	423657	742747
江　苏	Jiangsu	764584	31695	248542	484347
浙　江	Zhejiang	180718	10278	71869	98571
安　徽	Anhui	223960	78438	73102	72421
福　建	Fujian	68178	19554	24556	24068
江　西	Jiangxi	82488	1252	16312	64924
山　东	Shandong	320424	62492	112717	145215
河　南	Henan	265371	1947	36107	227318
湖　北	Hubei	465255	46126	187318	231811
湖　南	Hunan	166751	4417	29313	133021
广　东	Guangdong	308075	67268	137213	103595
广　西	Guangxi	99413	9880	41936	47596
海　南	Hainan	32502	14768	6749	10985
重　庆	Chongqing	154242	40621	81063	32558
四　川	Sichuan	1281221	90521	449119	741580
贵　州	Guizhou	28802	13890	2659	12254
云　南	Yunnan	149042	39749	46555	62738
西　藏	Tibet	4863	793	1175	2895
陕　西	Shaanxi	1134048	37470	228852	867727
甘　肃	Gansu	135373	45963	25998	63412
青　海	Qinghai	14518	5706	5659	3152
宁　夏	Ningxia	5889	1083	2232	2573
新　疆	Xinjiang	57528	9940	21777	25812

经费内部支出(2011年)
Institutions by Region (2011)

(10 000 yuan)

日常性支出 Routine Expenses	#人员劳务费 Labor Cost	资产性支出 Assets Expenditure	#仪器和设备支出 Equipment	政府资金 Government Funds	企业资金 Self-raised Funds by Enterprises	国外资金 Foreign Funds	其他资金 Other Funds
9697442	**2450849**	**3369619**	**2102245**	**11060749**	**399128**	**48871**	**1558314**
6189407	1490406	2103955	1346307	6999103	238019	37407	1018832
1208436	331319	437090	269914	1289198	55482	3732	297114
2299599	629124	828575	486024	2772447	105627	7732	242368
3276558	700260	1066452	688552	3739393	78456	24843	500318
189368	37838	68349	37156	191461	5792	57	60407
164624	32640	60287	40598	213270	1961		9680
78380	26252	44291	26364	78877	9454	889	33450
48981	15955	14255	6288	56939	964		5332
328952	103508	128469	93940	413996	28492	3156	11777
167156	50040	34873	32743	186107	2010	914	12998
84788	39749	32214	23332	101968	614	426	13994
1033241	245007	302582	200017	1116485	68549	5763	145025
572646	120621	191938	107114	619106	19674	1485	124319
122221	30502	58497	40820	128819	10451	60	41388
157647	43649	66313	41069	188233	3621	174	31932
49641	26616	18536	16873	59900	3017	143	5118
62322	24297	20167	14873	71740	84		10664
213139	85010	107285	51732	270562	10498	658	38706
202400	46142	62971	32996	190106	12150		63115
339971	61661	125284	60051	380642	8675	1295	74644
115773	39530	50978	38487	91525	18874	33	56318
217860	97028	90216	64742	217380	10938	1061	78696
78604	28899	20809	15615	72251	9363	122	17677
21157	11376	11345	4764	28731	191	182	3398
101945	16766	52297	38182	79569	37572	75	37027
915612	244432	365608	177623	1199011	28068	1270	52871
24168	11889	4635	3280	19473	3336	150	5844
113360	39597	35683	24100	113768	5039	2988	27248
3315	2066	1548	1548	4862			1
854928	202786	279120	183413	1052728	10211		71109
95524	36879	39849	23328	107417	9568	178	18210
11634	6557	2884	2299	12129	849	74	1465
5399	3423	490	490	5860			28
46130	19875	11398	9860	48440	657	2875	5556

3-8 各地区地方部门属研究与开发

Intramural Expenditure on R&D in Local

单位: 万元

地区	Region	R&D经费内部支出 Intramural Expenditure on R&D	基础研究 Basic Research	应用研究 Applied Research	试验发展 Experimental Development
全国	**National Total**	**1301334**	**109154**	**391453**	**800727**
东部地区	Eastern Region	703829	58720	232523	412586
中部地区	Middle Region	249475	15496	59272	174707
西部地区	Western Region	348029	34937	99658	213434
北京	Beijing	100300	17020	24677	58602
天津	Tianjin	42472	1974	12052	28446
河北	Hebei	22721	1533	4136	17052
山西	Shanxi	15819	953	4187	10679
内蒙古	Inner Mongolia	29133	2868	6593	19672
辽宁	Liaoning	47151	97	8020	39034
吉林	Jilin	43587	3012	10674	29901
黑龙江	Heilongjiang	63952	3985	12060	47907
上海	Shanghai	71590	5203	33678	32709
江苏	Jiangsu	105170	761	28606	75804
浙江	Zhejiang	51707	6206	20690	24811
安徽	Anhui	16923	1531	6785	8606
福建	Fujian	27370	1723	6834	18813
江西	Jiangxi	24386	1071	3996	19319
山东	Shandong	114647	10991	38791	64865
河南	Henan	19282	892	2160	16230
湖北	Hubei	25700	1305	11623	12773
湖南	Hunan	39827	2748	7787	29292
广东	Guangdong	118651	13212	54748	50692
广西	Guangxi	87020	7444	34503	45073
海南	Hainan	2052		292	1760
重庆	Chongqing	47247	5924	18700	22622
四川	Sichuan	33075	664	3687	28724
贵州	Guizhou	7715	1223	2309	4183
云南	Yunnan	56068	6101	13972	35995
西藏	Tibet	4863	793	1175	2895
陕西	Shaanxi	13395	1494	4889	7012
甘肃	Gansu	27969	3521	3443	21005
青海	Qinghai	3102	1258	702	1142
宁夏	Ningxia	5889	1083	2232	2573
新疆	Xinjiang	32554	2564	7454	22537

机构R&D经费内部支出(2011年)
R&D Institutions by Region (2011)

(10 000 yuan)

日常性支出 Routine Expenses	#人员劳务费 Labor Cost	资产性支出 Assets Expenditure	#仪器和设备支出 Equipment	政府资金 Government Funds	企业资金 Self-raised Funds by Enterprises	国外资金 Foreign Funds	其他资金 Other Funds
1027779	**468261**	**273554**	**201768**	**1033526**	**45256**	**5914**	**216638**
543607	232703	160222	123849	541410	21589	3418	137412
206350	114166	43125	29889	206973	6863	605	35035
277821	121392	70208	48030	285143	16805	1891	44191
83282	20675	17018	14662	89770	2756	323	7451
35293	13274	7178	6701	30753	414	57	11249
19079	7640	3642	3338	21304	130		1288
13861	9416	1958	1545	14177	180		1463
24338	11359	4795	3809	26927	659		1546
38629	18149	8522	6839	46183		167	801
37460	17353	6127	5683	39231	1099	137	3119
54970	31909	8982	8023	54067	614	426	8845
61703	26085	9887	9743	53919	1303	1877	14491
71670	31122	33501	21390	86340	4603	279	13949
40260	15418	11447	10116	43633	3114	60	4900
14397	7720	2526	2071	13058	1930		1935
21379	12480	5991	4669	22933	53	27	4358
19068	10969	5319	2514	20919	84		3383
88898	47917	25749	20711	84338	5035	176	25098
16806	8337	2476	2107	17321	377		1584
16947	8532	8753	2678	19607	540	38	5516
32842	19930	6984	5269	28593	2039	4	9191
81374	38989	37277	25668	60211	4181	454	53805
69121	24674	17899	12705	65650	7417	122	13831
2040	955	11	11	2028			24
26722	9636	20524	11175	32721	3278	75	11173
29551	11059	3524	3184	29821	393	24	2838
6237	3621	1478	1299	7405	80		230
48927	18922	7142	4908	46226	3305	1609	4928
3315	2066	1548	1548	4862			1
12078	9247	1317	706	11958	150		1287
23064	12332	4906	2752	22317	1379	40	4233
2613	1740	489	489	2876			225
5399	3423	490	490	5860			28
26457	13313	6097	4965	28518	144	21	3871

3-9 按服务的国民经济行业分研究与

Intramural Expenditure on R&D of R&D Institutions by

单位：万元

行　业	Industry	R&D经费内部支出 Intramural Expenditure on R&D	基础研究 Basic Research	应用研究 Applied Research
总　计	**Total**	**13067062**	**1601515**	**4172387**
农、林、牧、渔服务业	**Farming, Forestry, Animal Husbandry and Fishery**	**883664**	**63748**	**217247**
农业	Farming	521334	31312	108241
林业	Forestry	70614	3789	15977
畜牧业	Animal Husbandry	71961	3020	25790
渔业	Fishery	56557	9580	15337
农、林、牧、渔服务业	Service Activities for Agriculture, Forestry, Farming of Animals and Fishing	163199	16046	51901
采矿业小计	**Mining**	**21329**	**2**	**263**
煤炭开采和洗选业	Mining and Washing of Coal	959		
有色金属矿采选业	Nonferrous Metals Mining and Dressing	20290	2	263
其他采矿业	Other Minerals Mining and Dressing	80		
制造业小计	**Manufacturing**	**298823**	**44346**	**118767**
农副食品加工业	Processing of Food from Agricultural Products	12649	545	1956
食品制造业	Food Production	4357	890	1511
饮料制造业	Beverage Production	897	11	484
纺织业	Textile Industry	291		
纺织服装、鞋、帽制造业	Manufacture of Textile Wearing Apparel,Footware and Caps	84		
皮革、毛皮、羽毛(绒)及其制品业	Manufacture of Leather, Fur, Feather and its Products	30		
木材加工及木、竹、藤、棕、草制品业	Processing of Timbers, Manufacture of Wood, Bamboo, Rattan, Palm and Straw Products	4139	341	815
家具制造业	Furniture Manufacturing	90		
造纸及纸制品业	Papermaking and Paper Products	364		
文教体育用品制造业	Culture, Educational and Sports Goods	160		
石油加工、炼焦及核燃料加工业	Processing of Petroleum ,Coking, Processing of Nucleus Fuel	159	75	84
化学原料及化学制品制造业	Raw Chemical Materials and Chemical Products	45826	12983	28170
医药制造业	Medical and Pharmaceutical Products	115658	15238	51893
化学纤维制造业	Chemical Fiber	436		
塑料制品业	Plastic Products	652	273	97
非金属矿物制品业	Nonmetal Mineral Products	1142		54
黑色金属冶炼及压延加工业	Smelting and Pressing of Ferrous Metals	230		
有色金属冶炼及压延加工业	Smelting and Pressing of Nonferrous	378		
金属制品业	Metal Products	331	21	27
通用设备制造业	Manufacture of General Purpose Machinery	4817		133
专用设备制造业	Equipment for Special Purposes	55282	580	2459
交通运输设备制造业	Transport Equipment	724		80
电气机械及器材制造业	Electric Equipment and Machinery	777	88	327
通信设备、计算机及其他电子设备制造业	Manufacture of Communication Equipment, Computer and Other Electronic Equipment	41315	13189	27699
仪器仪表及文化、办公用机械制造业	Instruments, Meters, Cultural and Office Machinery	8037	113	2979
电力、燃气及水的生产和供应业小计	**Production and Distribution of Electricity, Gas and Water**	**30269**	**1221**	**13528**
电力、热力的生产和供应业	Production and Supply of Electric Power and Heat Power	28925	1221	13223
燃气生产和供应业	Production and Distribution of Gas	1344		305

开发机构R&D经费内部支出(2011年)

Industrial Sector in which the R&D Institutions Served (2011)

(10 000 yuan)

试验发展 Experimental Development	日常性支出 Routine Expenses	#人员劳务费 Labor Cost	资产性支出 Assets Expenditure	#仪器和设备支出 Equipment	政府资金 Government Funds	企业资金 Self-raised Funds by Enterprises	国外资金 Foreign Funds	其他资金 Other Funds
7293160	**9697442**	**2450849**	**3369619**	**2102245**	**11060749**	**399128**	**48871**	**1558314**
602670	**702850**	**273770**	**180814**	**121180**	**773785**	**15315**	**5943**	**88621**
381780	430664	167638	90669	59042	453905	9150	4125	54154
50849	54782	23890	15833	10880	64053	186	122	6254
43150	57614	20997	14347	8779	63843	2371		5747
31640	42824	17520	13733	10041	48312	495	64	7685
95251	116966	43725	46233	32438	143671	3114	1632	14782
21064	**15886**	**7185**	**5443**	**5443**	**14175**	**1988**		**5166**
959	847	604	112	112	743	215		
20025	14959	6572	5331	5331	13352	1773		5166
80	80	10			80			
135710	**205977**	**82300**	**92846**	**72219**	**240931**	**11422**	**945**	**45526**
10147	11199	4543	1449	1115	10821	185		1642
1956	3915	1818	442	432	1973			2385
402	334	248	563	17	742	32		123
291	291	234			115			176
84	84	71			59			25
30	30	25			30			
2983	3303	1140	836	836	4139			
90	30	20	60	60				90
364	364	234			88	276		
160	144	76	16	16	148			12
	130	48	29	29	104			55
4673	30488	14623	15338	10864	39449	1884	291	4203
48527	79596	24730	36061	25808	90965	4532	594	19567
436	408	239	28	28	180			256
283	323	229	330	330	625			27
1088	818	479	324	322	855	4		283
230	230	216			65			165
378	317	51	61	61	108	270		
283	262	26	69	69	331			
4684	1456	549	3361	843	3872	67		879
52243	40695	21837	14588	12358	40073	1997		13213
644	719	344	5	5	184	540		
362	639	368	138	138	570			207
427	25338	7304	15978	15718	38549	1400	60	1306
4946	4865	2851	3172	3172	6887	236		914
15520	**20290**	**7992**	**9979**	**5216**	**26060**	**2027**	**198**	**1983**
14481	19066	7589	9859	5096	25051	2027	198	1648
1039	1224	402	120	120	1009			335

3-9 续表

单位：万元

行　业	Industry	R&D经费内部支出 Intramural Expenditure on R&D	基础研究 Basic Research	应用研究 Applied Research
建筑业小计	**Construction**	**14839**	**644**	**2956**
房屋和土木工程建筑业	Construction of Building and Civil Engineering	12913	644	2898
其他建筑业	Other Construction	1926		58
交通运输、仓储和邮政业小计	**Traffic,Transport,Storage and Post**	**34302**	**241**	**1816**
铁路运输业	**Railway Transportation**	**1045**		
道路运输业	Transport Via Road	29199	160	1376
水上运输业	Water Transport	2084		11
航空运输业	Air Transport	1974	81	430
信息传输、计算机服务和软件业小计	**Information Transfer, Computer Services and Software**	**86817**	**11011**	**35716**
电信和其他信息传输服务业	Telecom and Other Information Transfer Services	38990		1414
软件业	Software Industry	47827	11011	34303
金融业小计	**Finance**	**332**		**332**
银行业	**Bank**	**332**		**332**
租赁和商务服务业小计	**Tenancy and Business Services**	**397**		**298**
商务服务业	Business Service	397		298
科学研究、技术服务和地质勘查业小计	**Scientific Research, Technical Service and Geologic Perambulation**	**11076674**	**1412713**	**3514509**
研究和试验发展	Research and Experimental Development	10440990	1306970	3289081
专业技术服务业	Professional Technique Services	446373	80596	144537
科技交流和推广服务业	Services of Science and Technique Intercommunion and Generalization	56528	5268	34738
地质勘查业	Geologic Perambulation	132784	19879	46153
水利、环境和公共设施管理业小计	**Management of Water Conservancy, Environment and public Establishment**	**236250**	**17725**	**87183**
水利管理业	Management of Water Conservancy	74931	5995	24981
环境管理业	Environmental Management	156618	11685	61116
公共设施管理业	Management of Public Establishment	4701	45	1087
居民服务和其他服务业小计	**Resident Services and Other Services**	**1534**		
居民服务业	Resident Services	1519		
其他服务业	Other Services	15		
教育小计	**Education**	**10421**		**5639**
教育	Education	10421		5639
卫生、社会保障和社会福利业小计	**Sanitation, Social Security and Welfare**	**288027**	**35596**	**144137**
卫生	Sanitation	288027	35596	144137
文化、体育和娱乐业小计	**Culture, Sports and Entertainment**	**27909**	**11664**	**6920**
新闻出版业	Journalism and Publishing Activities	770		
广播、电视、电影和音像业	Broadcasting,Movies,Television and Audiovisual Activities	846		
文化艺术业	Culture and Art	18112	11621	2819
体育	Sports Activities	7078	43	3377
娱乐业	Entertainment	1102		724
公共管理和社会组织小计	**Public Management and Social Organization**	**55475**	**2604**	**23074**
中国共产党机关	Chinese Communist Party Organs	36		36
国家机构	Organ of State	55439	2604	23038

continued

(10 000 yuan)

试验发展 Experimental Development	日常性支出 Routine Expenses	#人员劳务费 Labor Cost	资产性支出 Assets Expenditure	#仪器和设备支出 Equipment	政府资金 Government Funds	企业资金 Self-raised Funds by Enterprises	国外资金 Foreign Funds	其他资金 Other Funds
11238	**12593**	**7276**	**2246**	**2068**	**8643**	**3019**	**55**	**3122**
9370	10719	6758	2194	2016	7081	2989	55	2788
1868	1874	518	52	52	1562	30		334
32245	**22831**	**9684**	**11471**	**8877**	**28190**	**830**	**38**	**5244**
1045	**900**	**629**	**145**	**133**	**403**	**642**		
27663	18945	7764	10255	7717	24019	189	38	4954
2073	1621	529	463	419	1794			290
1463	1366	763	609	609	1974			
40090	**62533**	**21942**	**24284**	**19168**	**65863**	**6708**	**41**	**14206**
37576	26618	10086	12372	12372	25654	194		13141
2514	35915	11856	11912	6796	40208	6513	41	1065
	318	**208**	**14**	**14**	**332**			
	318	**208**	**14**	**14**	**332**			
99	**201**	**191**	**196**	**196**	**302**			**95**
99	201	191	196	196	302			95
6149452	**8191370**	**1848136**	**2885304**	**1743432**	**9446127**	**328108**	**36253**	**1266187**
5844938	7763447	1707889	2677542	1616437	8899192	312883	33293	1195622
221241	274055	95171	172319	106655	380162	10165	1428	54619
16522	35688	12593	20839	8474	37243	2860	1532	14892
66752	118180	32484	14604	11866	129530	2200		1054
131342	**165232**	**54636**	**71019**	**46466**	**172706**	**18677**	**1220**	**43647**
43956	55877	19405	19054	11039	43647	11234	37	20014
83816	106902	34595	49716	34970	126221	7354	1183	21861
3569	2453	636	2248	457	2839	90		1773
1534	**1129**	**124**	**405**	**405**	**1519**			**15**
1519	1114	109	405	405	1519			
15	15	15						15
4782	**9475**	**4342**	**947**	**947**	**8669**		**354**	**1398**
4782	9475	4342	947	947	8669		354	1398
108293	**220205**	**104931**	**67822**	**60136**	**204044**	**9495**	**3248**	**71240**
108293	220205	104931	67822	60136	204044	9495	3248	71240
9324	**22208**	**8271**	**5701**	**5634**	**25590**	**1085**		**1234**
770	755	312	15	15	770			
846	717	167	130	130	846			
3672	15115	4700	2998	2931	16261	1085		767
3658	4619	2102	2459	2459	7046			33
378	1002	991	100	100	668			434
29797	**44347**	**19861**	**11128**	**10843**	**43814**	**453**	**577**	**10630**
	35	16	1	1	36			
29797	44312	19845	11127	10842	43778	453	577	10630

3-10　按隶属关系和学科分研究与开发机构R&D经费外部支出(2011年)

External Expenditure on R&D of R&D Institutions by Subordination and Subject (2011)

单位：万元　　　　(10 000 yuan)

项　目	Item	R&D经费外部支出 Total	对境内研究机构支出 to Domestic Research Institutions	对境内高等学校支出 to Domestic Higher Education	对境内企业支出 to Domestic Enterprises	对境外机构支出 to Foreign Institutions
总　计	**Total**	**463591**	**187810**	**36965**	**77393**	**268**
按隶属关系分组	**by Subordination**					
中央部门属	Subordinated to Central Level	446169	179207	30076	75770	258
#中国科学院	Chinese Academy of Sciences	26082	11653	4587	3203	
地方部门属	Subordi-nated to Local Level	17422	8603	6889	1623	10
省级部门属	Provincial Level	17005	8529	6640	1544	
计划单列市部门属	Separate Planning Cities Level	41	10	16		10
地市级部门属	Miniciple Level	376	64	233	79	
按门类学科分组	**by Subject**					
自然科学	Natural sciences	48787	24693	9986	8537	258
农业科学	Agricultural Sciences	22967	15875	5360	1246	
医药科学	Medical Science	21141	10862	3756	6507	10
工程与技术科学	Engineering and Technological Sciences	359322	126613	17200	60311	
人文与社会科学	Humanities and Social Sciences	11374	9767	662	792	

3-11 各地区研究与开发机构R&D经费外部支出(2011年)

External Expenditure on R&D of R&D Institutions by Region (2011)

单位：万元 (10 000 yuan)

地 区	Region	R&D经费外部支出 Total	对境内研究机构支出 to Domestic Research institutions	对境内高等学校支出 to Domestic Higher Education	对境内企业支出 to Domestic Enterprises	对境外机构支出 to Foreign Institutions
全 国	**National Total**	**463591**	**187810**	**36965**	**77393**	**268**
东部地区	Eastern Region	342684	171457	30028	49524	268
中部地区	Middle Region	30780	6106	1529	19162	
西部地区	Western Region	90127	10247	5408	8707	
北 京	Beijing	290193	148633	19137	34671	
天 津	Tianjin	1206	461	190	34	
河 北	Hebei	1300	836	281	184	
山 西	Shanxi	1728		111	40	
内 蒙 古	Inner Mongolia	1020	325		695	
辽 宁	Liaoning	14781	3732	3113	7936	
吉 林	Jilin	155	1	154		
黑 龙 江	Heilongjiang	35	35			
上 海	Shanghai	13315	6668	1730	2758	
江 苏	Jiangsu	5081	1893	724	1985	
浙 江	Zhejiang	9000	4798	2935	1009	258
安 徽	Anhui	381	180	101	100	
福 建	Fujian	615	23	408	184	
江 西	Jiangxi	7077	4284	526	2071	
山 东	Shandong	3293	1732	1032	529	
河 南	Henan	17450	370	289	16791	
湖 北	Hubei	986	692	199	95	
湖 南	Hunan	2968	545	149	65	
广 东	Guangdong	3899	2681	477	235	10
广 西	Guangxi	2791	22	2769		
海 南	Hainan					
重 庆	Chongqing	2452	718	1734		
四 川	Sichuan	15970	4550	482	7322	
贵 州	Guizhou	403	15	84	200	
云 南	Yunnan	596	186	103	15	
西 藏	Tibet					
陕 西	Shaanxi	62883	784		345	
甘 肃	Gansu	2131	2131			
青 海	Qinghai					
宁 夏	Ningxia	149	79	70		
新 疆	Xinjiang	1734	1437	166	130	

3-12 按隶属关系和学科分研究与开发机构R&D课题(2011年)
R&D Projects of R&D Institutions by Subordination and Subject (2011)

项　　目	Item	R&D课题数 (项) R&D Projects (item)	投入人员 (人年) Input of Personnel (man-year)	投入经费 (万元) Input of Funds (10 000 yuan)
总　计	**Total**	**70967**	**273374**	**8070514**
按隶属关系分组	**by Subordination**			
中央部门属	Subordinated to Central Level	46340	217199	7475028
#中国科学院	Chinese Academy of Sciences	27389	51293	1604053
地方部门属	Subordi-nated to Local Level	24627	56175	595486
省级部门属	Provincial Level	21010	44615	507330
计划单列市部门属	Separate Planning Cities Level	616	1764	17517
地市级部门属	Miniciple Level	3001	9796	70639
按门类学科分组	**by Subject**			
自然科学	Natural sciences	23285	44988	1277876
农业科学	Agricultural Sciences	16624	34642	424915
医药科学	Medical Science	6316	16991	240059
工程与技术科学	Engineering and Technological Sciences	18489	166393	5999982
人文与社会科学	Humanities and Social Sciences	6253	10360	127682

3-13 各地区研究与开发机构R&D课题(2011年)
R&D Projects of R&D Institutions by Region (2011)

地　区	Region	R&D课题数 (项) R&D Projects (item)	投入人员 (人年) Input of Personnel (man-year)	投入经费 (万元) Input of Funds (10 000 yuan)
全　国	**National Total**	**70967**	**273374**	**8070514**
东部地区	Eastern Region	49412	158778	5072215
中部地区	Middle Region	10813	53935	1085780
西部地区	Western Region	10742	60662	1912519
北　京	Beijing	21678	72712	2774271
天　津	Tianjin	1026	6906	163517
河　北	Hebei	544	5935	124769
山　西	Shanxi	1066	4940	67412
内蒙古	Inner Mongolia	615	2716	38504
辽　宁	Liaoning	1718	10767	266447
吉　林	Jilin	1760	5645	116761
黑龙江	Heilongjiang	1798	6200	53001
上　海	Shanghai	5981	20070	726358
江　苏	Jiangsu	4245	15743	506029
浙　江	Zhejiang	1787	4156	116710
安　徽	Anhui	993	6173	150996
福　建	Fujian	2142	2141	46766
江　西	Jiangxi	731	4461	56446
山　东	Shandong	3389	8595	130899
河　南	Henan	684	7477	199362
湖　北	Hubei	2231	11828	320096
湖　南	Hunan	1072	5820	103309
广　东	Guangdong	4513	8034	167684
广　西	Guangxi	1810	3065	34935
海　南	Hainan	606	857	16716
重　庆	Chongqing	1054	3316	98497
四　川	Sichuan	1775	20013	852847
贵　州	Guizhou	1022	1702	20549
云　南	Yunnan	1561	4410	68637
西　藏	Tibet	92	269	3391
陕　西	Shaanxi	1543	21736	726326
甘　肃	Gansu	1746	4338	73399
青　海	Qinghai	289	555	6924
宁　夏	Ningxia	180	313	2547
新　疆	Xinjiang	1316	2483	36411

3-14　各地区地方部门属研究与开发机构R&D课题(2011年)
R&D Projects Taken by Local R&D Institutions by Region (2011)

地　区	Region	R&D课题数 (项) R&D Projects (item)	投入人员 (人年) Input of Personnel (man-year)	投入经费 (万元) Input of Funds (10 000 yuan)
全　国	**National Total**	**24627**	**56175**	**595486**
东部地区	Eastern Region	13231	26808	361163
中部地区	Middle Region	6422	17856	137619
西部地区	Western Region	4974	11511	96704
北　京	Beijing	995	2256	42085
天　津	Tianjin	540	1225	23864
河　北	Hebei	418	857	9986
山　西	Shanxi	662	1462	8940
内蒙古	Inner Mongolia	419	1325	16704
辽　宁	Liaoning	455	1972	16224
吉　林	Jilin	799	2210	15385
黑龙江	Heilongjiang	1517	4067	35222
上　海	Shanghai	1416	2190	30493
江　苏	Jiangsu	1680	3246	49548
浙　江	Zhejiang	1086	1628	27298
安　徽	Anhui	502	1307	10670
福　建	Fujian	1226	1473	15872
江　西	Jiangxi	705	1936	12214
山　东	Shandong	1905	5418	59657
河　南	Henan	391	1378	8486
湖　北	Hubei	493	1141	9478
湖　南	Hunan	934	3031	20521
广　东	Guangdong	1687	3657	55128
广　西	Guangxi	1716	2734	28962
海　南	Hainan	107	152	2047
重　庆	Chongqing	899	1377	16115
四　川	Sichuan	693	1604	14917
贵　州	Guizhou	650	909	4626
云　南	Yunnan	675	2348	22061
西　藏	Tibet	92	269	3391
陕　西	Shaanxi	280	792	4456
甘　肃	Gansu	582	2072	8850
青　海	Qinghai	61	150	2047
宁　夏	Ningxia	180	313	2547
新　疆	Xinjiang	862	1677	17695

3-15 按服务的国民经济行业分研究与开发机构R&D课题(2011年)
R&D Projects of R&D Institutions by Industry (2011)

行　业	Industry	R&D课题数(项) R&D Projects (item)	投入人员(人年) Input of Personnel (man-year)	投入经费(万元) Input of Funds (10 000 yuan)
总　计	**Total**	**70967**	**273374**	**8070514**
农、林、牧、渔服务业	**Farming, Forestry, Animal Husbandry and Fishery**	**15942**	**33130**	**410998**
农业	Farming	9344	20065	241425
林业	Forestry	1304	2791	27865
畜牧业	Animal Husbandry	1057	2345	31954
渔业	Fishery	839	1472	17846
农、林、牧、渔服务业	Service Activities for Agriculture,Forestry,Farming of Animals and Fishing	3398	6457	91909
采矿业小计	**Mining**	**326**	**941**	**19380**
煤炭开采和洗选业	Mining and Washing of Coal	37	141	1379
石油和天然气开采业	Petroleum and Natural Gas Extraction	42	124	2130
黑色金属矿采选业	Ferrous Metals Mining and Dressing	21	55	1660
有色金属矿采选业	Nonferrous Metals Mining and Dressing	108	292	7374
非金属矿采选业	Nonmetal Minerals Mining and Dressing	40	167	3806
其他采矿业	Other Minerals Mining and Dressing	78	163	3032
制造业小计	**Manufacturing**	**6596**	**15702**	**438605**
农副食品加工业	Processing of Food from Agricultural Products	340	658	7668
食品制造业	Food Production	155	334	3951
饮料制造业	Beverage Production	113	165	3751
烟草制品业	Manufacture of Tobacco	24	36	571
纺织业	Textile Industry	21	35	1048
纺织服装、鞋、帽制造业	Manufacture of Textile Wearing Apparel, Footware and Caps	7	6	52
皮革、毛皮、羽毛(绒)及其制品业	Manufacture of Leather, Fur, Feather and its Products	8	17	183
木材加工及木、竹、藤、棕、草制品业	Processing of Timbers, Manufacture of Wood, Bamboo, Rattan, Palm and Straw Products	139	272	2503
家具制造业	Furniture Manufacturing	8	48	301
造纸及纸制品业	Papermaking and Paper Products	10	28	224
印刷业和记录媒介的复制	Printing and Record Medium Reproduction	15	37	553
文教体育用品制造业	Culture, Educational and Sports Goods	15	32	240
石油加工、炼焦及核燃料加工业	Processing of Petroleum ,Coking,Processing of Nucleus Fuel	78	154	4101
化学原料及化学制品制造业	Raw Chemical Materials and Chemical Products	751	1735	41067
医药制造业	Medical and Pharmaceutical Products	1228	2657	61209
化学纤维制造业	Chemical Fiber	29	66	2232
塑料制品业	Plastic Products	41	119	703
非金属矿物制品业	Nonmetal Mineral Products	192	270	5458
黑色金属冶炼及压延加工业	Smelting and Pressing of Ferrous Metals	29	106	2162
有色金属冶炼及压延加工业	Smelting and Pressing of Nonferrous	74	98	2071
金属制品业	Metal Products	85	184	2753
通用设备制造业	Manufacture of General Purpose Machinery	279	799	24359
专用设备制造业	Equipment for Special Purposes	672	1640	47053
交通运输设备制造业	Transport Equipment	331	1293	49023
电气机械及器材制造业	Electric Equipment and Machinery	343	622	14554
通信设备、计算机及其他电子设备制造业	Manufacture of Communication Equipment, Computer and Other Electronic Equipment	927	2099	86906
仪器仪表及文化、办公用机械制造业	Instruments, Meters, Cultural and Office Machinery	618	2006	71489
工艺品及其他制造业	Manufacture of Artwork, Other Manufacture	37	124	2053
电力、煤气及水的生产和供应业小计	**Production and Distribution of Electricity, Gas and Water**	**632**	**1244**	**33951**
电力、热力的生产和供应业	Production and Supply of Electric Power and Heat Power	401	755	23248
燃气生产和供应业	Production and Distribution of Gas	77	155	3436
水的生产和供应业	Production and Distribution of Water	154	333	7267
建筑业小计	**Construction**	**293**	**635**	**6200**
房屋和土木工程建筑业	Construction of Building and Civil Engineering	270	608	5963
建筑安装业	Architectural Installation	4	9	8
其他建筑业	Other Construction	19	19	230

3-15 续表 continued

行　业	Industry	R&D课题数(项) R&D Projects (item)	投入人员(人年) Input of Personnel (man-year)	投入经费(万元) Input of Funds (10 000 yuan)
交通运输、仓储和邮政业小计	**Traffic,Transport, Storage and Post**	**438**	**830**	**24368**
铁路运输业	Railway Transportation	18	79	721
道路运输业	Transport Via Road	212	367	9099
水上运输业	Water Transport	136	145	12263
航空运输业	Air Transport	29	152	957
管道运输业	Pipeline Transport	1	1	3
装卸运输和其他运输服务业	Loading, Unloading, Portage and Other Transport Services	1	1	30
仓储业	Storage	11	35	642
邮政业	Post	30	51	654
信息传输、计算机服务和软件业小计	**Information Transfer, Computer Services and Software**	**620**	**1614**	**44744**
电信和其他信息传输服务业	Telecom and Other Information Transfer Services	183	565	26363
计算机服务业	Computer Services	93	224	5535
软件业	Software Industry	344	825	12846
批发和零售业小计	**Wholesale and Retail Trade**	**38**	**101**	**1777**
批发业	Wholesale	10	10	353
零售业	Retail trade	6	8	132
金融业小计	**Finance**	**76**	**114**	**2838**
银行业	Bank	40	52	1157
证券业	Securities	19	37	1084
保险业	Insurance	11	13	334
其他金融业	Other Financial Activities	6	13	263
房地产业小计	**Real Estate**	**9**	**14**	**221**
房地产业	Real Estate	9	14	221
租赁和商务服务业小计	**Tenancy and Business Services**	**49**	**50**	**402**
租赁	**Lease**	**1**		**5**
商务服务业	Business Service	48	50	397
科学研究、技术服务和地质勘查业小计	**Scientific Research, Technical Service and Geologic Perambulation**	**37118**	**197376**	**6761523**
研究和试验发展	Research and Experimental Development	30920	183914	6453192
专业技术服务业	Professional Technique Services	4076	7941	177600
科技交流和推广服务业	Services of Science and Technique Intercommunion and Generalization	1219	3019	53487
地质勘查业	Geologic Perambulation	903	2502	77244
水利、环境和公共设施管理业小计	**Management of Water Conservancy,Environment and public Establishment**	**3230**	**6362**	**149993**
水利管理业	Management of Water Conservancy	645	1160	31873
环境管理业	Environmental Management	1945	4223	92663
公共设施管理业	Management of Public Establishment	640	980	25457
居民服务和其他服务业小计	**Resident Services and Other Services**	**267**	**446**	**7528**
居民服务业	Resident Services	218	335	5843
其他服务业	Other Services	49	111	1685
教育小计	**Education**	**362**	**568**	**6201**
教育	Education	362	568	6201
卫生、社会保障和社会福利业小计	**Sanitation, Social Security and Welfare**	**3568**	**10147**	**114698**
卫生	Sanitation	3514	10008	113900
社会保障业	Social Security	49	119	681
社会福利业	Social Welfare	5	20	117
文化、体育和娱乐业小计	**Culture, Sports and Entertainment**	**476**	**1382**	**15149**
新闻出版业	Journalism and Publishing Activities	53	251	1314
广播、电视、电影和音像业	Broadcasting,Movies,Television and Audiovisual Activities	9	12	436
文化艺术业	Culture and Art	321	935	10480
体育	Sports Activities	78	165	2097
娱乐业	Entertainment	15	19	822
公共管理和社会组织小计	**Public Management and Social Organization**	**926**	**2719**	**31935**
中国共产党机关	Chinese Communist Party Organs	38	82	482
国家机构	Organ of State	714	1814	20087
人民政协和民主党派	People's Political Consultative Conference and Democratic Parties	21	70	480
群众团体、社会团体和宗教组织	Mass Communities, Social Communities and Religion Organizations	148	753	10860
基层群众自治组织	Grass roots self-government organizations	5	1	26
国际组织小计	**International Organizations**	**1**		**1**
国际组织	International Organizations	1		1

3-16 按学科分组的R&D课题(2011年)

R&D Projects Taken by R&D Institutions by Discipline (2011)

学 科	Discipline	R&D课题数(项) R&D Projects (item)	投入人员(人年) Input of Personnel (man-year)	投入经费(万元) Input of Funds (10 000 yuan)
全 国	**National Total**	**70967**	**273374**	**8070514**
数 学	Mathematics	422	677	18484
信息科学与系统科学	Information & System Science	540	3557	88760
力 学	Mechanics	424	843	26434
物理学	Physics	2933	8194	291040
化 学	Chemistry	2542	5875	149055
天文学	Astronomy	839	1047	38845
地球科学	Earth Science	7672	11903	349215
生物学	Biology	6332	11456	259614
心理学	Psychology	146	369	3628
农 学	Agriculture	11115	22974	293729
林 学	Forestry	1979	4260	44167
畜牧、兽医科学	Livestock, Veterinary Medicine	1927	4621	57447
水产学	Aquatic	1297	2104	33829
基础医学	Basic Medicine	884	2265	37923
临床医学	Clinic Medicine	1916	5635	62165
预防医学与卫生学	Protective Medicine	910	3247	36984
军事医学与特种医学	Military Medicine & Special Medicine	24	79	728
药 学	Pharmacy	753	1737	61188
中医学与中药学	Traditional Chinese Medicine	1831	3897	39390
工程与技术科学基础学科	Engineering & Basic Technology Science	1378	18607	441530
信息与系统科学相关工程与技术	Information and System Science,Engineering and Technology Related	349	1167	32183
自然科学相关工程与技术	Science and Technology Related Projects	772	1795	43156
测绘科学技术	Surveying & Mapping	700	1841	52917
材料科学	Material Science	2203	8208	212276
矿山工程技术	Mining	146	413	9043
冶金工程技术	Metallurgy	134	409	12859
机械工程	Mechanical Engineering	378	1842	33932
动力与电气工程	Power & Electrical Engineering	571	5499	132866
能源科学技术	Energy Technology	643	2233	39042
核科学技术	Nuclear Technology	541	10113	488278
电子、通信与自动控制技术	Electronics, Communication & Automation	3044	39380	1443344

3-16 续表 continued

学 科	Discipline	R&D课题数 (项) R&D Projects (item)	投入人员 (人年) Input of Personnel (man-year)	投入经费 (万元) Input of Funds (10 000 yuan)
计算机科学技术	Computer Technology	1180	4955	117112
化学工程	Chemical Engineering	517	1276	32949
产品应用相关工程与技术	Engineering and Technology Related Products Application	131	270	4910
纺织科学技术	Textile Technology	31	85	726
食品科学技术	Food Technology	363	858	9531
土木建筑工程	Civil Construction	232	529	8700
水利工程	Water Conservancy	843	1376	38583
交通运输工程	Transportaiton Engineering	653	2936	110991
航空、航天科学技术	Aviation and Aerospace	1853	56007	2524720
环境科学技术	Environment	2528	5637	129114
安全科学技术	Security	447	1208	24295
管理学	Management	577	1380	95431
马克思主义	Marxism	191	216	2572
哲 学	Phylosophy	197	286	5796
宗教学	Religion	172	226	3177
语言学	Linguistics	152	163	2167
文 学	Literature	250	352	4168
艺术学	Arts	121	412	4389
历史学	Histry	623	872	12113
考古学	Archaeology	281	476	7890
经济学	Economics	1657	3149	37945
政治学	Politics	397	517	6306
法 学	Law	409	586	8718
军事学	Military	6	32	2164
社会学	Sociology	592	774	7867
民族学	Ethnography	301	400	4011
新闻学与传播学	Journalism	89	96	1236
图书馆、情报与文献学	Library and Information Literature	321	1175	19415
教育学	Education	371	578	5393
体育科学	Physical Science	97	241	2943
统计学	Statistics	40	64	1134

3-17　按来源和合作形式分研究与开发机构R&D课题(2011年)
R&D Projects of R&D Institutions by Sources and Cooperation Modality (2011)

项　目	Item	R&D课题数 (项) R&D Projects (item)	投入人员 (人年) Input of Personnel (man-year)	投入经费 (万元) Input of Funds (10 000 yuan)
总　计	**Total**	**70967**	**273374**	**8070514**
按课题来源分组	**By Sources of Topics**			
国家科技项目	National S&T Projects	36065	186168	6112665
地方科技项目	Local S&T Projects	19400	39337	436882
企业委托科技项目	S&T Projects Entrusted by Enterprise	3450	8898	306344
自选科技项目	S&T Projects Chosen by Enterprise	6212	13904	297367
来自国外的科技项目	Oversease S&T Projects	997	2446	126347
其它科技项目	Others	4843	22622	790909
按合作形式分组	**By Cooperation Modality**			
与境外机构合作	Cooperation with Oversease Institutes	1098	2811	68379
与国内高校合作	Cooperation with Higher Education	2907	10075	241002
与国内独立研究机构合作	Cooperation with Independent Research Institutes	6678	27595	915358
与境内注册的外商独资企业合作	Cooperation with Sole Foreign Enterprise	58	138	1732
与境内注册的其他企业合作	Cooperation with Other Enterprise	2400	6115	180373
独立完成	Independent Implementation	56018	216044	6267887
其　他	Others	1808	10597	395784

3-18 按隶属关系和学科分研究与

S&T Output of R&D Institutions by

项　目	Item	发表科技论文（篇） Scientific Papers Issued (piece)	#国外发表 Published in Foreign Periodicals	出版科技著作（种） Publication on S&T (kind)
总　计	**Total**	**148039**	**31598**	**4292**
按隶属关系分组	**by Subordination**			
中央部门属	Subordinated to Central Level	89813	27536	2275
#中国科学院	Chinese Academy of Sciences	34971	20721	401
地方部门属	Subordi-nated to Local Level	58226	4062	2017
省级部门属	Provincial Level	47022	3713	1704
计划单列市部门属	Separate Planning Cities Level	2754	99	103
地市级部门属	Miniciple Level	8450	250	210
按门类学科分组	**by Subject**			
自然科学	Natural sciences	31096	15050	415
农业科学	Agricultural Sciences	32013	2925	926
医药科学	Medical Science	17699	2893	475
工程与技术科学	Engineering and Technological Sciences	46087	9865	867
人文与社会科学	Humanities and Social Sciences	21144	865	1609

开发机构科技产出(2011年)
Subordination and Subject(2011)

专利申请数 (件) Patents Application (piece)	#发明专利 Invetions	有效发明专利 (件) Patent in Force (piece)	专利所有权转让及许可数 (件) Number of Transfer and Licensing of Patent Ownership (piece)	专利所有权转让及许可收入 (万元) Revenue from Transfer and Licensing of Patent Ownership (10 000 yuan)	形成国家或行业标准数 (项) Number of National and Industrial Standard (item)
24059	**18227**	**29260**	**735**	**66623**	**3960**
20242	15885	25268	485	30128	3186
8682	7939	15609	318	24337	61
3817	2342	3992	250	36495	774
3431	2152	3593	184	35178	708
119	68	133	1	3	18
267	122	266	65	1315	48
5106	4619	9806	209	9454	76
2637	1712	3132	141	2766	522
912	804	1110	84	2460	1605
15324	11077	15181	301	51943	1710
80	15	31			47

3-19 各地区研究与开发

S&T Output of R&D Institutions

地区	Region	发表科技论文(篇) Scientific Papers Issued (piece)	#国外发表 Published in Foreign Periodicals	出版科技著作(种) Publication on S&T (kind)
全国	**National Total**	**148039**	**31598**	**4292**
东部地区	Eastern Region	94335	24310	3024
中部地区	Middle Region	24938	3439	614
西部地区	Western Region	28766	3849	654
北京	Beijing	46486	13938	1890
天津	Tianjin	2589	230	70
河北	Hebei	2761	90	75
山西	Shanxi	2520	174	66
内蒙古	Inner Mongolia	884	52	25
辽宁	Liaoning	4506	1312	86
吉林	Jilin	4212	975	99
黑龙江	Heilongjiang	3562	176	86
上海	Shanghai	8382	3172	169
江苏	Jiangsu	8451	1319	172
浙江	Zhejiang	4052	603	153
安徽	Anhui	2663	934	24
福建	Fujian	3253	653	56
江西	Jiangxi	1362	25	56
山东	Shandong	6768	1234	158
河南	Henan	3682	162	122
湖北	Hubei	5359	885	123
湖南	Hunan	1578	108	38
广东	Guangdong	5960	1547	150
广西	Guangxi	2776	173	39
海南	Hainan	1127	212	45
重庆	Chongqing	1432	79	51
四川	Sichuan	5444	802	79
贵州	Guizhou	1623	174	24
云南	Yunnan	3399	751	130
西藏	Tibet	315	8	26
陕西	Shaanxi	5295	555	64
甘肃	Gansu	4084	949	106
青海	Qinghai	566	130	12
宁夏	Ningxia	300	2	4
新疆	Xinjiang	2648	174	94

机构科技产出(2011年)
by Region(2011)

专利申请数(件) Patents Application (piece)	#发明专利 Invetions	有效发明专利(件) Patent in Force (piece)	专利所有权转让及许可数(件) Number of Transfer and Licensing of Patent Ownership (piece)	专利所有权转让及许可收入(万元) Revenue from Transfer and Licensing of Patent Ownership (10 000 yuan)	形成国家或行业标准数(项) Number of National and Industrial Standard (item)
24059	**18227**	**29260**	**735**	**66623**	**3960**
17000	13233	20202	475	30369	3144
3482	2427	4860	62	1863	382
3577	2567	4198	198	34391	434
8256	6606	9149	187	12960	2438
739	537	660	4		31
247	151	368	10	107	15
331	237	625	5	232	18
80	70	89			21
1076	889	2363	42	4615	44
585	544	1645	9	56	103
279	145	247	5		33
2296	1888	3084	70	1295	269
1373	1001	1340	31	437	82
712	536	589	15	144	84
575	384	533	20	565	73
335	252	261	4	48	32
95	65	80		19	4
859	556	1019	73	1708	83
418	337	479	5	633	42
880	544	1046	11	340	68
319	171	205	7	17	41
993	740	1266	39	9057	50
134	79	73	1	65	12
114	77	103			16
216	129	226	5	67	20
865	666	1334	107	1606	150
83	66	47	2	31000	4
249	154	300	4		18
10	9	7			
1330	932	879	15	214	109
313	253	745	31	928	14
70	57	175			
18	7	16			4
209	145	307	33	511	82

3-20 各地区地方部门属研究与
S&T Output in R&D Institutions of

地 区	Region	发表科技论文（篇）Scientific Papers Issued (piece)	#国外发表 Published in Foreign Periodicals	出版科技著作（种）Publication on S&T (kind)
全 国	**National Total**	**58226**	**4062**	**2017**
东部地区	Eastern Region	28977	2608	980
中部地区	Middle Region	14019	853	506
西部地区	Western Region	15230	601	531
北 京	Beijing	3217	572	104
天 津	Tianjin	1693	116	58
河 北	Hebei	1640	51	63
山 西	Shanxi	1785	58	65
内蒙古	Inner Mongolia	640	20	21
辽 宁	Liaoning	1957	81	75
吉 林	Jilin	2043	106	75
黑龙江	Heilongjiang	2947	81	79
上 海	Shanghai	2804	410	137
江 苏	Jiangsu	4627	352	121
浙 江	Zhejiang	2718	234	119
安 徽	Anhui	1182	360	24
福 建	Fujian	2398	35	52
江 西	Jiangxi	1193	22	52
山 东	Shandong	4967	473	134
河 南	Henan	1939	68	93
湖 北	Hubei	1748	102	82
湖 南	Hunan	1182	56	36
广 东	Guangdong	2735	228	105
广 西	Guangxi	2658	167	37
海 南	Hainan	221	56	12
重 庆	Chongqing	1141	47	42
四 川	Sichuan	1556	69	53
贵 州	Guizhou	1127	36	23
云 南	Yunnan	2041	87	111
西 藏	Tibet	315	8	26
陕 西	Shaanxi	1287	86	54
甘 肃	Gansu	1837	33	63
青 海	Qinghai	267		10
宁 夏	Ningxia	300	2	4
新 疆	Xinjiang	2061	46	87

开发机构科技产出(2011年)
Local Governments by Region(2011)

专利申请数(件) Patents Application (piece)	#发明专利 Invetions	有效发明专利(件) Patent in Force (piece)	专利所有权转让及许可数(件) Number of Transfer and Licensing of Patent Ownership (piece)	专利所有权转让及许可收入(万元) Revenue from Transfer and Licensing of Patent Ownership (10 000 yuan)	形成国家或行业标准数(项) Number of National and Industrial Standard (item)
3817	**2342**	**3992**	**250**	**36495**	**774**
2397	1590	2875	152	3663	378
653	341	527	35	1100	234
767	411	590	63	31733	162
277	179	181	11	43	29
304	237	311	4		5
47	31	120	10	107	15
93	42	53		32	11
6	5	5			5
60	36	115	2		28
61	32	49			89
170	74	121	5		30
197	152	148	7	74	71
386	288	449	14	298	35
204	139	360	10	86	53
102	45	76	13	100	26
160	103	93	3	43	32
48	31	42		19	4
533	287	665	65	1598	81
41	24	29	5	633	33
64	51	62	5	298	22
74	42	95	7	17	19
226	136	431	26	1415	27
120	74	57	1	65	12
3	2	2			2
109	63	110	3	50	15
113	49	181	39	600	16
67	53	37	2	31000	4
114	41	14	4		11
10	9	7			
32	21	40			6
63	32	32			8
18	7	16			4
115	57	91	14	18	81

3-21 按服务的国民经济行业分研究与

S&T Output of R&D Institutions by Industrial Sector

行 业	Industry	发表科技论文(篇) Scientific Papers Issued (piece)	#国外发表 Published in Foreign Periodicals	出版科技著作(种) Publication on S&T (kind)
总 计	**Total**	**148039**	**31598**	**4292**
农、林、牧、渔服务业	**Farming, Forestry, Animal Husbandry and Fishery**	**30662**	**2783**	**931**
农业	Farming	15530	1291	444
林业	Forestry	3354	266	115
畜牧业	Animal Husbandry	3008	281	143
渔业	Fishery	1813	188	30
农、林、牧、渔服务业	Service Activities for Agriculture, Forestry, Farming of Animals and Fishing	6957	757	199
采矿业小计	**Mining**	**299**	**17**	**1**
煤炭开采和洗选业	Mining and Washing of Coal	32	10	
有色金属矿采选业	Nonferrous Metals Mining and Dressing	262	7	1
其他矿采选业	Other Minerals Mining and Dressing	5		
制造业小计	**Manufacturing**	**6139**	**1485**	**128**
农副食品加工业	Processing of Food from Agricultural Products	459	77	9
食品制造业	Food Production	227	44	4
饮料制造业	Beverage Production	41	2	1
烟草制品业	Manufacture of Tobacco	15		
纺织业	Textile Industry	23		
纺织服装、鞋、帽制造业	Manufacture of Textile Wearing Apparel, Footware and Caps	9		
皮革、毛皮、羽毛(绒)及其制品业	Manufacture of Leather, Fur, Feather and its Products	6		
木材加工及木、竹、藤、棕、草制品业	Processing of Timbers, Manufacture of Wood, Bamboo, Rattan, Palm and Straw Products	163	30	7
家具制造业	Furniture Manufacturing			
造纸及纸制品业	Papermaking and Paper Products	6		1
文教体育用品制造业	Culture, Educational and Sports Goods	3		2
石油加工、炼焦及核燃料加工业	Processing of Petroleum ,Coking, Processing of Nucleus Fuel	16		
化学原料及化学制品制造业	Raw Chemical Materials and Chemical Products	508	299	5
医药制造业	Medical and Pharmaceutical Products	2653	578	84
化学纤维制造业	Chemical Fiber	6		
塑料制品业	Plastic Products	91	8	
非金属矿物制品业	Nonmetal Mineral Products	76	4	5
黑色金属冶炼及压延加工业	Smelting and Pressing of Ferrous Metals	13		

开发机构科技产出(2011年)
in which the R&D Institutions Served (2011)

专利申请数 (件) Patents Application (piece)	#发明专利 Invetions	有效发明专利 (件) Patent in Force (piece)	专利所有权转让及许可数 (件) Number of Transfer and Licensing of Patent Ownership (piece)	专利所有权转让及许可收入 (万元) Revenue from Transfer and Licensing of Patent Ownership (10 000 yuan)	形成国家或行业标准数 (项) Number of National and Industrial Standard (item)
24059	**18227**	**29260**	**735**	**66623**	**3960**
2600	**1748**	**2747**	**125**	**2477**	**457**
1200	784	1232	79	1881	184
146	96	152	9	117	100
173	118	223	3	53	60
282	189	334	4	3	28
799	561	806	30	422	85
46	**39**	**79**	**1**	**4**	**10**
2	1	3			
43	37	73	1	4	10
1	1	3			
2377	**1976**	**1997**	**138**	**34984**	**1641**
89	77	76			10
34	34	183	5	480	4
20	9	4			2
1	1	1			
33	20	69	12	266	23
2	2	2			
1					
128	109	378	14	459	15
551	540	589	73	2028	1510
27	19	18	2	31000	
7	2	5			5
1					

3-21 续表 1

行 业	Industry	发表科技论文（篇） Scientific Papers Issued (piece)	#国外发表 Published in Foreign Periodicals	出版科技著作（种） Publication on S&T (kind)
有色金属冶炼及压延加工业	Smelting and Pressing of Nonferrous	3		
金属制品业	Metal Products	11	1	
通用设备制造业	Manufacture of General Purpose Machinery	170	3	2
专用设备制造业	Equipment for Special Purposes	1024	118	5
交通运输设备制造业	Transport Equipment	1		
电气机械及器材制造业	Electric Equipment and Machinery	28	8	1
通信设备、计算机及其他电子设备制造业	Manufacture of Communication Equipment, Computer and Other Electronic Equipment	354	249	2
仪器仪表及文化、办公用机械制造业	Instruments, Meters, Cultural and Office Machinery	233	64	
电力、燃气及水的生产和供应业小计	**Production and Distribution of Electricity, Gas and Water**	**1275**	**311**	**55**
电力、热力的生产和供应业	Production and Supply of Electric Power and Heat Power	1271	311	55
燃气生产和供应业	Production and Distribution of Gas	4		
建筑业小计	**Construction**	**1141**	**20**	**10**
房屋和土木工程建筑业	Construction of Building and Civil Engineering	1124	20	8
其他建筑业	Other Construction	17		2
交通运输、仓储和邮政业小计	**Traffic,Transport, Storage and Post**	**1119**	**296**	**47**
铁路运输业	Railway Transportation	203	30	
道路运输业	Transport Via Road	836	249	36
航空运输业	Air Transport	76	17	1
装卸运输和其他运输服务业	Loading,Unloading and Other Transport Sevices	4		10
信息传输、计算机服务和软件业小计	**Information Transfer, Computer Services and Software**	**1123**	**410**	**12**
电信和其他信息传输服务业	Telecom and Other Information Transfer Services	433	50	5
计算机服务业	Computer Services	32		
软件业	Software Industry	658	360	7

continued

专利申请数(件) Patents Application (piece)	#发明专利 Invetions	有效发明专利(件) Patent in Force (piece)	专利所有权转让及许可数(件) Number of Transfer and Licensing of Patent Ownership (piece)	专利所有权转让及许可收入(万元) Revenue from Transfer and Licensing of Patent Ownership (10 000 yuan)	形成国家或行业标准数(项) Number of National and Industrial Standard (item)
1	1	4			
29	11	27			2
303	116	177	1	1	64
					2
12	11	11			
1048	994	347	22	750	
90	30	106	9		4
181	**114**	**384**	**5**	**7000**	**24**
174	111	381	5	7000	24
7	3	3			
74	**36**	**73**	**5**	**6**	**31**
74	36	73	5	6	29
					2
79	**24**	**97**	**1**	**5**	**65**
4		2			
62	20	91	1	5	62
2	2				3
91	**65**	**40**			**24**
61	53	35			3
2	2				
28	10	5			21

3-21 续表 2

行 业	Industry	发表科技论文（篇）Scientific Papers Issued (piece)	#国外发表 Published in Foreign Periodicals	出版科技著作（种）Publication on S&T (kind)
金融业小计	**Finance**	**10**		**1**
银行业	**Bank**	**10**		**1**
租赁和商务服务业小计	**Tenancy and Business Services**	**34**	**4**	**7**
商务服务业	Business Service	34	4	7
科学研究、技术服务和地质勘查业小计	**Scientific Research, Technical Service and Geologic Perambulation**	**82357**	**23333**	**1988**
研究和试验发展	Research and Experimental Development	72130	21633	1744
专业技术服务业	Professional Technique Services	7212	1248	163
科技交流和推广服务业	Services of Science and Technique Intercommunion and Generalization	1187	260	56
地质勘查业	Geologic Perambulation	1828	192	25
水利、环境和公共设施管理业小计	**Management of Water Conservancy, Environment and public Establishment**	**5577**	**774**	**157**
水利管理业	Management of Water Conservancy	2026	233	44
环境管理业	Environmental Management	3358	528	110
公共设施管理业	Management of Public Establishment	193	13	3
居民服务和其他服务业小计	**Resident Services and Other Services**	**1**		
居民服务业	Resident Services			
其他服务业	Other Services	1		
教育小计	**Education**	**806**	**14**	**115**
教育	Education	806	14	115
卫生、社会保障和社会福利业小计	**Sanitation, Social Security and Welfare**	**13662**	**1843**	**327**
卫生	Sanitation	13662	1843	327
文化、体育和娱乐业小计	**Culture, Sports and Entertainment**	**1014**	**29**	**66**
广播、电视、电影和音像业	Broadcasting,Movies,Television and Audiovisual Activities	18		
文化艺术业	Culture and Art	701	12	62
体育	Sports Activities	295	17	4
公共管理和社会组织小计	**Public Management and Social Organization**	**2820**	**279**	**447**
中国共产党机关	Chinese Communist Party Organs	116		2
国家机构	Organ of State	2692	279	445
群众团体、社会团体和宗教组织	Mass Communities, Social Communities and Religion Organizations	12		

continued

专利申请数(件) Patents Application (piece)	#发明专利 Invetions	有效发明专利(件) Patent in Force (piece)	专利所有权转让及许可数(件) Number of Transfer and Licensing of Patent Ownership (piece)	专利所有权转让及许可收入(万元) Revenue from Transfer and Licensing of Patent Ownership (10 000 yuan)	形成国家或行业标准数(项) Number of National and Industrial Standard (item)
					1
					1
17682	**13658**	**22963**	**426**	**21862**	**1529**
16638	12959	22269	421	21762	1249
763	501	589	5	100	273
256	191	97			5
25	7	8			2
510	**284**	**431**	**20**	**119**	**65**
138	53	157			12
360	224	260	16	95	31
12	7	14	4	24	22
23	**6**				
23	6				
309	**221**	**388**	**13**	**162**	**70**
309	221	388	13	162	70
12	**5**	**12**			**2**
1	1	5			2
3	2	6			
8	2	1			
75	**51**	**49**	**1**	**5**	**41**
75	51	49	1	5	41

四、高等学校
Higher Education

4-1 高等学校科技活动情况

Basic Statistics on Higher Education for Science and technology Activities

指　标	Item	2005	2006	2007	2008	2009	2010	2011
高等学校基本情况	**Basic Statistics on Higher Education**							
学校数（个）	Number of Institutions(unit)	1792	1867	1908	2263	2305	2358	2409
#理工农医	Natural Sciences & Technology	786	800	786	827	1003	970	975
#人文社科	Social Sciences & Humanities	815	843	840	869	954	963	997
R&D机构（个）	R&D Institutions(unit)	3936	4154	4502	5159	5784	7833	8630
研究与试验发展(R&D)投入情况	**Statistics on R&D Input**							
R&D人员（万人）	R&D Personnel(10 000 persons)	38.7	42.1	44.8	47.8	50.9	59.4	63.2
R&D人员全时当量（万人年）	Full-time Equivalent of R&D Personnel (10 000 man-year)	22.7	24.2	25.4	26.6	27.5	29.0	29.9
#基础研究	Basic Research	7.8	9.0	9.4	10.9	11.3	12.0	12.9
应用研究	Applied Research	11.1	11.3	12.0	13.7	14.1	14.8	15.0
试验发展	Experimental Development	3.9	3.9	4.0	2.0	2.1	2.1	2.0
R&D经费内部支出（亿元）	Intramural Expenditure on R&D (100 million yuan)	242.3	276.8	314.7	390.2	468.2	597.3	688.8
#基础研究	Basic Research	56.7	71.4	86.8	114.8	145.5	179.9	226.7
应用研究	Applied Research	125.0	137.3	161.8	208.9	250.0	337.0	372.4
试验发展	Experimental Development	60.6	68.2	66.1	66.5	72.6	80.3	89.8
#政府资金	Government Funds	133.1	151.5	177.7	225.5	262.2	358.8	405.1
企业资金	Self-raised Funds by Enterprises	88.9	101.2	110.3	134.9	171.7	198.5	242.9
研究与试验发展(R&D)项目（课题）情况	**Statistics on R&D Projects**							
R&D项目(课题)数（项）	R&D Projects(item)	280327	365294	375425	429096	476708	547717	604107
R&D项目(课题)人员全时当量(万人年)	Participants(10 000 man-year)	22.5	26.8	25.2	26.6	27.4	28.9	29.9
R&D项目(课题)经费内部支出(亿元)	Intramural Expenditure(100 million yuan)	193.5	287.0	258.2	323.2	363.5	467.0	535.3
科技产出及成果情况	**Statistics on S&T Outputs and Results**							
发表科技论文(篇)	Scientific Papers Issued(piece)	728082	830948	905985	964877	1016354	1062512	1109965
#国外发表	Published in Foreign Periodicals	69857	90722	108727	134058	156750	182247	218301
出版科技著作（种）	Publication on Science and Technology(kind)	33064	34633	35733	37541	40919	38101	37472
专利申请受理数（件）	Number of Patents Applications Accepted (piece)	20094	24490	29860	40610	56641	72744	95592
#发明专利	Inventions	14673	18059	21864	29337	36241	44132	54362
专利申请授权数（件）	Number of Patents Applications Granted (piece)	8843	12043	14111	19248	25570	37490	53055
#发明专利	Inventions	4715	6650	8251	10216	14408	18055	25064

4-2 各地区高等
R&D Personnel in Higher

地　区	Region	学校数 (个) Number of Institutions (unit)	从业人员 (人) Employed Persons (person)	R&D人员合计 (人) R&D Personnel (person)	#女性 Female	#博士毕业 Doctor
全　国	**National Total**	**2409**	**2204819**	**631772**	**230197**	**144219**
东部地区	Eastern Region	1059	1027178	325976	122791	87006
中部地区	Middle Region	769	679263	174984	62735	33806
西部地区	Western Region	581	498378	130812	44671	23407
北　京	Beijing	87	131583	64946	26577	23420
天　津	Tianjin	55	45894	18394	7085	5059
河　北	Hebei	112	96315	18621	8905	2569
山　西	Shanxi	74	57849	13690	5693	2018
内蒙古	Inner Mongolia	47	37381	7013	2354	1119
辽　宁	Liaoning	112	94834	29995	12099	6675
吉　林	Jilin	57	61429	32038	12399	6007
黑龙江	Heilongjiang	78	76205	23023	9659	4711
上　海	Shanghai	66	74065	37514	11759	12297
江　苏	Jiangsu	151	161062	43258	14974	11342
浙　江	Zhejiang	102	81384	32210	12397	7118
安　徽	Anhui	115	73176	21244	6420	3403
福　建	Fujian	85	61042	13198	4737	2902
江　西	Jiangxi	86	70472	9866	3106	1555
山　东	Shandong	138	142698	29233	9856	6180
河　南	Henan	117	117117	17184	6878	2899
湖　北	Hubei	122	127363	29265	9196	8037
湖　南	Hunan	120	95652	28674	9384	5176
广　东	Guangdong	134	125388	36387	13485	9038
广　西	Guangxi	70	52830	21881	7393	3161
海　南	Hainan	17	12913	2220	917	406
重　庆	Chongqing	59	50119	15706	5474	3732
四　川	Sichuan	93	103433	29234	8176	5272
贵　州	Guizhou	48	31121	7973	3606	934
云　南	Yunnan	64	43195	10804	4578	1727
西　藏	Tibet	6	3460	1103	353	95
陕　西	Shaanxi	90	99010	20262	6687	5133
甘　肃	Gansu	42	33886	6518	2097	1105
青　海	Qinghai	9	6677	1244	450	116
宁　夏	Ningxia	16	9637	2543	854	298
新　疆	Xinjiang	37	27629	6531	2649	715

学校R&D人员(2011年)
Education by Region (2011)

#硕士毕业 Master	#本科毕业 Undergraduate	#全时人员 Full-time Personnel	R&D人员全时当量(人年) Full-time Equivalent of R&D Personnel (man-year)	#研究人员 Researchers	基础研究 Basic Research	应用研究 Applied Research	试验发展 Experimental Development
227873	**207042**	**277368**	**299296**	**249025**	**129320**	**150331**	**19646**
112544	98296	144415	156181	131018	66471	79391	10340
67048	60832	77786	83258	68245	35612	42297	5360
48281	47914	55167	59895	49790	27260	28683	3970
18558	16957	27379	30179	25319	12055	16825	1299
6891	4733	8060	9036	7701	4137	4322	580
7575	7451	6566	7716	6568	3317	4121	277
5601	5094	5326	5966	4805	2756	3047	161
2665	2593	4043	3856	3216	1677	1783	398
12051	9231	15025	15434	13489	6088	8470	882
11874	11575	16625	16406	13260	7951	7212	1244
8527	7953	13227	12936	10589	6427	6105	405
10830	9400	21138	21011	16991	8931	10485	1597
15668	13929	18301	19686	17110	8406	9124	2163
11609	10672	10123	12939	11107	5478	6555	908
8992	7372	9771	10439	8411	5051	4770	624
4854	4630	5329	6019	4842	1612	3973	433
3728	3669	4391	4606	3711	1673	2549	386
10978	9526	16113	16081	13346	7597	7318	1171
7787	5620	4691	6137	4981	2381	3133	627
10005	9016	13629	14650	12491	4612	8795	1245
10534	10533	10126	12117	9997	4762	6686	668
12628	10930	15872	17301	13914	8405	7875	1018
8435	7735	9493	10276	8048	4696	5034	547
902	837	509	779	632	443	323	13
6053	4831	4973	6303	5299	3170	2657	477
10069	10862	12812	13489	11212	5763	6746	980
2990	3510	2932	3193	2939	1727	1399	68
4141	4375	4133	4763	3922	2316	2297	149
428	496	439	521	441	243	277	2
7236	6359	9514	9763	8419	4307	4439	1023
2447	2846	2614	3093	2446	1083	1826	185
367	558	595	656	507	228	404	24
886	1077	1150	1235	922	724	491	21
2564	2672	2469	2748	2420	1325	1330	96

4-3 各地区理工农医类高等

R&D Personnel in Higher Education in Natural

地区	Region	学校数 (个) Number of Institutions (unit)	从业人员 (人) Employed Persons (person)	R&D人员合计 (人) R&D Personnel (person)	#女性 Female	#博士毕业 Doctor
全国	**National Total**	**2409**	**2204819**	**338644**	**95286**	**85643**
东部地区	Eastern Region	1059	1027178	175645	52525	51319
中部地区	Middle Region	769	679263	95244	25591	20919
西部地区	Western Region	581	498378	67755	17170	13405
北京	Beijing	87	131583	33222	11936	13100
天津	Tianjin	55	45894	9830	2998	2777
河北	Hebei	112	96315	8073	2798	1379
山西	Shanxi	74	57849	6528	1991	1057
内蒙古	Inner Mongolia	47	37381	4981	1267	794
辽宁	Liaoning	112	94834	18502	5479	4472
吉林	Jilin	57	61429	20621	6217	4404
黑龙江	Heilongjiang	78	76205	16450	5696	3947
上海	Shanghai	66	74065	25251	6963	7748
江苏	Jiangsu	151	161062	22808	5981	7003
浙江	Zhejiang	102	81384	12380	3100	4629
安徽	Anhui	115	73176	11887	2577	2372
福建	Fujian	85	61042	6499	1848	1270
江西	Jiangxi	86	70472	5448	1303	829
山东	Shandong	138	142698	19490	5214	4326
河南	Henan	117	117117	5771	1459	1149
湖北	Hubei	122	127363	16390	3778	4593
湖南	Hunan	120	95652	12149	2570	2568
广东	Guangdong	134	125388	18979	6042	4492
广西	Guangxi	70	52830	11842	2956	1726
海南	Hainan	17	12913	611	166	123
重庆	Chongqing	59	50119	5731	1602	1306
四川	Sichuan	93	103433	15805	3050	3421
贵州	Guizhou	48	31121	3652	1535	450
云南	Yunnan	64	43195	5072	1704	990
西藏	Tibet	6	3460	549	126	57
陕西	Shaanxi	90	99010	11761	2746	3314
甘肃	Gansu	42	33886	3213	811	735
青海	Qinghai	9	6677	678	183	68
宁夏	Ningxia	16	9637	1423	286	172
新疆	Xinjiang	37	27629	3048	904	372

学校R&D人员(2011年)

Sciences & Technology by Region (2011)

			R&D人员全时当量				
#硕士毕业 Master	#本科毕业 Undergraduate	#全时人员 Full-time Personnel	(人年) Full-time Equivalent of R&D Personnel (man-year)	#研究人员 Researchers	基础研究 Basic Research	应用研究 Applied Research	试验发展 Experimental Development
104523	**107839**	**270833**	**225676**	**188777**	**90289**	**116458**	**18930**
51725	51109	140477	117073	98516	45737	61397	9960
31179	32822	76178	63482	52417	25128	33198	5168
21619	23908	54178	45158	37872	19447	21903	3827
7285	7888	26574	22146	18908	7796	13129	1221
2987	2583	7862	6552	5614	2820	3179	556
2739	3097	6453	5383	4579	2080	3047	254
2314	2233	5221	4351	3590	1900	2304	145
1658	1913	3984	3321	2732	1394	1537	393
6954	5674	14794	12328	10825	4441	7041	852
6963	7300	16493	13744	11150	6540	5987	1218
5462	5469	13153	10962	8880	5380	5197	386
6591	6716	20201	16832	13419	6716	8562	1556
7268	6532	18241	15203	13617	6029	7061	2119
3728	3560	9903	8253	7099	2994	4399	862
4345	3981	9502	7919	6359	3715	3610	599
2172	2459	5195	4332	3420	718	3197	417
1798	2088	4358	3631	2868	1156	2100	377
6374	6538	15588	12987	10692	5957	5894	1141
1931	2024	4615	3848	3120	1167	2080	605
4532	5260	13115	10927	9455	2638	7082	1209
3834	4467	9721	8100	6995	2632	4838	629
5417	5836	15178	12651	10010	5940	5736	973
3939	3964	9471	7894	6197	3433	3938	524
210	226	488	406	333	246	152	9
1783	1981	4581	3820	3188	1854	1515	453
4772	5069	12640	10535	8940	4197	5387	951
1113	1682	2920	2434	2251	1325	1050	61
1691	2093	4053	3379	2799	1582	1660	136
155	286	437	365	303	160	205	
3560	3451	9402	7835	6830	3285	3552	1004
1270	1185	2570	2144	1791	580	1390	176
156	284	543	452	363	120	310	22
406	648	1138	948	677	572	359	18
1116	1352	2439	2031	1801	945	1000	89

4-4 各地区人文社科类高等

R&D Personnel in Higher Education in Social

地区	Region	学校数 (个) Number of Institutions (unit)	从业人员 (人) Employed Persons (person)	R&D人员合计 (人) R&D Personnel (person)	#女性 Female	#博士毕业 Doctor
全国	**National Total**	**2367**	**457664**	**293128**	**134911**	**58576**
东部地区	Eastern Region	1050	209238	150331	70266	35687
中部地区	Middle Region	753	140700	79740	37144	12887
西部地区	Western Region	564	107726	63057	27501	10002
北京	Beijing	89	30947	31724	14641	10320
天津	Tianjin	55	9301	8564	4087	2282
河北	Hebei	110	15209	10548	6107	1190
山西	Shanxi	73	8917	7162	3702	961
内蒙古	Inner Mongolia	44	6879	2032	1087	325
辽宁	Liaoning	112	20205	11493	6620	2203
吉林	Jilin	56	14903	11417	6182	1603
黑龙江	Heilongjiang	79	15294	6573	3963	764
上海	Shanghai	67	17896	12263	4796	4549
江苏	Jiangsu	151	24974	20450	8993	4339
浙江	Zhejiang	101	21654	19830	9297	2489
安徽	Anhui	111	20913	9357	3843	1031
福建	Fujian	84	12608	6699	2889	1632
江西	Jiangxi	85	11877	4418	1803	726
山东	Shandong	133	27231	9743	4642	1854
河南	Henan	112	23675	11413	5419	1750
湖北	Hubei	120	22626	12875	5418	3444
湖南	Hunan	117	22495	16525	6814	2608
广东	Guangdong	131	24655	17408	7443	4546
广西	Guangxi	70	10481	10039	4437	1435
海南	Hainan	17	4558	1609	751	283
重庆	Chongqing	53	13423	9975	3872	2426
四川	Sichuan	92	18926	13429	5126	1851
贵州	Guizhou	47	9115	4321	2071	484
云南	Yunnan	61	12253	5732	2874	737
西藏	Tibet	6	1026	554	227	38
陕西	Shaanxi	90	16381	8501	3941	1819
甘肃	Gansu	40	7389	3305	1286	370
青海	Qinghai	9	1715	566	267	48
宁夏	Ningxia	15	2291	1120	568	126
新疆	Xinjiang	37	7847	3483	1745	343

学校R&D人员(2011年)
Sciences & Humanities by Region (2011)

#硕士毕业 Master	#本科毕业 Undergraduate	#全时人员 Full-time Personnel	R&D人员全时当量(人年) Full-time Equivalent of R&D Personnel (man-year)	#研究人员 Researchers	基础研究 Basic Research	应用研究 Applied Research	试验发展 Experimental Development
123350	**99203**	**6535**	**73620**	**60248**	**39031**	**33873**	**716**
60819	47187	3938	39108	32502	20734	17994	380
35869	28010	1608	19776	15828	10484	9099	192
26662	24006	989	14737	11918	7813	6780	143
11273	9069	805	8033	6411	4259	3696	78
3904	2150	198	2484	2087	1317	1143	24
4836	4354	113	2333	1989	1237	1074	23
3287	2861	105	1615	1215	856	743	16
1007	680	59	535	484	283	246	5
5097	3557	231	3106	2664	1647	1429	30
4911	4275	132	2662	2110	1411	1225	26
3065	2484	74	1974	1709	1047	908	19
4239	2684	937	4179	3572	2215	1923	41
8400	7397	60	4483	3493	2377	2063	44
7881	7112	220	4686	4008	2484	2156	46
4647	3391	269	2520	2052	1336	1160	25
2682	2171	134	1687	1422	894	776	16
1930	1581	33	975	843	517	449	9
4604	2988	525	3094	2654	1640	1424	30
5856	3596	76	2289	1861	1214	1053	22
5473	3756	514	3723	3036	1974	1713	36
6700	6066	405	4017	3002	2130	1848	39
7211	5094	694	4650	3904	2465	2139	45
4496	3771	22	2382	1851	1263	1096	23
692	611	21	373	299	197	171	4
4270	2850	392	2483	2111	1316	1142	24
5297	5793	172	2954	2272	1566	1359	29
1877	1828	12	759	688	402	349	7
2450	2282	80	1384	1123	734	637	13
273	210	2	156	138	83	72	2
3676	2908	112	1928	1589	1022	887	19
1177	1661	44	949	655	503	436	9
211	274	52	204	144	108	94	2
480	429	12	287	245	152	132	3
1448	1320	30	717	619	380	330	7

4-5 各地区高等学校R&D

Intramural Expenditures on R&D in

单位：万元

地　区	Region	R&D经费内部支出 Intramural Expenditures on R&D	基础研究 Basic Research	应用研究 Applied Research	试验发展 Experimental Development
全　国	**National Total**	**6888511**	**2266739**	**3724205**	**897566**
东部地区	Eastern Region	4242687	1402476	2340932	499296
中部地区	Middle Region	1486666	512194	759481	215005
西部地区	Western Region	1159187	352094	623813	183281
北　京	Beijing	1233547	367161	774705	91683
天　津	Tianjin	317710	119735	164308	33669
河　北	Hebei	84408	37039	42159	5204
山　西	Shanxi	71761	24140	42824	4799
内蒙古	Inner Mongolia	31033	9755	16335	4940
辽　宁	Liaoning	326010	78630	205422	41959
吉　林	Jilin	166600	68387	77385	20830
黑龙江	Heilongjiang	270348	102007	151752	16589
上　海	Shanghai	548264	188390	290005	69873
江　苏	Jiangsu	611320	198897	286242	126180
浙　江	Zhejiang	408071	125209	240156	42710
安　徽	Anhui	187315	95367	63304	28645
福　建	Fujian	75497	16987	51165	7347
江　西	Jiangxi	79950	24145	38310	17492
山　东	Shandong	238143	93223	102725	42200
河　南	Henan	112055	41714	50882	19462
湖　北	Hubei	376616	90534	206515	79572
湖　南	Hunan	222021	65899	128509	27616
广　东	Guangdong	390051	171704	180269	38079
广　西	Guangxi	67329	28398	34670	4262
海　南	Hainan	9667	5500	3777	391
重　庆	Chongqing	116172	47294	49910	18971
四　川	Sichuan	447640	98155	278653	70832
贵　州	Guizhou	39081	15243	23508	329
云　南	Yunnan	53668	22268	28988	2412
西　藏	Tibet	3533	1099	2427	8
陕　西	Shaanxi	291002	88332	133954	68712
甘　肃	Gansu	68606	22396	37015	9193
青　海	Qinghai	8082	3155	3523	1405
宁　夏	Ningxia	11682	6379	4788	517
新　疆	Xinjiang	21358	9620	10043	1698

经费内部支出(2011年)

Higher Education by Region (2011)

(10 000 yuan)

日常性支出 Routine Expenses	#人员劳务费 Labor Cost	资产性支出 Assets Expenditure	#仪器和设备支出 Equipment	政府资金 Government Funds	企业资金 Self-raised Funds by Enterprises	国外资金 Foreign Funds	其他资金 Other Funds
5595770	**1074546**	**1292768**	**1082775**	**4051450**	**2429078**	**59511**	**348471**
3447946	639132	794750	692761	2540336	1466005	48096	188277
1205598	211840	281107	226879	910332	476418	6703	93241
942246	223614	216934	163162	600817	486679	4715	66981
1036572	153457	196976	172761	818123	354634	30244	30548
256608	52028	61102	35697	177676	122167	1955	15913
65326	13486	19082	14065	43311	32784	47	8265
55165	13784	16600	11832	42555	23196	134	5881
24750	4172	6284	4036	23942	5026	329	1737
278527	34050	47485	43850	142031	163908	1738	18332
150763	23851	15836	14274	113315	47858	1186	4243
222753	33607	47596	42893	159868	106034	33	4415
456760	111064	91509	80594	342596	182673	5347	17651
442796	90053	168521	150387	306976	276532	1932	25886
339339	78827	68729	67313	236248	148357	3658	19807
135655	34067	51665	30360	121981	39942	378	25020
55540	9988	19959	17812	51598	15102	213	8591
53109	13901	26839	22366	44922	27814	145	7070
200679	39982	37465	35632	146229	78285	812	12824
82699	10741	29384	26985	66523	28508	115	16911
324801	45121	51815	41278	226967	134684	3208	11762
180652	36768	41370	36890	134200	68383	1504	17939
307505	54980	82546	73274	267268	91065	2151	29570
55351	12810	11976	10719	39922	18777	20	8611
8294	1217	1375	1375	8278	499		890
91313	26232	24859	19522	61121	41867	498	12692
360063	110054	87578	68146	169290	259036	2383	16925
32424	6839	6657	4338	25856	10826	14	2387
49517	6629	4149	3558	32919	15989	200	4564
3082	524	451	451	3384			150
235847	37596	55150	36094	174894	100960	1002	14145
57027	8191	11578	9174	34089	31551	15	2951
6028	1715	2055	1828	7311	324	239	207
7691	2482	3992	3192	8760	956	14	1951
19154	6371	2206	2104	19329	1367		664

4-6 各地区理工农医类高等学校R&D
Intramural Expenditures on R&D in Higher Education

单位：万元

地　区	Region	R&D经费内部支出 Intramural Expenditures on R&D	基础研究 Basic Research	应用研究 Applied Research	试验发展 Experimental Development
全　国	**National Total**	**6085998**	**1960429**	**3240961**	**884608**
东部地区	Eastern Region	3735129	1223945	2018822	492379
中部地区	Middle Region	1331122	442080	678019	211038
西部地区	Western Region	1019776	294429	544141	181207
北　京	Beijing	1089892	319991	680394	89510
天　津	Tianjin	297118	111450	152332	33338
河　北	Hebei	74267	31313	38167	4781
山　西	Shanxi	61866	20364	36854	4650
内蒙古	Inner Mongolia	28101	8051	15389	4659
辽　宁	Liaoning	308188	72060	194333	41797
吉　林	Jilin	147734	60396	66720	20620
黑龙江	Heilongjiang	262262	95598	150075	16589
上　海	Shanghai	475230	157084	248961	69189
江　苏	Jiangsu	565367	181088	258306	125973
浙　江	Zhejiang	325186	102961	180056	42173
安　徽	Anhui	169671	87856	53803	28013
福　建	Fujian	59140	11136	40756	7250
江　西	Jiangxi	70949	19888	34302	16757
山　东	Shandong	216085	83324	91824	40942
河　南	Henan	99171	34360	45586	19229
湖　北	Hubei	326878	75415	173428	78040
湖　南	Hunan	192591	48203	117251	27140
广　东	Guangdong	316203	148749	130316	37139
广　西	Guangxi	52754	21844	26697	4214
海　南	Hainan	8453	4789	3377	287
重　庆	Chongqing	91003	40776	31874	18356
四　川	Sichuan	405847	80465	254750	70632
贵　州	Guizhou	32671	12208	20203	260
云　南	Yunnan	43953	17350	24402	2201
西　藏	Tibet	2913	638	2276	
陕　西	Shaanxi	266659	76346	121961	68348
甘　肃	Gansu	60189	20144	30853	9190
青　海	Qinghai	7168	2719	3047	1402
宁　夏	Ningxia	10377	5763	4257	358
新　疆	Xinjiang	18141	8125	8432	1587

经费内部支出(2011年)

in Natural Sciences & Technology by Region (2011)

(10 000 yuan)

#日常性支出 Routine Expenses	#人员劳务费 Labor Cost	资产性支出 Assets Expenditure	#仪器和设备支出 Equipment	政府资金 Government Funds	企业资金 Self-raised Funds by Enterprises	国外资金 Foreign Funds	其他资金 Other Funds
4860374	**898796**	**1225625**	**1018540**	**3659614**	**2108638**	**41739**	**276006**
2977680	540275	757458	656643	2303950	1246685	33410	151110
1068786	168071	262349	209619	822641	429144	4849	74516
813927	190490	205842	152305	533057	432834	3483	50408
898621	132480	191273	167095	748614	298198	20717	22365
237232	47305	59886	34481	168074	112528	1391	15126
55722	9183	18545	13565	37067	29724	47	7427
47307	11000	14563	10081	36470	20643		4758
21983	3132	6119	3871	21925	4654	126	1397
261442	27673	46748	43250	132075	157993	1529	16591
134987	19244	12747	11563	103752	41785	967	1232
214865	29879	47398	42695	153569	104946	32	3717
389072	99724	86163	75248	307731	150345	4738	12419
402698	82446	162666	144532	284568	258922	1695	20188
265674	57303	59509	58503	208514	98211	1758	16702
120350	27146	49326	28057	111220	37247	71	21139
39557	7348	19585	17438	44221	8741	1	6184
45206	12292	25742	21555	40374	24542	145	5889
181743	32248	34344	32712	133286	71882	743	10181
71236	6004	27937	25549	58685	25728	49	14711
280808	36271	46070	36013	203820	112594	2249	8220
154027	26235	38566	34106	114751	61659	1336	14850
238807	44088	77396	68476	232407	59718	791	23290
42090	9019	10662	9406	33542	13719	2	5491
7112	477	1343	1343	7393	423		637
67607	19777	23395	18107	49393	31419	340	9856
323500	99850	82349	62917	153191	237538	1994	13119
26471	5330	6200	4067	22161	8488		2024
39874	4276	4077	3486	26222	14905	28	2802
2482	241	431	431	2908			6
213578	34182	53076	34020	162436	92500	754	10968
48764	6797	11424	9020	30137	27572		2480
5148	1301	2020	1793	6450	305	239	173
6412	1898	3965	3165	8043	571		1762
16018	4687	2124	2022	16649	1163		330

4-7 各地区人文社科类高等学校R&D

Intramural Expenditures on R&D in Higher Education

单位：万元

地区	Region	R&D经费内部支出 Intramural Expenditures on R&D	基础研究 Basic Research	应用研究 Applied Research	试验发展 Experimental Development	日常性支出 Routine Expenses
全　国	**National Total**	**802513**	**306310**	**483244**	**12958**	**735396**
东部地区	Eastern Region	507558	178531	322110	6917	470266
中部地区	Middle Region	155544	70114	81462	3967	136812
西部地区	Western Region	139411	57665	79672	2074	128319
北　京	Beijing	143655	47170	94311	2173	137951
天　津	Tianjin	20592	8285	11976	331	19376
河　北	Hebei	10141	5726	3992	423	9604
山　西	Shanxi	9895	3776	5970	149	7858
内蒙古	Inner Mongolia	2932	1704	946	281	2767
辽　宁	Liaoning	17822	6570	11089	162	17085
吉　林	Jilin	18866	7991	10665	210	15776
黑龙江	Heilongjiang	8086	6409	1677		7888
上　海	Shanghai	73034	31306	41044	684	67688
江　苏	Jiangsu	45953	17809	27936	207	40098
浙　江	Zhejiang	82885	22248	60100	537	73665
安　徽	Anhui	17644	7511	9501	632	15305
福　建	Fujian	16357	5851	10409	97	15983
江　西	Jiangxi	9001	4257	4008	735	7903
山　东	Shandong	22058	9899	10901	1258	18936
河　南	Henan	12884	7354	5296	233	11463
湖　北	Hubei	49738	15119	33087	1532	43993
湖　南	Hunan	29430	17696	11258	476	26625
广　东	Guangdong	73848	22955	49953	940	68698
广　西	Guangxi	14575	6554	7973	48	13261
海　南	Hainan	1214	711	400	104	1182
重　庆	Chongqing	25169	6518	18036	615	23706
四　川	Sichuan	41793	17690	23903	200	36563
贵　州	Guizhou	6410	3035	3305	69	5953
云　南	Yunnan	9715	4918	4586	211	9643
西　藏	Tibet	620	461	151	8	600
陕　西	Shaanxi	24343	11986	11993	364	22269
甘　肃	Gansu	8417	2252	6162	3	8263
青　海	Qinghai	914	436	476	3	880
宁　夏	Ningxia	1305	616	531	159	1279
新　疆	Xinjiang	3217	1495	1611	111	3136

经费内部支出(2011年)

in Social Sciences & Humanities by Region (2011)

(10 000 yuan)

#人员劳务费 Labor Cost	资产性支出 Assets Expenditure	#仪器和设备支出 Equipment	政府资金 Government Funds	企业资金 Self-raised Funds by Enterprises	国外资金 Foreign Funds	其他资金 Other Funds
175750	**67143**	**64235**	**391836**	**320440**	**17772**	**72465**
98857	37292	36118	236386	219320	14686	37167
43769	18758	17260	87691	47274	1854	18725
33124	11092	10857	67760	53845	1232	16573
20977	5703	5666	69509	56436	9527	8183
4723	1216	1216	9602	9639	564	787
4303	537	500	6244	3060		838
2784	2037	1751	6085	2553	134	1123
1040	165	165	2017	372	203	340
6377	737	600	9956	5915	209	1741
4607	3089	2711	9563	6073	219	3011
3728	198	198	6299	1088	1	698
11340	5346	5346	34865	32328	609	5232
7607	5855	5855	22408	17610	237	5698
21524	9220	8810	27734	50146	1900	3105
6921	2339	2303	10761	2695	307	3881
2640	374	374	7377	6361	212	2407
1609	1097	811	4548	3272		1181
7734	3121	2920	12943	6403	69	2643
4737	1447	1436	7838	2780	66	2200
8850	5745	5265	23147	22090	959	3542
10533	2804	2784	19449	6724	168	3089
10892	5150	4798	34861	31347	1360	6280
3791	1314	1313	6380	5058	18	3120
740	32	32	885	76		253
6455	1464	1415	11728	10448	158	2836
10204	5229	5229	16099	21498	389	3806
1509	457	271	3695	2338	14	363
2353	72	72	6697	1084	172	1762
283	20	20	476			144
3414	2074	2074	12458	8460	248	3177
1394	154	154	3952	3979	15	471
414	35	35	861	19		34
584	27	27	717	385	14	189
1684	82	82	2680	204		334

4-8 各地区高等学校R&D经费外部支出(2011年)

External Expenditure on R&D in Higher Education by Region (2011)

单位：万元 (10 000 yuan)

地　区	Region	R&D经费外部支出 Total	对境内研究机构支出 to Domestic Research institutions	对境内高等学校支出 to Domestic Higher Education	对境内企业支出 to Domestic Enterprises	对境外机构支出 to Foreign Institutions
全　国	**National Total**	**518471**	**173040**	**146325**	**172821**	**24324**
东部地区	Eastern Region	362349	122495	96698	124484	17215
中部地区	Middle Region	78322	20195	24530	30100	3139
西部地区	Western Region	77812	30362	25106	18249	3972
北　京	Beijing	179742	59640	44362	75424	247
天　津	Tianjin	5799	2289	974	2484	36
河　北	Hebei	3693	1208	1434	1004	48
山　西	Shanxi	1390	425	270	695	
内蒙古	Inner Mongolia	3227	1688	1256	281	
辽　宁	Liaoning	5996	908	1800	3192	0
吉　林	Jilin	5856	1917	1802	1928	160
黑龙江	Heilongjiang	16659	2146	2713	11702	98
上　海	Shanghai	30338	10537	5124	5859	8390
江　苏	Jiangsu	60194	23069	17578	19082	238
浙　江	Zhejiang	28932	10234	10791	6082	1436
安　徽	Anhui	7405	2874	1925	1892	622
福　建	Fujian	7456	2588	1892	2690	282
江　西	Jiangxi	4876	699	2103	828	1250
山　东	Shandong	18653	4282	5113	3104	6151
河　南	Henan	1633	874	357	381	14
湖　北	Hubei	21808	3035	9178	9198	212
湖　南	Hunan	18695	8225	6182	3477	783
广　东	Guangdong	21422	7712	7562	5535	387
广　西	Guangxi	687	135	267	283	
海　南	Hainan	124	26	69	29	
重　庆	Chongqing	4890	1355	1213	423	1897
四　川	Sichuan	30530	7929	15765	5841	992
贵　州	Guizhou	1896	612	419	682	177
云　南	Yunnan	2459	1701	550	207	2
西　藏	Tibet	580	178	402		
陕　西	Shaanxi	26808	15934	3263	6945	561
甘　肃	Gansu	4712	529	828	3213	143
青　海	Qinghai	256	23	14	19	200
宁　夏	Ningxia	188	46	49	94	
新　疆	Xinjiang	1577	233	1079	260	

4-9 各地区理工农医类高等学校R&D经费外部支出(2011年)

External Expenditure on R&D in Higher Education in Natural Sciences & Technology by Region (2011)

单位：万元 (10 000 yuan)

地　区	Region	R&D经费外部支出 Total	对境内研究机构支出 to Domestic Research institutions	对境内高等学校支出 to Domestic Higher Education	对境内企业支出 to Domestic Enterprises	对境外机构支出 to Foreign Institutions
全　国	**National Total**	**508581**	**170867**	**143802**	**169664**	**24248**
东部地区	Eastern Region	356598	121010	95441	123019	17142
中部地区	Middle Region	75411	19545	23479	29258	3137
西部地区	Western Region	76584	30324	24891	17399	3971
北　京	Beijing	178049	59007	43918	74889	235
天　津	Tianjin	5681	2267	966	2414	34
河　北	Hebei	3693	1208	1434	1004	48
山　西	Shanxi	1380	425	260	695	
内蒙古	Inner Mongolia	3222	1687	1255	281	
辽　宁	Liaoning	5744	838	1753	3151	
吉　林	Jilin	5583	1847	1706	1871	160
黑龙江	Heilongjiang	16653	2146	2707	11702	98
上　海	Shanghai	29591	10481	4953	5768	8390
江　苏	Jiangsu	59751	23008	17490	19017	235
浙　江	Zhejiang	27942	9910	10594	6019	1424
安　徽	Anhui	7023	2737	1801	1866	620
福　建	Fujian	7361	2588	1862	2632	282
江　西	Jiangxi	4665	664	2002	753	1250
山　东	Shandong	18201	4070	4894	3092	6151
河　南	Henan	1574	863	335	363	14
湖　北	Hubei	21029	2891	8821	9105	212
湖　南	Hunan	17504	7972	5847	2903	783
广　东	Guangdong	20463	7608	7509	5004	343
广　西	Guangxi	564	130	149	283	
海　南	Hainan	122	25	68	29	
重　庆	Chongqing	4890	1355	1213	423	1897
四　川	Sichuan	30484	7916	15754	5825	991
贵　州	Guizhou	1870	612	399	682	177
云　南	Yunnan	2454	1700	547	207	2
西　藏	Tibet	580	178	402		
陕　西	Shaanxi	25868	15932	3263	6112	561
甘　肃	Gansu	4712	529	828	3213	143
青　海	Qinghai	256	23	14	19	200
宁　夏	Ningxia	188	46	49	94	
新　疆	Xinjiang	1496	216	1018	260	

4-10 各地区人文社科类高等学校R&D经费外部支出(2011年)

External Expenditure on R&D in Higher Education in Social Sciences & Humanities by Region (2011)

单位：万元 (10 000 yuan)

地区	Region	R&D经费外部支出 Total	对境内研究机构支出 to Domestic Research institutions	对境内高等学校支出 to Domestic Higher Education	对境内企业支出 to Domestic Enterprises	对境外机构支出 to Foreign Institutions
全　国	**National Total**	**9890**	**2173**	**2523**	**3157**	**76**
东部地区	Eastern Region	5751	1485	1257	1465	73
中部地区	Middle Region	2911	650	1051	842	2
西部地区	Western Region	1228	38	215	850	1
北　京	Beijing	1693	633	444	535	12
天　津	Tianjin	118	22	8	70	2
河　北	Hebei					
山　西	Shanxi	10		10		
内蒙古	Inner Mongolia	5	1	1		
辽　宁	Liaoning	252	70	47	41	
吉　林	Jilin	273	70	96	57	
黑龙江	Heilongjiang	6		6		
上　海	Shanghai	747	56	171	91	
江　苏	Jiangsu	443	61	88	65	3
浙　江	Zhejiang	990	324	197	63	12
安　徽	Anhui	382	137	124	26	2
福　建	Fujian	95		30	58	
江　西	Jiangxi	211	35	101	75	
山　东	Shandong	452	212	219	12	
河　南	Henan	59	11	22	18	
湖　北	Hubei	779	144	357	93	
湖　南	Hunan	1191	253	335	574	
广　东	Guangdong	959	104	53	531	44
广　西	Guangxi	123	5	118		
海　南	Hainan	2	1	1		
重　庆	Chongqing	0				
四　川	Sichuan	46	13	11	16	1
贵　州	Guizhou	26		20		
云　南	Yunnan	5	1	3		
西　藏	Tibet					
陕　西	Shaanxi	940	2		833	
甘　肃	Gansu					
青　海	Qinghai					
宁　夏	Ningxia					
新　疆	Xinjiang	81	17	61		

4-11 各地区高等学校R&D课题(2011年)
R&D Projects of Higher Education by Region (2011)

地　区	Region	R&D课题数 (项) R&D Projects (item)	投入人员 (人年) Input of Personnel (man-year)	投入经费 (万元) Input of Funds (10 000 yuan)
全　国	**National Total**	**604107**	**299013**	**5353388**
东部地区	Eastern Region	325062	156065	3171088
中部地区	Middle Region	154439	83088	1209238
西部地区	Western Region	124606	59860	973090
北　京	Beijing	68025	30158	984526
天　津	Tianjin	15720	9023	229220
河　北	Hebei	14922	7711	59339
山　西	Shanxi	7970	5958	52429
内蒙古	Inner Mongolia	5835	3855	26445
辽　宁	Liaoning	21930	15429	257399
吉　林	Jilin	15175	16401	144804
黑龙江	Heilongjiang	14618	12933	220258
上　海	Shanghai	39629	20995	380836
江　苏	Jiangsu	39700	19677	463197
浙　江	Zhejiang	40501	12927	292045
安　徽	Anhui	22389	10432	131727
福　建	Fujian	15806	6012	64378
江　西	Jiangxi	13523	4592	71180
山　东	Shandong	27273	16073	172484
河　南	Henan	18115	6132	100359
湖　北	Hubei	34657	14637	328914
湖　南	Hunan	27992	12004	159566
广　东	Guangdong	39157	17283	261430
广　西	Guangxi	14279	10274	43088
海　南	Hainan	2399	778	6234
重　庆	Chongqing	13111	6291	88481
四　川	Sichuan	31204	13484	399938
贵　州	Guizhou	8276	3190	32525
云　南	Yunnan	10223	4760	45853
西　藏	Tibet	441	479	2586
陕　西	Shaanxi	25654	9803	249729
甘　肃	Gansu	8016	3090	56192
青　海	Qinghai	717	655	2384
宁　夏	Ningxia	2774	1234	8492
新　疆	Xinjiang	4076	2746	17377

4-12 各地区理工农医类高等学校R&D课题(2011年)

R&D Projects of Higher Education in Natural Sciences & Technology by Region (2011)

地 区	Region	R&D课题数 (项) R&D Projects (item)	投入人员 (人年) Input of Personnel (man-year)	投入经费 (万元) Input of Funds (10 000 yuan)
全 国	**National Total**	**343202**	**225676**	**4888597**
东部地区	Eastern Region	183660	117061	2868346
中部地区	Middle Region	85253	63468	1125211
西部地区	Western Region	74289	45146	895067
北 京	Beijing	41063	22145	891033
天 津	Tianjin	8822	6553	217043
河 北	Hebei	7000	5380	55153
山 西	Shanxi	4621	4350	47898
内蒙古	Inner Mongolia	3810	3321	24808
辽 宁	Liaoning	13052	12328	247015
吉 林	Jilin	8545	13744	135028
黑龙江	Heilongjiang	10384	10961	216023
上 海	Shanghai	23053	16832	343292
江 苏	Jiangsu	24180	15201	431450
浙 江	Zhejiang	18799	8252	253088
安 徽	Anhui	13454	7918	125352
福 建	Fujian	8431	4330	55384
江 西	Jiangxi	6434	3630	65600
山 东	Shandong	15861	12988	159598
河 南	Henan	7205	3845	94950
湖 北	Hubei	20747	10924	292803
湖 南	Hunan	13863	8097	147557
广 东	Guangdong	22189	12648	209475
广 西	Guangxi	8016	7892	36773
海 南	Hainan	1210	406	5815
重 庆	Chongqing	6386	3818	72711
四 川	Sichuan	19314	10532	374277
贵 州	Guizhou	4739	2432	30935
云 南	Yunnan	5774	3378	40398
西 藏	Tibet	120	323	2410
陕 西	Shaanxi	17040	7878	235679
甘 肃	Gansu	4791	2142	51480
青 海	Qinghai	417	452	1995
宁 夏	Ningxia	1871	948	7771
新 疆	Xinjiang	2011	2031	15830

4-13 各地区人文社科类高等学校R&D课题(2011年)

R&D Projects of Higher Education in Social Sciences & Humanities by Region (2011)

地 区	Region	R&D课题数 (项) R&D Projects (item)	投入人员 (人年) Input of Personnel (man-year)	投入经费 (万元) Input of Funds (10 000 yuan)
全 国	**National Total**	**260905**	**73337**	**464791**
东部地区	Eastern Region	141402	39004	302742
中部地区	Middle Region	69186	19619	84027
西部地区	Western Region	50317	14714	78023
北 京	Beijing	26962	8013	93493
天 津	Tianjin	6898	2470	12177
河 北	Hebei	7922	2331	4186
山 西	Shanxi	3349	1608	4531
内蒙古	Inner Mongolia	2025	534	1637
辽 宁	Liaoning	8878	3102	10384
吉 林	Jilin	6630	2657	9776
黑龙江	Heilongjiang	4234	1972	4235
上 海	Shanghai	16576	4163	37544
江 苏	Jiangsu	15520	4476	31747
浙 江	Zhejiang	21702	4675	38957
安 徽	Anhui	8935	2514	6375
福 建	Fujian	7375	1681	8994
江 西	Jiangxi	7089	962	5580
山 东	Shandong	11412	3085	12886
河 南	Henan	10910	2286	5409
湖 北	Hubei	13910	3713	36111
湖 南	Hunan	14129	3908	12009
广 东	Guangdong	16968	4635	51955
广 西	Guangxi	6263	2381	6315
海 南	Hainan	1189	372	419
重 庆	Chongqing	6725	2473	15770
四 川	Sichuan	11890	2952	25661
贵 州	Guizhou	3537	758	1590
云 南	Yunnan	4449	1382	5455
西 藏	Tibet	321	156	176
陕 西	Shaanxi	8614	1925	14050
甘 肃	Gansu	3225	948	4712
青 海	Qinghai	300	204	389
宁 夏	Ningxia	903	286	721
新 疆	Xinjiang	2065	715	1547

4-14 按学科分高等学校R&D课题(2011年)
R&D Projects Taken by R&D Institutions by Discipline (2011)

学 科	Discipline	R&D课题数(项) R&D Projects (item)	投入人员(人年) Input of Personnel (man-year)	投入经费(万元) Input of Funds (10 000 yuan)
全 国	**National Total**	**604107**	**299013**	**5353388**
数 学	Mathematics	8891	5093	62398
信息科学与系统科学	Information & System Science	5805	3648	115473
力 学	Mechanics	2079	1161	29243
物理学	Physics	10202	6124	134362
化 学	Chemistry	15749	9668	197308
天文学	Astronomy	308	148	2899
地球科学	Earth Science	11476	5272	201898
生物学	Biology	17404	10683	226323
心理学	Psychology	247	101	2638
农 学	Agriculture	13456	7764	193169
林 学	Forestry	3404	2416	41708
畜牧、兽医科学	Livestock, Veterinary Medicine	4975	3087	75330
水产学	Aquatic	1958	935	16716
基础医学	Basic Medicine	13818	12813	98894
临床医学	Clinic Medicine	36708	39183	226330
预防医学与卫生学	Protective Medicine	2735	2105	21544
军事医学与特种医学	Military Medicine & Special Medicine	101	91	1138
药 学	Pharmacy	4799	3547	56611
中医学与中药学	Traditional Chinese Medicine	14061	11705	66706
工程与技术科学基础学科	Engineering & Basic Technology Science	3387	1959	74949
信息与系统科学相关工程与技术	Information and System Science-related Engineering and Technology	2096	1302	32380
自然科学相关工程与技术	Science and Technology-related Engineering and Technology	1435	784	25205
测绘科学技术	Surveying & Mapping	1457	767	27104
材料科学	Material Science	17298	10227	318738
矿山工程技术	Mining	7806	3667	164294
冶金工程技术	Metallurgy	1578	951	30001
机械工程	Mechanical Engineering	18021	12050	327534
动力与电气工程	Power & Electrical Engineering	8849	5242	182671
能源科学技术	Energy Technology	4274	2406	96700
核科学技术	Nuclear Technology	741	433	18524
电子、通信与自动控制技术	Electronics, Communication & Automation	22054	13000	443909
计算机科学技术	Computer Technology	18750	10715	281226
化学工程	Chemical Engineering	9649	5570	154992
产品应用相关工程与技术	Products Application-related Engineering and Technology	484	302	16410
纺织科学技术	Textile Technology	1625	1036	21587
食品科学技术	Food Technology	4225	2309	45459
土木建筑工程	Civil Construction	12882	6941	203405
水利工程	Water Conservancy	3987	1864	78858
交通运输工程	Transportaiton Engineering	7239	4533	164749
航空、航天科学技术	Aviation and Aerospace	4011	1720	125268
环境科学技术	Environment	12697	6325	174349
安全科学技术	Security	950	547	14465
管理学	Management	58270	17694	191298
马克思主义	Marxism	7652	2345	6911
哲 学	Phylosophy	4832	1403	8224
宗教学	Religion	804	232	1665
语言学	Linguistics	17030	5351	14488
文 学	Literature	14495	4131	14352
艺术学	Arts	18783	5430	48477
历史学	Histry	7771	2155	13140
考古学	Archaeology	861	244	6524
经济学	Economics	42252	12082	102400
政治学	Politics	7052	1919	10627
法 学	Law	17529	4504	25043
军事学	Military	7	2	32
社会学	Sociology	15105	4073	27652
民族学	Ethnography	2598	833	4552
新闻学与传播学	Journalism	5920	1549	12059
图书馆、情报与文献学	Library and Information Literature	4948	1583	9127
教育学	Education	31748	9312	38355
体育科学	Physical Science	10795	3349	10760
统计学	Statistics	1811	508	3928
其 他	Others	173	123	10308

4-15　按来源和合作形式分高等学校R&D课题(2011年)

R&D Projects of Higher Education by Sources and Cooperation Modality (2011)

项　目	Item	R&D课题数 (项) R&D Projects (item)	投入人员 (人年) Input of Personnel (man-year)	投入经费 (万元) Input of Funds (10 000 yuan)
总　计	**Total**	**604107**	**299013**	**5353388**
按课题来源分组	**By Sources of Topics**			
国家科技项目	National S&T Projects	170666	112602	199115
地方科技项目	Local S&T Projects	186389	89477	139494
企业委托科技项目	S&T Projects Entrusted by Enterprise	139478	59325	247748
自选科技项目	S&T Projects Chosen by Enterprise	94841	32398	41739
来自国外的科技项目	Oversease S&T Projects	3561	1652	13486
其它科技项目	Others	9172	3559	11986
按合作形式分组	**By Cooperation Modality**			
与境外机构合作	Cooperation with Oversease Institutes	4527	3212	3783
与国内高校合作	Cooperation with Higher Education	17897	10461	20401
与国内独立研究机构合作	Cooperation with Independent Research Institutes	13931	8780	11274
与境内注册的外商独资企业合作	Cooperation with Sole Foreign Enterprise	429	179	329
与境内注册的其他企业合作	Cooperation with Other Enterprise	30466	15840	21730
独立完成	Independent Implementation	525013	256213	577237
其　他	Others	11844	4328	18813

4-16 各地区高等学校
S&T Output of Higher

地区	Region	发表科技论文(篇) Scientific Papers Issued (piece)	#国外发表 Published in Foreign Periodicals	出版科技著作(种) Publication on S&T (kind)
全国	**National Total**	**1109965**	**218301**	**37472**
东部地区	Eastern Region	560789	127064	20851
中部地区	Middle Region	305007	54536	10120
西部地区	Western Region	244169	36701	6501
北京	Beijing	108838	25161	5621
天津	Tianjin	23440	6346	868
河北	Hebei	31142	3905	718
山西	Shanxi	14856	1598	536
内蒙古	Inner Mongolia	12510	1088	421
辽宁	Liaoning	50117	9667	2792
吉林	Jilin	27919	4155	903
黑龙江	Heilongjiang	37569	12673	1463
上海	Shanghai	71669	21168	2822
江苏	Jiangsu	96551	23283	2066
浙江	Zhejiang	45876	12088	1533
安徽	Anhui	34321	4817	1184
福建	Fujian	19874	4811	623
江西	Jiangxi	23936	2946	572
山东	Shandong	46954	10291	1488
河南	Henan	47313	5592	1681
湖北	Hubei	71051	17403	2155
湖南	Hunan	48042	5352	1626
广东	Guangdong	62028	10041	2024
广西	Guangxi	23931	2529	482
海南	Hainan	4300	303	296
重庆	Chongqing	28572	5235	936
四川	Sichuan	55178	11871	1331
贵州	Guizhou	12832	375	297
云南	Yunnan	18661	1779	807
西藏	Tibet	1023	15	27
陕西	Shaanxi	54357	10394	1259
甘肃	Gansu	16163	2101	526
青海	Qinghai	2536	65	46
宁夏	Ningxia	6293	535	101
新疆	Xinjiang	12113	714	268

科技产出(2011年)
Education by Region(2011)

专利申请数(件) Patents Application (piece)	#发明专利 Invetions	有效发明专利(件) Patent in Force (piece)	专利所有权转让及许可数(件) Number of Transfer and Licensing of Patent Ownership (piece)	专利所有权转让及许可收入(万元) Revenue from Transfer and Licensing of Patent Ownership (10 000 yuan)	形成国家或行业标准数(项) Number of National and Industrial Standard (item)
95592	**54362**	**148947**	**2203**	**46865**	**160**
66426	36351	100402	1290	35856	76
16625	9864	25625	538	4844	53
12541	8147	22920	375	6172	31
9413	8132	21819	166	10811	44
3105	2047	4017	79	3263	
1156	578	2911	85	1724	4
527	468	1121	53	401	1
139	72	381	1	5	2
4774	2105	6682	52	897	
1259	841	1679	8	543	14
3599	2173	6750	101	527	2
8003	5544	14010	194	4503	
19413	8159	18151	256	5573	4
9053	4196	17075	245	4955	12
1782	962	1790	88	455	19
1347	987	2427	42	737	8
1554	550	1257	5	17	
6119	1919	6346	86	1154	4
2184	1309	2421	26	667	14
3807	2311	6867	227	1644	2
1913	1250	3740	30	590	1
3930	2593	6911	81	2192	
846	514	1042	73	402	
113	91	53	4	47	
1624	1214	3492	102	1550	
2775	1890	5825	71	1523	1
248	138	472	3	144	
1061	585	2005	19	855	
4	4	5			
5121	3215	8518	97	1642	
520	380	722	9	51	19
22	19	19			9
28	18	109			
153	98	330			

4-17 各地区理工农医类高等

S&T Output of Higher Education in Natural

地 区	Region	发表科技论文（篇） Scientific Papers Issued (piece)	#国外发表 Published in Foreign Periodicals	出版科技著作（种） Publication on S&T (kind)
全 国	**National Total**	**786812**	**209272**	**11090**
东部地区	Eastern Region	399142	120636	4800
中部地区	Middle Region	215735	52981	4009
西部地区	Western Region	171935	35655	2281
北 京	Beijing	74545	23226	885
天 津	Tianjin	16913	6210	189
河 北	Hebei	22838	3808	332
山 西	Shanxi	11402	1568	273
内 蒙 古	Inner Mongolia	8896	1025	170
辽 宁	Liaoning	36685	9043	943
吉 林	Jilin	19610	3957	311
黑 龙 江	Heilongjiang	29504	12566	643
上 海	Shanghai	51696	20086	477
江 苏	Jiangsu	75298	22838	689
浙 江	Zhejiang	31273	11266	251
安 徽	Anhui	24295	4731	510
福 建	Fujian	11627	4434	120
江 西	Jiangxi	16418	2800	117
山 东	Shandong	32890	9965	398
河 南	Henan	30175	5392	764
湖 北	Hubei	52318	16877	749
湖 南	Hunan	32013	5090	642
广 东	Guangdong	43134	9468	448
广 西	Guangxi	16966	2410	100
海 南	Hainan	2243	292	68
重 庆	Chongqing	19317	4944	247
四 川	Sichuan	42041	11644	518
贵 州	Guizhou	7388	355	62
云 南	Yunnan	10811	1708	192
西 藏	Tibet	497	14	1
陕 西	Shaanxi	41417	10240	624
甘 肃	Gansu	9978	2044	203
青 海	Qinghai	1788	65	17
宁 夏	Ningxia	4830	532	39
新 疆	Xinjiang	8006	674	108

学校科技产出(2011年)

Sciences & Technology by Region(2011)

专利申请数(件) Patents Application (piece)	#发明专利 Invetions	有效发明专利(件) Patent in Force (piece)	专利所有权转让及许可数(件) Number of Transfer and Licensing of Patent Ownership (piece)	专利所有权转让及许可收入(万元) Revenue from Transfer and Licensing of Patent Ownership (10 000 yuan)	形成国家或行业标准数(项) Number of National and Industrial Standard (item)
88957	**54171**	**148705**	**2143**	**46854**	**148**
60755	36235	100301	1285	35851	73
15798	9803	25495	489	4840	44
12404	8133	22909	369	6171	31
9393	8117	21817	166	10811	44
2949	2044	4014	79	3263	
1036	565	2896	85	1724	2
527	468	1121	53	401	1
137	71	380	1	5	2
4652	2078	6669	52	897	
1253	839	1679	7	543	14
3477	2173	6750	101	527	2
7901	5540	14010	194	4503	
14994	8131	18135	256	5573	4
8569	4179	17036	240	4950	12
1511	958	1742	42	451	10
1347	987	2427	42	737	8
1335	533	1188	5	17	
5998	1913	6342	86	1154	3
2132	1301	2415	24	667	14
3659	2287	6862	227	1644	2
1904	1244	3738	30	590	1
3803	2590	6902	81	2192	
831	506	1034	69	401	
113	91	53	4	47	
1615	1211	3492	102	1550	
2775	1890	5825	71	1523	1
246	138	472	3	144	
1059	583	2003	17	855	
4	4	5			
5014	3215	8518	97	1642	
520	380	722	9	51	19
22	19	19			9
28	18	109			
153	98	330			

4-18 各地区人文社科类

S&T Output of Higher Education in Social

地 区	Region	发表科技论文（篇）Scientific Papers Issued (piece)	#国外发表 Published in Foreign Periodicals	出版科技著作（种）Publication on S&T (kind)
全 国	**National Total**	**323153**	**9029**	**26382**
东部地区	Eastern Region	161647	6428	16051
中部地区	Middle Region	89272	1555	6111
西部地区	Western Region	72234	1046	4220
北 京	Beijing	34293	1935	4736
天 津	Tianjin	6527	136	679
河 北	Hebei	8304	97	386
山 西	Shanxi	3454	30	263
内蒙古	Inner Mongolia	3614	63	251
辽 宁	Liaoning	13432	624	1849
吉 林	Jilin	8309	198	592
黑龙江	Heilongjiang	8065	107	820
上 海	Shanghai	19973	1082	2345
江 苏	Jiangsu	21253	445	1377
浙 江	Zhejiang	14603	822	1282
安 徽	Anhui	10026	86	674
福 建	Fujian	8247	377	503
江 西	Jiangxi	7518	146	455
山 东	Shandong	14064	326	1090
河 南	Henan	17138	200	917
湖 北	Hubei	18733	526	1406
湖 南	Hunan	16029	262	984
广 东	Guangdong	18894	573	1576
广 西	Guangxi	6965	119	382
海 南	Hainan	2057	11	228
重 庆	Chongqing	9255	291	689
四 川	Sichuan	13137	227	813
贵 州	Guizhou	5444	20	235
云 南	Yunnan	7850	71	615
西 藏	Tibet	526	1	26
陕 西	Shaanxi	12940	154	635
甘 肃	Gansu	6185	57	323
青 海	Qinghai	748		29
宁 夏	Ningxia	1463	3	62
新 疆	Xinjiang	4107	40	160

高等学校科技产出(2011年)
Sciences & Humanities by Region(2011)

专利申请数(件) Patents Application (piece)	#发明专利 Invetions	有效发明专利(件) Patent in Force (piece)	专利所有权转让及许可数(件) Number of Transfer and Licensing of Patent Ownership (piece)	专利所有权转让及许可收入(万元) Revenue from Transfer and Licensing of Patent Ownership (10 000 yuan)	形成国家或行业标准数(项) Number of National and Industrial Standard (item)
6635	**191**	**242**	**60**	**11**	**12**
5671	116	101	5	5	3
827	61	130	49	4	9
137	14	11	6	1	
20	15	2			
156	3	3			
120	13	15			2
2	1	1			
122	27	13			
6	2		1		
122					
102	4				
4419	28	16			
484	17	39	5	5	
271	4	48	46	4	9
219	17	69			
121	6	4			1
52	8	6	2		
148	24	5			
9	6	2			
127	3	9			
15	8	8	4	1	
9	3				
2					
2	2	2	2		
107					

五、高技术产业

High-tech Industry

5-1 高技术产业基本情况

Basic Statistics on High-tech Industry

指 标	Item	1995	2000	2005	2006	2007	2008	2009	2010	2011
生产经营情况	**Statistics on Production and Operation**									
企业数（个）	Number of Enterprises(unit)	18834	9758	17527	19161	21517	25817	27218	28189	21682
从业人员年平均人数（万人）	Annual Average Number of Persons Engaged (10 000 persons)	448.4	390.0	663.3	744.5	843.0	944.8	957.5	1092.2	1146.9
当年价总产值（亿元）	Gross Output Value(100 million yuan)	4097.8	10411.5	34367.1	41996.0	50461.2	57087.4	60430.5	74708.9	88433.9
主营业务收入（亿元）	Revenue from Principal Business (100 million yuan)	3917.1	10033.7	33921.8	41584.6	49714.1	55728.9	59566.7	74482.8	87527.2
利润（亿元）	Profits (100 million yuan)	178.0	673.5	1423.2	1777.3	2395.8	2725.1	3278.5	4879.7	5244.9
利税（亿元）	Pre-Tax Profits(100 million yuan)	326.2	1033.4	2089.6	2611.2	3353.4	4023.9	4660.3	6753.1	7813.8
出口交货值（亿元）	Export(100 million yuan)	1125.2	3388.4	17636.0	23476.5	28422.8	31503.9	29435.3	37001.6	40600.3
科技活动及相关情况	**Statistics on Science and Technology Activities and Relative Statistics**									
研发机构数（个）	R&D Institutions(unit)	2138	1379	1619	1929	2217	2534	2845	3184	3254
R&D人员全时当量（万人年）	R&D Personnel(10 000 man-year)	5.8	9.2	17.3	18.9	24.8	28.5	32.0	39.9	42.7
R&D经费（亿元）	Expenditure on R&D(100 million yuan)	17.8	111.0	362.5	456.4	545.3	655.2	774.0	967.8	1237.8
新产品开发经费（亿元）	Expenditure on New Produts Development (100 million yuan)	32.3	117.8	415.7	510.0	652.0	798.4	925.1	1006.9	1528.0
专利申请数（件）	Patent Applications (piece)	612	2245	16823	24301	34446	39656	51513	59683	77725
有效发明专利数（件）	Number of Patents In Force(piece)	410	1443	6658	8141	13386	23915	31830	50166	67428
固定资产投资情况	**Statistics on Investment in Fixed Assets**									
施工项目数（个）	Number of Projects under Construction(unit)		2734	7095	7507	7789	8534	9780	10723	13204
#新开工项目数	Number of Projects Started This Year		1640	4460	4435	4541	4872	6220	7117	8447
全部建成或投产项目数（个）	Number of Projects Completed and Put into Use (unit)		1282	3158	3227	3399	4290	5412	6011	7735
投资额（亿元）	Investment(100 million yuan)		563.0	2144.0	2761.0	3388.4	4169.2	4882.2	6944.7	9468.5
新增固定资产（亿元）	Newly Increased Fixed Assets (100 million yuan)		421.0	1464.0	1898.3	2071.3	2574.2	3160.5	4450.4	6355.2

注：本表生产经营情况的数据口径为规模以上工业企业，科技活动及相关情况的数据口径为大中型工业企业；2011年固定资产投资情况的数据口径为投资额在500万元及以上的项目，其他年份的数据口径为50万元及以上的项目。

a)Statistics on production and operationcover industrial enterprises above designated size and statistics on science and technology activities and S&T-related cover Large and Medium-sized Enterprises; Statistics on investment in fixed assets in 2011 cover all projects with the investment over 5 million RMB and cover all projects with the investment over 500 thousand RMB in other years.

5-2 高技术产业生产经营情况（2011年）
Statistics on Production and Management in High-tech Industry(2011)

单位：亿元 (100 million yuan)

行　业	Industry	企业数(个) Number of Enter-prises (unit)	从业人员年平均人数(人) Annual Average Number of Persons Engaged (person)	当年价总产值 Gross Output Value	主营业务收入 Revenue from Principal Business	利润 Profits	利税 Pre-tax Profits	出口交货值 Export
合　计	**Total**	**21682**	**11469153**	**88433.9**	**87527.2**	**5244.9**	**7813.8**	**40600.3**
医药制造业	**Manufacture of Medicines**	**5926**	**1786022**	**14942.0**	**14484.4**	**1606.0**	**2374.7**	**1030.5**
#化学药品制造业	Manufacture of Chemical Medicine	2172	832357	7243.8	7118.2	727.0	1125.4	634.6
中成药制造	Manufacture of Finished Traditional Chinese Herbal Medicine	1398	487421	3543.8	3344.4	405.5	607.1	54.3
生物、生化制品的制造	Manufacture of Biological and Biochemical Chemical Products	731	153551	1603.7	1525.3	224.4	298.5	181.5
航空航天器制造业	**Manufacture of Aircrafts and Spacecrafts**	**224**	**349995**	**1913.0**	**1934.3**	**104.0**	**139.7**	**274.9**
1.飞机制造及修理	Manufacture and Repairing of Airplanes	182	324141	1786.3	1808.6	91.3	125.9	269.4
2.航天器制造	Manufacture of Spacecrafts	42	25854	126.7	125.8	12.6	13.9	5.5
电子及通信设备制造业	**Manufacture of Electronic Equipment and Communication Equipment**	**10220**	**6356687**	**43559.5**	**43206.3**	**2161.9**	**3356.7**	**22239.9**
1.通信设备制造	Manufacture of Communication Equipment	1206	1236585	11912.7	11926.5	627.4	1238.3	5651.5
#通信传输设备制造	Manufacture of Communication Transmitting Equipment	297	141210	1128.0	1149.7	105.0	123.2	316.4
通信交换设备制造	Manufacture of Communication Exchanging Equipment	108	257483	3698.2	3794.6	219.4	655.8	1769.1
通信终端设备制造	Manufacture of Communication Terminal Equipment	174	120891	630.8	612.9	37.1	44.6	368.3
2.雷达及配套设备制造	Manufacture of Radar and Its Fittings	47	37272	217.3	230.7	18.1	26.1	37.0
3.广播电视设备制造	Manufacture of Broadcasting and TV Equipment	365	124673	657.5	647.0	47.6	65.9	227.6
4.电子器件制造	Manufacture of Electronic Appliances	2114	1431397	11549.0	11318.4	506.7	678.6	7025.4
#电子真空器件制造	Manufacture of Electronic Vacuum Appliances	116	64013	489.5	477.6	18.6	24.4	279.3
半导体分立器件制造	Manufacture of Semiconductor Discreting Appliances	314	116070	684.1	670.3	34.9	46.7	323.5
集成电路制造	Manufacture of Integrate Circuit	412	290468	2454.5	2407.7	150.2	194.2	1465.8
5.电子元件制造	Manufacture of Electronic Components	4791	2584111	12117.0	11865.6	608.8	839.5	6118.6
6.家用视听设备制造	Manufacture of Domestic TV Set and Radio Receiver	864	644624	5378.0	5489.0	230.6	343.6	2600.6
7.其他电子设备制造	Manufacture of Other Electronic Equipment	833	298025	1728.1	1729.3	122.7	164.8	579.1
电子计算机及办公设备制造业	**Manufacture of Computers and Office Equipments**	**1313**	**1945089**	**21135.2**	**21163.5**	**710.4**	**1017.7**	**15879.9**
#电子计算机整机制造	Manufacture of Entired Computer	154	676008	11607.4	11820.2	287.5	470.6	8509.1
电子计算机外部设备制造	Manufacture of Computer Peripheral Equipment	990	1162090	8628.7	8448.4	378.1	487.7	6720.2
办公设备制造	Manufacture of Office Equipment	169	106991	899.0	895.0	44.9	59.3	650.6
医疗设备及仪器仪表制造业	**Manufacture of Medical Equipments and Meters**	**3999**	**1031360**	**6884.2**	**6738.6**	**662.6**	**925.0**	**1175.1**
1.医疗设备及器械制造	Manufacture of Medical Equipment and Appliances	878	241674	1384.7	1362.9	153.6	206.9	414.5
2.仪器仪表制造	Manufacture of Measuring Instrument	3121	789686	5499.5	5375.7	509.1	718.1	760.7

注：表5-2至表5-11的数据口径为规模以上工业企业。
Note: Statistics from table 5-2 to table 5-11 cover industrial enterprises above designated size.

5-3 各地区高技术产业生产经营情况（2011年）

Statistics on Production and Management in High-tech Industry by Region(2011)

单位：亿元 (100 million yuan)

地区	Region	企业数（个） Number of Enterprises (unit)	从业人员年平均人数(人) Annual Average Number of Persons Engaged (person)	当年价总产值 Gross Output Value	主营业务收入 Revenue from Principal Business	利润 Profits	利税 Pre-tax Profits	出口交货值 Export
全国	**National Total**	**21682**	**11469153**	**88433.9**	**87527.2**	**5244.9**	**7813.8**	**40600.3**
东部地区	Eastern Region	16283	9003856	72218.8	72000.9	4017.8	5970.1	37625.1
中部地区	Middle Region	3745	1579795	9990.7	9551.4	818.7	1172.1	1364.9
西部地区	Western Region	1654	885502	6224.3	5974.8	408.4	671.6	1610.3
北京	Beijing	737	259535	2897.6	3326.3	228.9	312.3	1055.8
天津	Tianjin	497	238898	2672.3	2697.4	165.1	255.9	1185.3
河北	Hebei	370	181494	973.3	1041.4	83.6	117.4	157.4
山西	Shanxi	118	121814	318.1	302.4	28.4	38.2	78.5
内蒙古	Inner Mongolia	98	31145	326.2	312.2	33.8	46.6	6.5
辽宁	Liaoning	701	198248	1884.5	1898.5	153.5	199.1	415.8
吉林	Jilin	368	127094	1020.6	918.1	98.0	130.4	10.6
黑龙江	Heilongjiang	138	74220	395.3	472.7	47.0	68.1	13.0
上海	Shanghai	962	586846	7021.4	7063.6	222.0	279.1	4918.8
江苏	Jiangsu	4061	2333488	19487.8	19396.0	1065.1	1474.4	10936.9
浙江	Zhejiang	1923	586366	3722.4	3607.3	350.2	475.0	1305.0
安徽	Anhui	574	149818	1118.6	1055.1	85.9	136.1	119.5
福建	Fujian	596	332282	3068.0	2989.8	182.8	221.0	1771.1
江西	Jiangxi	499	239996	1418.6	1432.0	85.8	134.2	213.4
山东	Shandong	1514	553395	6201.1	6121.4	463.7	660.9	1463.7
河南	Henan	723	400204	2127.4	2033.5	167.1	238.1	436.6
湖北	Hubei	544	221429	1721.0	1552.1	130.1	169.0	382.7
湖南	Hunan	683	214075	1544.9	1473.4	142.5	211.4	104.1
广东	Guangdong	4601	3614903	23576.3	23227.6	1006.5	1853.2	14265.7
广西	Guangxi	275	104282	615.8	539.6	83.7	101.8	147.8
海南	Hainan	46	14119	98.3	92.1	12.8	19.9	1.9
重庆	Chongqing	252	115688	1160.3	1111.8	36.2	73.0	489.4
四川	Sichuan	727	426474	3221.4	3186.5	212.3	368.2	987.8
贵州	Guizhou	119	63297	369.9	305.0	29.1	42.9	17.4
云南	Yunnan	104	25390	201.4	188.7	28.9	41.0	6.2
西藏	Tibet	5	1060	6.0	5.2	1.9	2.6	0.0
陕西	Shaanxi	325	211006	1060.4	1001.5	73.4	110.3	85.4
甘肃	Gansu	59	24873	95.6	87.6	12.1	16.1	5.7
青海	Qinghai	26	4638	30.7	21.6	2.4	3.5	0.1
宁夏	Ningxia	14	5612	45.1	35.9	7.7	8.8	12.9
新疆	Xinjiang	23	7464	33.6	31.1	4.4	5.2	5.4

5-4 高技术产业R&D活动情况（2011年）

Statistics on R&D Activities in High-tech Industry(2011)

单位：万元 (10 000 yuan)

行业	Industry	R&D机构数（个）R&D Institutions (unit)	R&D人员（人年）R&D Personnel (man-year)	R&D经费内部支出 Intramual Expenditure on R&D	R&D项目数（项）R&D Projects (item)	R&D项目经费 Expenditure on R&D Projects
合 计	**Total**	**5941**	**511175**	**14409133**	**53888**	**122414321**
医药制造业	**Manufacture of Medicines**	**1856**	**93467**	**2112462**	**15022**	**18092669**
#化学药品制造业	Manufacture of Chemical Medicine	880	54305	1225048	8525	10442232
中成药制造	Manufacture of Finished Traditional Chinese Herbal Medicine	474	19995	387026	3335	3293711
生物、生化制品的制造	Manufacture of Biological and Biochemical Chemical Products	257	11157	293438	1765	2654494
航空航天器制造业	**Manufacture of Aircrafts and Spacecrafts**	**120**	**32329**	**1495895**	**3291**	**8660560**
1.飞机制造及修理	Manufacture and Repairing of Airplanes	106	28149	1313678	2158	7205393
2.航天器制造	Manufacture of Spacecrafts	14	4180	182217	1133	1455167
电子及通信设备制造业	**Manufacture of Electronic Equipment and Communication Equipment**	**2507**	**272062**	**7904869**	**23755**	**70613194**
1.通信设备制造	Manufacture of Communication Equipment	417	118435	3654356	5416	35050655
#通信传输设备制造	Manufacture of Communication Transmitting Equipment	126	10393	235589	1179	2059157
通信交换设备制造	Manufacture of Communication Exchanging Equipment	73	81293	2738285	2123	27153996
通信终端设备制造	Manufacture of Communication Terminal Equipment	55	4398	104179	506	940199
2.雷达及配套设备制造	Manufacture of Radar and Its Fittings	30	3703	89275	578	787809
3.广播电视设备制造	Manufacture of Broadcasting and TV Equipment	100	5534	110428	513	991979
4.电子器件制造	Manufacture of Electronic Appliances	537	50229	1475520	5530	11394736
#电子真空器件制造	Manufacture of Electronic Vacuum Appliances	28	2656	70710	374	540487
半导体分立器件制造	Manufacture of Semiconductor Discreting Appliances	86	5243	99423	529	744413
集成电路制造	Manufacture of Integrate Circuit	115	16894	427194	2201	3505937
5.电子元件制造	Manufacture of Electronic Components	1042	65171	1289816	6658	10779914
6.家用视听设备制造	Manufacture of Domestic TV Set and Radio Receiver	199	19306	1022726	3779	9193434
7.其他电子设备制造	Manufacture of Other Electronic Equipment	182	9684	262749	1281	2414667
电子计算机及办公设备制造业	**Manufacture of Computers and Office Equipments**	**307**	**49248**	**1580581**	**3086**	**14100254**
#电子计算机整机制造	Manufacture of Entired Computer	61	16511	703928	890	5888470
电子计算机外部设备制造	Manufacture of Computer Peripheral Equipment	209	29444	801723	1907	7552695
办公设备制造	Manufacture of Office Equipment	37	3293	74930	289	659089
医疗设备及仪器仪表制造业	**Manufacture of Medical Equipments and Meters**	**1151**	**64068**	**1315326**	**8734**	**10947644**
1.医疗设备及器械制造	Manufacture of Medical Equipment and Appliances	224	11115	298445	1612	2486140
2.仪器仪表制造	Manufacture of Measuring Instrument	927	52953	1016881	7122	8461504

5-5 各地区高技术产业R&D活动情况（2011年）

Statistics on R&D Activities in High-tech Industry by Region(2011)

单位：万元 (10 000 yuan)

地 区	Region	R&D机构数（个） R&D Institutions (unit)	R&D人员（人年） R&D Personnel (man-year)	R&D经费内部支出 Intramual Expenditure on R&D	R&D项目数（项） R&D Projects (item)	R&D项目经费 Expenditure on R&D Projects
全 国	**National Total**	**5941**	**511175**	**14409133**	**53888**	**122414321**
东部地区	Eastern Region	4646	416739	11861839	40596	103046347
中部地区	Middle Region	884	61912	1459870	7154	11890601
西部地区	Western Region	411	32524	1087424	6138	7477373
北 京	Beijing	256	18049	741991	3143	5177883
天 津	Tianjin	113	10521	321478	2287	2625264
河 北	Hebei	78	6633	118244	1050	924627
山 西	Shanxi	25	1648	27341	216	212684
内蒙古	Inner Mongolia	17	274	7415	29	55162
辽 宁	Liaoning	77	7066	576975	914	3852407
吉 林	Jilin	51	3525	63664	484	499579
黑龙江	Heilongjiang	50	6341	172954	884	1393278
上 海	Shanghai	206	19051	717383	3002	5253120
江 苏	Jiangsu	1229	79683	2107404	7160	18249272
浙 江	Zhejiang	935	41738	869939	4889	8078933
安 徽	Anhui	201	8394	208645	1399	1516472
福 建	Fujian	190	22707	527962	1453	4347406
江 西	Jiangxi	77	7725	164477	764	1315573
山 东	Shandong	362	29244	989971	3355	8553119
河 南	Henan	190	9827	136405	880	1170623
湖 北	Hubei	140	18127	475139	1595	3935154
湖 南	Hunan	133	6050	203829	903	1792076
广 东	Guangdong	1111	179117	4809951	12555	45250804
广 西	Guangxi	67	2298	65191	543	600348
海 南	Hainan	22	632	15351	245	133164
重 庆	Chongqing	82	4469	71776	1014	587917
四 川	Sichuan	93	6508	370287	2527	2739019
贵 州	Guizhou	53	4130	83002	504	643247
云 南	Yunnan	35	1933	42298	356	376285
西 藏	Tibet	1	14	624	4	5889
陕 西	Shaanxi	114	13628	469512	1306	2750246
甘 肃	Gansu	18	870	23901	228	130105
青 海	Qinghai	1	36	361	12	3561
宁 夏	Ningxia	11	446	9056	132	75502
新 疆	Xinjiang	3	490	16607	55	165602

5-6 高技术产业新产品开发及生产（2011年）

Statistics on New Products Production in High-tech Industry (2011)

单位：万元 (10 000 yuan)

行业	Industry	新产品开发项目数（项）New Products (unit)	新产品开发经费支出 Expenditure on New Produts Development	新产品产值 Gross Value of New Products	新产品销售收入 Sales Revenue of New Products	#出口 Export
合计	**Total**	**66606**	**17909398**	**214584141**	**224733493**	**101666994**
医药制造业	**Manufacture of Medicines**	**16440**	**2330718**	**24918306**	**23170435**	**2424277**
#化学药品制造业	Manufacture of Chemical Medicine	9060	1339149	14023521	13010276	1875045
中成药制造	Manufacture of Finished Traditional Chinese Herbal Medicine	3747	419198	5218861	4783835	62618
生物、生化制品的制造	Manufacture of Biological and Biochemical Chemical Products	2051	337601	2915400	2737219	211294
航空航天器制造业	**Manufacture of Aircrafts and Spacecrafts**	**4019**	**1481883**	**5277874**	**5270131**	**589471**
1.飞机制造及修理	Manufacture and Repairing of Airplanes	2897	1296445	4910804	4898586	584333
2.航天器制造	Manufacture of Spacecrafts	1122	185438	367070	371545	5138
电子及通信设备制造业	**Manufacture of Electronic Equipment and Communication Equipment**	**31048**	**10253240**	**114557251**	**115181309**	**47002811**
1.通信设备制造	Manufacture of Communication Equipment	7332	4687066	46811996	47494562	20902699
# 通信传输设备制造	Manufacture of Communication Transmitting Equipment	1549	305464	2244686	2400364	179141
通信交换设备制造	Manufacture of Communication Exchanging Equipment	2896	3401848	19937760	20699993	8296971
通信终端设备制造	Manufacture of Communication Terminal Equipment	584	103331	1705525	1725777	725012
2.雷达及配套设备制造	Manufacture of Radar and Its Fittings	859	143818	969259	863992	15250
3.广播电视设备制造	Manufacture of Broadcasting and TV Equipment	707	161216	1739764	1671949	538463
4.电子器件制造	Manufacture of Electronic Appliances	7072	2035658	20233886	19621439	9506940
#电子真空器件制造	Manufacture of Electronic Vacuum Appliances	499	88425	946648	917405	267583
半导体分立器件制造	Manufacture of Semiconductor Discreting Appliances	672	118199	1060674	1091782	286616
集成电路制造	Manufacture of Integrate Circuit	2747	594818	3877710	3781550	2174296
5.电子元件制造	Manufacture of Electronic Components	8267	1638113	18707254	18942031	8731248
6.家用视听设备制造	Manufacture of Domestic TV Set and Radio Receiver	4981	1198264	23403093	24018470	6849884
7.其他电子设备制造	Manufacture of Other Electronic Equipment	1830	389105	2692000	2568866	458328
电子计算机及办公设备制造业	**Manufacture of Computers and Office Equipments**	**4020**	**2203755**	**56280497**	**68085415**	**49663776**
#电子计算机整机制造	Manufacture of Entired Computer	1173	1088180	24884664	33767759	24908085
电子计算机外部设备制造	Manufacture of Computer Peripheral Equipment	2451	1016576	30249200	33318733	24474820
办公设备制造	Manufacture of Office Equipment	396	98999	1146633	998923	280871
医疗设备及仪器仪表制造业	**Manufacture of Medical Equipments and Meters**	**11079**	**1639803**	**13550214**	**13026204**	**1986659**
1.医疗设备及器械制造	Manufacture of Medical Equipment and Appliances	2262	379859	1598839	1499572	365120
2.仪器仪表制造	Manufacture of Measuring Instrument	8817	1259944	11951374	11526632	1621539

5-7 各地区高技术产业新产品开发及生产（2011年）

Statistics on New Products Production in High-tech Industry by Region(2011)

单位：万元 (10 000 yuan)

地 区	Region	新产品开发项目数（项） New Products (unit)	新产品开发经费支出 Expenditure on New Produts Development	新产品产值 Gross Value of New Products	新产品销售收入 Sales Revenue of New Products	#出口 Export
全 国	**National Total**	**66606**	**17909398**	**214584141**	**224733493**	**101666994**
东部地区	Eastern Region	48954	14768690	186008447	198077016	97991711
中部地区	Middle Region	8655	1711379	14275137	13306032	1161364
西部地区	Western Region	8997	1429329	14300558	13350445	2513920
北 京	Beijing	4225	1000254	15379649	14895753	5341788
天 津	Tianjin	2159	298335	7398599	7950951	3969225
河 北	Hebei	1116	117252	838954	813807	103888
山 西	Shanxi	244	44119	330087	294792	33179
内 蒙 古	Inner Mongolia	36	7060	103401	65230	14109
辽 宁	Liaoning	1076	545301	3463252	3583401	840164
吉 林	Jilin	614	82807	757115	732061	15731
黑 龙 江	Heilongjiang	979	176281	550505	462673	3226
上 海	Shanghai	4057	1147739	10081062	9957527	3957500
江 苏	Jiangsu	9149	3095656	36421659	48961827	28292023
浙 江	Zhejiang	5435	975403	12108580	11409257	3271083
安 徽	Anhui	1817	284753	3069966	2586786	248575
福 建	Fujian	1702	582328	11379661	11015207	4573688
江 西	Jiangxi	912	178441	1543275	1434234	266664
山 东	Shandong	3744	1095588	14289827	15364345	4778544
河 南	Henan	1061	168100	1431846	1363879	130998
湖 北	Hubei	1945	551062	3399914	3220194	292580
湖 南	Hunan	1047	218756	3089029	3146183	156302
广 东	Guangdong	15310	5812831	74080657	73603509	42830898
广 西	Guangxi	629	74566	486595	453743	32910
海 南	Hainan	352	23438	79952	67690	1
重 庆	Chongqing	994	86490	3960141	3834280	2078245
四 川	Sichuan	4739	587107	6484155	5915429	234049
贵 州	Guizhou	858	182695	762147	600096	42664
云 南	Yunnan	396	44283	473085	398973	15544
西 藏	Tibet	1	38	16567	17364	119
陕 西	Shaanxi	1535	475690	2091845	2118593	108978
甘 肃	Gansu	240	22546	207177	206422	30338
青 海	Qinghai	12	1299	6103	3298	197
宁 夏	Ningxia	155	10106	197755	161546	3787
新 疆	Xinjiang	67	19075	101583	94443	

5-8 高技术产业专利情况（2011年）

Statistics on Patents in High-tech Industry(2011)

单位：件 (piece)

行　业	Industry	专利申请数 Patent Applications	#发明专利 Invention Patents	有效发明专利数 Patents in Force
合　计	**Total**	**101267**	**54224**	**82240**
医药制造业	**Manufacture of Medicines**	**11115**	**6968**	**10506**
#化学药品制造业	Manufacture of Chemical Medicine	4667	3074	4410
中成药制造	Manufacture of Finished Traditional Chinese Herbal Medicine	3282	2117	4053
生物、生化制品的制造	Manufacture of Biological and Biochemical Chemical Products	1375	876	1148
航空航天器制造业	**Manufacture of Aircrafts and Spacecrafts**	**2693**	**1139**	**1494**
1.飞机制造及修理	Manufacture and Repairing of Airplanes	2385	1016	1269
2.航天器制造	Manufacture of Spacecrafts	308	123	225
电子及通信设备制造业	**Manufacture of Electronic Equipment and Communication Equipment**	**60335**	**32910**	**51234**
1.通信设备制造	Manufacture of Communication Equipment	25239	18572	32297
#通信传输设备制造	Manufacture of Communication Transmitting Equipment	1942	840	948
通信交换设备制造	Manufacture of Communication Exchanging Equipment	17908	14962	28218
通信终端设备制造	Manufacture of Communication Terminal Equipment	787	205	395
2.雷达及配套设备制造	Manufacture of Radar and Its Fittings	465	133	118
3.广播电视设备制造	Manufacture of Broadcasting and TV Equipment	3717	1814	815
4.电子器件制造	Manufacture of Electronic Appliances	13140	6656	6447
#电子真空器件制造	Manufacture of Electronic Vacuum Appliances	1366	634	318
半导体分立器件制造	Manufacture of Semiconductor Discreting Appliances	786	295	346
集成电路制造	Manufacture of Integrate Circuit	4214	2996	2239
5.电子元件制造	Manufacture of Electronic Components	10153	3329	5548
6.家用视听设备制造	Manufacture of Domestic TV Set and Radio Receiver	4632	1438	4322
7.其他电子设备制造	Manufacture of Other Electronic Equipment	2989	968	1687
电子计算机及办公设备制造业	**Manufacture of Computers and Office Equipments**	**12125**	**8187**	**11153**
#电子计算机整机制造	Manufacture of Entired Computer	6423	5583	5983
电子计算机外部设备制造	Manufacture of Computer Peripheral Equipment	5132	2487	4942
办公设备制造	Manufacture of Office Equipment	570	117	228
医疗设备及仪器仪表制造业	**Manufacture of Medical Equipments and Meters**	**14999**	**5020**	**7853**
1.医疗设备及器械制造	Manufacture of Medical Equipment and Appliances	2969	1127	2410
2.仪器仪表制造	Manufacture of Measuring Instrument	12030	3893	5443

5-9 各地区高技术产业专利情况（2011年）

Statistics on Patents in High-tech Industry by Region(2011)

单位：件 (piece)

地区	Region	专利申请数 Patent Applications	#发明专利 Invention Patents	有效发明专利数 Patents in Force
全 国	**National Total**	**101267**	**54224**	**82240**
东部地区	Eastern Region	86256	47832	71481
中部地区	Middle Region	9568	4048	5443
西部地区	Western Region	5443	2344	5316
北 京	Beijing	6225	4290	4112
天 津	Tianjin	2764	1576	1773
河 北	Hebei	521	312	485
山 西	Shanxi	234	96	150
内蒙古	Inner Mongolia	54	29	32
辽 宁	Liaoning	1354	643	959
吉 林	Jilin	355	220	265
黑龙江	Heilongjiang	592	253	494
上 海	Shanghai	5031	3482	3596
江 苏	Jiangsu	15285	5546	6850
浙 江	Zhejiang	7243	2107	4672
安 徽	Anhui	2289	755	686
福 建	Fujian	2410	1116	1155
江 西	Jiangxi	561	257	420
山 东	Shandong	5611	2528	2375
河 南	Henan	1610	574	589
湖 北	Hubei	1800	988	1988
湖 南	Hunan	2073	876	819
广 东	Guangdong	39338	25961	45172
广 西	Guangxi	262	131	240
海 南	Hainan	212	140	92
重 庆	Chongqing	959	396	359
四 川	Sichuan	1965	773	2958
贵 州	Guizhou	637	304	423
云 南	Yunnan	271	153	312
西 藏	Tibet	17	16	57
陕 西	Shaanxi	1312	598	1108
甘 肃	Gansu	139	49	59
青 海	Qinghai			
宁 夏	Ningxia	115	39	17
新 疆	Xinjiang	28	16	23

5-10 高技术产业技术获取及技术改造（2011年）

Technology Acquisition and Renovation in High-tech Industry (2011)

单位：万元 (10 000 yuan)

行业	Industry	技术引进经费支出 Expenditure for Acquisition of Foreign Technology	消化吸收经费支出 Expenditure for Assimilation of Technology	购买国内技术经费支出 Expenditure for Purchase of Domestic Technology	技术改造经费支出 Expenditure for Technical Renovation
合计	**Total**	**696497**	**170610**	**202413**	**3047235**
医药制造业	**Manufacture of Medicines**	**61564**	**51359**	**94827**	**789221**
#化学药品制造业	Manufacture of Chemical Medicine	50785	37881	60716	528046
中成药制造	Manufacture of Finished Traditional Chinese Herbal Medicine	1348	7816	17309	133218
生物、生化制品的制造	Manufacture of Biological and Biochemical Chemical Products	3946	1204	9031	71164
航空航天器制造业	**Manufacture of Aircrafts and Spacecrafts**	**21109**	**5820**	**14764**	**397211**
1.飞机制造及修理	Manufacture and Repairing of Airplanes	21109	5820	14764	354306
2.航天器制造	Manufacture of Spacecrafts				42905
电子及通信设备制造业	**Manufacture of Electronic Equipment and Communication Equipment**	**540321**	**75078**	**58303**	**1170814**
1.通信设备制造	Manufacture of Communication Equipment	43055	4803	19278	123606
#通信传输设备制造	Manufacture of Communication Transmitting Equipment	7165	149	6329	57072
通信交换设备制造	Manufacture of Communication Exchanging Equipment	6266	329	5	3752
通信终端设备制造	Manufacture of Communication Terminal Equipment	8448	1282	1134	19617
2.雷达及配套设备制造	Manufacture of Radar and Its Fittings	716	168	2328	29798
3.广播电视设备制造	Manufacture of Broadcasting and TV Equipment	1996	21	1119	7032
4.电子器件制造	Manufacture of Electronic Appliances	254202	7995	12178	342564
#电子真空器件制造	Manufacture of Electronic Vacuum Appliances	35592	212		18339
半导体分立器件制造	Manufacture of Semiconductor Discreting Appliances	5970	733	1508	48218
集成电路制造	Manufacture of Integrate Circuit	26107	1340	3957	106447
5.电子元件制造	Manufacture of Electronic Components	87077	52345	14335	330948
6.家用视听设备制造	Manufacture of Domestic TV Set and Radio Receiver	151905	7642	7360	313368
7.其他电子设备制造	Manufacture of Other Electronic Equipment	1369	2104	1706	23499
电子计算机及办公设备制造业	**Manufacture of Computers and Office Equipments**	**9976**	**8337**	**14825**	**136317**
#电子计算机整机制造	Manufacture of Entired Computer	4372	5927	35	66324
电子计算机外部设备制造	Manufacture of Computer Peripheral Equipment	4444	96	14620	66139
办公设备制造	Manufacture of Office Equipment	1160	2315	171	3855
医疗设备及仪器仪表制造业	**Manufacture of Medical Equipments and Meters**	**63527**	**30015**	**19693**	**553672**
1.医疗设备及器械制造	Manufacture of Medical Equipment and Appliances	33785	1407	4960	71673
2.仪器仪表制造	Manufacture of Measuring Instrument	29742	28608	14734	482000

5-11 各地区高技术产业技术获取及技术改造（2011年）

Technology Acquisition and Renovation in High-tech Industry by Region(2011)

单位：万元 (10 000 yuan)

地区	Region	技术引进经费支出 Expenditure for Acquisition of Foreign Technology	消化吸收经费支出 Expenditure for Assimilation of Technology	购买国内技术经费支出 Expenditure for Purchase of Domestic Technology	技术改造经费支出 Expenditure for Technical Renovation
全国	**National Total**	**696497**	**170610**	**202413**	**3047235**
东部地区	Eastern Region	636299	148282	159779	2143769
中部地区	Middle Region	43335	15363	22436	506390
西部地区	Western Region	16863	6965	20199	397076
北京	Beijing	58739	1504	9080	41750
天津	Tianjin	18642	1478	6142	72918
河北	Hebei	889	1785	4006	26658
山西	Shanxi		121	975	4141
内蒙古	Inner Mongolia				7339
辽宁	Liaoning	46887	471	1521	100955
吉林	Jilin	663	73	2801	30258
黑龙江	Heilongjiang			727	94548
上海	Shanghai	65658	16268	14481	94274
江苏	Jiangsu	198574	73868	30034	960814
浙江	Zhejiang	22462	13871	24683	284663
安徽	Anhui	13235	4503	6745	46852
福建	Fujian	157667	3810	24667	145570
江西	Jiangxi	5220	3599	1131	29823
山东	Shandong	21246	19098	18898	182130
河南	Henan	20849	1936	2036	46128
湖北	Hubei	1664	1810	1885	66962
湖南	Hunan	1705	3321	6135	180340
广东	Guangdong	43284	12117	21818	196631
广西	Guangxi	1806	3883	1568	32026
海南	Hainan	445	130	2882	5382
重庆	Chongqing	108	1062	3550	16617
四川	Sichuan	15931	1597	13570	208852
贵州	Guizhou	35	179	433	39609
云南	Yunnan	5	780	1115	6453
西藏	Tibet				
陕西	Shaanxi	426	2861	1471	113283
甘肃	Gansu	355	35	60	4263
青海	Qinghai				
宁夏	Ningxia		450		4378
新疆	Xinjiang	5			3621

5-12 高技术产业投资（2011年）

Statistics on Investment in Fixed Assets in High-tech Industry(2011)

单位：个，亿元 (unit,100 million yuan)

行 业	Industry	施工项目数 Number of Projects under Construction	#新开工项目数 Number of Projects Started This Year	全部建成或投产项目数 Number of Projects Completed and Put into Use	投资额 Investment	新增固定资产 Newly Increased Fixed Assets
合 计	**Total**	**13204**	**8447**	**7735**	**9468.5**	**6355.2**
医药制造业	**Manufacture of Medicines**	**4741**	**2977**	**2694**	**2648.9**	**1671.5**
#化学药品制造业	Manufacture of Chemical Medicine	1546	906	865	1002.2	621.8
中成药制造	Manufacture of Finished Traditional Chinese Herbal Medicine	912	566	507	482.5	349.7
生物、生化制品的制造	Manufacture of Biological and Biochemical Chemical Products	740	416	391	488.0	260.5
航空航天器制造业	**Manufacture of Aircrafts and Spacecrafts**	**188**	**86**	**59**	**258.1**	**79.4**
1.飞机制造及修理	Manufacture and Repairing of Airplanes	137	63	37	190.2	46.5
2.航天器制造	Manufacture of Spacecrafts	51	23	22	68.0	32.9
电子及通信设备制造业	**Manufacture of Electronic Equipment and Communication Equipment**	**5470**	**3554**	**3247**	**4521.9**	**3076.6**
1.通信设备制造	Manufacture of Communication Equipment	678	424	374	540.7	407.9
# 通信传输设备制造	Manufacture of Communication Transmitting Equipment	193	130	106	112.7	88.4
通信交换设备制造	Manufacture of Communication Exchanging Equipment	57	36	41	27.0	27.6
通信终端设备制造	Manufacture of Communication Terminal Equipment	70	46	38	59.8	25.9
2.雷达及配套设备制造	Manufacture of Radar and Its Fittings	31	21	16	38.7	22.2
3.广播电视设备制造	Manufacture of Broadcasting and TV Equipment	157	100	89	94.9	50.1
4.电子器件制造	Manufacture of Electronic Appliances	1413	867	755	2016.2	1360.0
#电子真空器件制造	Manufacture of Electronic Vacuum Appliances	129	90	81	92.3	60.3
半导体分立器件制造	Manufacture of Semiconductor Discreting Appliances	154	91	76	207.4	103.3
集成电路制造	Manufacture of Integrate Circuit	233	141	129	306.2	307.2
5.电子元件制造	Manufacture of Electronic Components	2264	1555	1445	1181.6	866.0
6.家用视听设备制造	Manufacture of Domestic TV Set and Radio Receiver	208	111	131	132.9	105.4
7.其他电子设备制造	Manufacture of Other Electronic Equipment	719	476	437	516.9	265.0
电子计算机及办公设备制造业	**Manufacture of Computers and Office Equipments**	**499**	**274**	**258**	**763.6**	**580.7**
#电子计算机整机制造	Manufacture of Entired Computer	92	44	46	346.8	235.1
电子计算机外部设备制造	Manufacture of Computer Peripheral Equipment	357	202	180	390.2	327.4
办公设备制造	Manufacture of Office Equipment	50	28	32	26.6	18.2
医疗设备及仪器仪表制造业	**Manufacture of Medical Equipments and Meters**	**2306**	**1556**	**1477**	**1275.8**	**947.0**
1.医疗设备及器械制造	Manufacture of Medical Equipment and Appliances	626	414	406	330.8	220.6
2.仪器仪表制造	Manufacture of Measuring Instrument	1680	1142	1071	945.0	726.5

注：表5-12和表5-13的数据口径为投资额在500万元及以上项目。

Note: Statistics on table 5-12 and 5-13 cover the projects with the investments above 5 million yuan.

5-13 各地区高技术产业投资（2011年）

Statistics on Investment in Fixed Assets in High-tech Industry by Region(2011)

单位：个，亿元 (unit,100 million yuan)

地区	Region	施工项目数 Number of Projects under Construction	#新开工项目数 Number of Projects Started This Year	全部建成或投产项目数 Number of Projects Completed and Put into Use	投资额 Investment	新增固定资产 Newly Increased Fixed Assets
全　国	**National Total**	**13204**	**8447**	**7735**	**9468.5**	**6355.2**
东部地区	Eastern Region	7868	4869	4670	5714.8	3938.0
中部地区	Middle Region	4061	2821	2404	2752.5	1746.7
西部地区	Western Region	1275	757	661	1001.2	670.4
北　京	Beijing	139	43	34	266.6	49.7
天　津	Tianjin	222	148	105	350.3	102.8
河　北	Hebei	381	231	209	288.4	186.5
山　西	Shanxi	138	89	83	77.4	39.8
内蒙古	Inner Mongolia	78	61	58	120.3	54.4
辽　宁	Liaoning	410	242	240	350.6	284.6
吉　林	Jilin	469	406	316	311.3	258.1
黑龙江	Heilongjiang	138	95	58	115.3	51.5
上　海	Shanghai	259	130	72	278.5	183.9
江　苏	Jiangsu	2687	1900	1991	2104.9	1701.5
浙　江	Zhejiang	1068	548	499	306.9	203.3
安　徽	Anhui	725	509	377	500.9	328.6
福　建	Fujian	397	220	159	212.7	140.9
江　西	Jiangxi	585	384	420	428.6	329.8
山　东	Shandong	980	631	626	695.3	383.9
河　南	Henan	684	385	403	562.9	302.0
湖　北	Hubei	585	407	350	361.4	229.5
湖　南	Hunan	659	485	339	274.4	153.1
广　东	Guangdong	999	558	553	703.5	599.8
广　西	Guangxi	313	216	173	142.1	97.9
海　南	Hainan	13	2	9	15.1	3.3
重　庆	Chongqing	253	171	141	232.3	150.4
四　川	Sichuan	490	283	294	459.9	365.1
贵　州	Guizhou	36	23	11	62.2	20.6
云　南	Yunnan	95	41	48	34.3	21.3
西　藏	Tibet	13	7	9	2.7	1.9
陕　西	Shaanxi	207	113	87	143.5	85.1
甘　肃	Gansu	120	79	43	35.2	15.0
青　海	Qinghai	15	11	10	6.7	3.3
宁　夏	Ningxia	20	13	12	7.4	6.7
新　疆	Xinjiang	26	16	6	17.1	1.0

5-14 各地区国家高新技术

Major Indicators of High-Technology

单位：万元

地 区	Region	企业数 (个) Number of Enterprises (unit)	从业人员 (人) Employed Persons (person)	全年收入 Revenue
合 计	**Total**	**57033**	**10736442**	**1334251300**
东部地区	Eastern Region	38077	6856412	870120345
中部地区	Middle Region	10603	2168062	274224282
西部地区	Western Region	8353	1711968	189906672
北 京	Beijing	15026	1384890	196460188
天 津	Tianjin	2795	294333	36192592
石家庄	Shijiazhuang	580	80496	16531399
保 定	Baoding	166	86304	8456744
太 原	Taiyuan	968	113446	13861383
包 头	Baotou	475	112350	12947121
沈 阳	Shenyang	669	159717	21782154
大 连	Dalian	2029	204914	18832739
鞍 山	Anshan	541	85447	14290072
长 春	Changchun	929	145415	33855774
吉 林	Jilin	743	130140	12497725
哈尔滨	Haerbin	264	130251	14974396
大 庆	Daqing	450	104443	13190406
上 海	Shanghai	1316	383722	65266018
南 京	Nanjing	285	168507	34638467
常 州	Changzhou	898	158167	18379387
无 锡	Wuxi	1130	325871	33349240
苏 州	Suzhou	1020	227562	26511668
泰 州	Taizhou	258	32952	7020123
杭 州	Hangzhou	1750	245006	22002414
宁 波	Ningbo	349	100802	14230177
合 肥	Hefei	407	119457	19374953
福 州	Fuzhou	184	60824	5643300
厦 门	Xiamen	370	139896	16687421
南 昌	Nanchang	340	98825	11160252
济 南	Jinan	497	159314	18009896
青 岛	Qingdao	164	95957	17083163
淄 博	Zibo	439	115613	18114150
潍 坊	Weifang	370	126403	16759284
威 海	Weihai	215	78189	10016533
郑 州	Zhengzhou	640	118023	17219040
洛 阳	Luoyang	462	96398	10560047
武 汉	Wuhan	2603	360935	38100616
襄 樊	Xiangfan	356	98242	13544236
长 沙	Changsha	810	184645	25139046
株 州	Zhuzhou	212	94041	10088575
湘 潭	Xiangtan	234	62735	8162293
广 州	Guangzhou	1959	357604	39094653
深 圳	Shenzhen	618	347813	41813568
珠 海	Zhuhai	456	171475	14604459
惠 州	Huizhou	177	121482	9521733

产业开发区基本情况（2011年）
Industrial Development Zone (2011)

(10 000 yuan)

#技术性收入 Tech-related	#销售收入 Sales revenue	总产值 Gross Output Value	净利润 After Tax Profits	实交税金 Tax	年出口额（万美元） Exports (USD 10 000)
92843924	**1057733115**	**1056796254**	**84841681**	**68167084**	**31806014**
65728648	659026151	634908761	55761531	41104726	26652262
10363488	243536317	256978324	17025126	17296113	2132113
16751788	155170647	164909169	12055023	9766245	3021639
28449364	78093669	58315613	13063541	9258436	2316485
3497181	23132199	19232825	2989467	1441830	875049
1924551	11622837	12382323	1019165	893591	104525
3194	8371212	9130795	268600	337048	316393
807057	11933450	12018133	403199	529201	25507
186874	12382543	13109629	956593	558211	178607
2572803	17553702	18267497	1434647	1025975	227485
2466464	14670495	14048085	1414957	921789	658199
766550	13342260	12055305	1107943	731621	81515
105002	28418939	32987927	3329922	3777627	92327
154938	11990743	12051973	252591	851841	57765
74376	13634058	13255942	649918	1049460	93118
538279	12296812	12434241	786267	840717	16865
4218172	51824044	40322911	6362544	4457967	2584987
424780	32059252	32588982	1795274	1603501	743122
83147	17408710	18016512	1009186	617532	545424
306876	31904530	32870343	2106916	1015823	1967733
1419880	24871036	25472008	915636	827613	2148405
29811	6033532	6054020	365677	331437	73314
5834827	13645082	13647817	1922793	1245491	475856
844279	7516768	8160178	880958	393448	566062
307194	17253726	19501370	2102376	2272448	170921
124020	5432079	5701344	314849	175067	329258
34319	16255182	16221424	831129	837223	1512695
210854	10520069	10212134	387485	999989	227977
3425787	13366169	13801587	1461647	1658732	231087
32297	15051315	14452325	940970	711639	246618
955556	16791150	17091146	1064421	1645554	285572
68417	15078481	15006575	1379986	752831	224928
11877	9854503	9492191	788155	492552	389829
1177454	14827746	15001535	1012480	890626	56365
785398	9139530	8704786	633920	588373	120678
4724730	31162506	31913726	2375759	2089162	674900
1102038	12274192	13138051	581784	551835	66432
359287	21769459	23789151	2023126	1215479	93904
90822	9537063	10189416	553890	458970	74035
31137	7724752	8011998	473404	246324	103541
5534548	31186905	32239642	2261503	1155265	2040691
1890987	37759927	40545670	2995785	2310785	2269657
166981	13782722	16101263	970016	552613	1079464
2738	9409737	9054101	363610	215731	833079

5-14 续表

单位：万元

地 区	Region	企业数 (个) Number of Enterprises (unit)	从业人员 (人) Employed Persons (person)	全年收入 Revenue
中 山	Zhongshan	381	81371	13291016
佛 山	Foshan	445	188770	21984460
南 宁	Nanning	626	115775	8206114
桂 林	Guilin	303	73208	4616488
海 南	Hainan	130	30359	2928967
成 都	Chengdu	1484	262563	34425648
重 庆	Chongqing	453	132179	12367662
绵 阳	Mianyang	109	115102	8015271
贵 阳	Guiyang	154	126081	9285507
昆 明	Kunming	225	64966	10735670
西 安	Xian	2866	285859	42880079
宝 鸡	Baoji	415	120029	11527198
杨 凌	Yangling	121	14381	960644
兰 州	Lanzhou	422	85814	10214403
乌鲁木齐	Wulumuqi	249	46277	3461505
肇 庆	Zhaoqing	139	62799	5827264
江 门	Jiangmen	143	35023	1258086
东 莞	Dongguan	108	26966	3495821
南 阳	Nanyang	121	37616	1642753
蚌 埠	bangbu	231	52937	3451129
芜 湖	wuhu	143	32651	4418008
景 德 镇	jingdezhen	139	49413	5393991
新 余	xinyu	140	42150	6077449
安 阳	anyang	191	43686	3000653
宜 昌	yichang	218	96079	13089253
济 宁	jining	340	133133	15812926
烟 台	yantai	244	52214	2823848
唐 山	tangshan	100	15553	1189221
燕 郊	yanjiao	143	27994	3774948
营 口	yingkou	279	42494	3935940
辽 阳	liaoyang	24	28066	7980388
齐齐哈尔	qiqihaer	31	24149	1363603
延 吉	yanji	162	12743	1751186
昆 山	kunshan	436	150659	9655297
绍 兴	shaoxing	134	28700	1752700
渭 南	weinan	47	19862	2298479
青 海	qinghai	48	9676	537672
昌 吉	changji	56	7759	1124401
白 银	baiyin	39	13882	989571
柳 州	liuzhou	165	75357	11840381
宁 夏	ningxia	38	7562	816446
泉 州	quanzhou	33	22722	3050201
上海紫竹	shanghaizhizhu	76	14871	3157740
临 沂	linyi	198	40276	5713088
江 阴	jiangyin	123	62357	10036642
益 阳	yiyang	149	18467	3467768
自 贡	zigong	58	23286	2656413

continued

(10 000 yuan)

		总产值	净利润	实交税金	年出口额 (万美元)
#技术性收入 Tech-related	#销售收入 Sales revenue	Gross Output Value	After Tax Profits	Tax	Exports (USD 10 000)
88327	12597524	13679944	529717	354014	878923
45287	21610284	22424931	826718	514893	832869
1143350	6548540	6982517	599836	431172	101421
29656	4486403	5100847	260267	280214	63145
6951	2856459	3056290	234734	193955	45490
5031118	26850135	28097122	2868859	1942380	1145549
2336708	9963048	10072917	806380	496241	150823
3607	7937505	9664437	221749	253853	109356
312704	7044513	7890969	573980	368316	217602
168680	10050874	8888563	832631	518577	49623
7032407	31000025	32934065	2719339	2560811	644705
59477	10991846	11501646	552626	635821	61290
491	503421	633460	20022	34170	3463
284029	7500349	7966690	376473	616959	12033
141395	1826229	2355179	176955	115256	110336
	5822177	5860980	169940	128210	77304
2188	1197341	1353029	46697	46150	71465
16665	3432788	3448048	129835	81987	128307
1375	1602009	1689078	129349	68718	22278
60044	3284980	3580938	157817	116029	33416
15219	4262254	4555271	239363	167686	52050
	5267497	5436424	124398	164746	69665
	6004123	6000907	290612	199703	115325
2350	2272737	2154169	125951	142295	17359
1871	12605366	14127805	573378	346517	110150
4877	15605678	14946175	955738	638531	125150
4737	2798449	2844725	176711	157594	60396
6140	1124583	1253131	78294	82610	18146
25	3723132	3222545	85607	149410	16393
	3896813	3994825	219402	125878	41307
95	7513679	7441136	120217	613337	7399
1055	1241790	1546942	29032	54934	39916
14605	1700752	1720636	81977	584736	6388
8315	9385145	9826088	389035	373338	593539
1732	1498052	1510654	55823	71401	18687
303	1233838	2348778	103440	61689	27843
950	535561	745064	28312	24827	2231
132	1097433	1073109	189602	36764	13937
	979890	1037032	49969	38814	21655
8141	10873281	10853637	519563	637847	66484
	780353	809375	57289	10032	18125
4102	3035504	3358879	481073	159004	19026
232239	2084373	1611664	177712	235225	49687
	5707457	5720517	308736	192866	70404
6709	8599149	8870585	358685	375243	242361
9258	3331836	3167905	94614	88686	19210
11766	2584861	2844134	141137	144291	23411

5-15 高技术产品进出口贸易

Value of Imports and Exports of High-tech Products

单位：百万美元 (million US dollar)

项 目	Item	出口贸易额 Exports	进口贸易额 Imports	进出口贸易总额 Total
1985		521	4734	5255
1990		2686	6967	9653
1995		10091	21827	31918
2000		37043	52507	89550
2005		218253	197713	415966
2006		281451	247299	528750
2007		347819	286984	634803
2008		415606	341820	757425
2009		376931	309853	686784
2010		492379	412655	905034
2011		548830	463225	1012054
计算机与通讯技术	Computer and Communication Technology	392943	105641	498584
生命科学技术	Life Science and Technology	17843	15796	33639
电子技术	Electronics	86584	213975	300559
计算机集成制造技术	Computer Integrated Manufacturing Technology	8940	46926	55866
航空航天技术	Aviation and Aerospace	4599	19015	23614
光电技术	Photonics	32114	54203	86317
生物技术	Biotechnology	414	449	863
材料技术	Material Science	4716	5933	10649
其他技术	Others	677	1287	1964

5-16 按贸易方式分高技术产品进出口贸易（2011年）

Value of Imports and Exports of High-tech Products by Trade Form(2011)

单位：百万美元 (million US dollar)

项 目	Item	出口贸易额 Exports	进口贸易额 Imports	进出口贸易总额 Total
合 计	**Total**	**548830**	**463225**	**1012054**
一般贸易	Ordinary Trade	89849	122883	212732
国家间、国际组织无偿援助和赠送的物资	Aid or Donation Between Governments or by International Organizations	104	9	113
其他捐赠物资	Other Donations	1	242	243
加工贸易	Processing Trade			
#来料加工装配贸易	Processing & Assembling	39624	40554	80178
进料加工贸易	Processing with Imported Materials	382517	189411	571928
边境小额贸易	Border Trade	499	2	501
加工贸易进口设备	Equipment for Processing trade	729	565	1294
对外承包工程出口货物	Contracting Projects			
租赁贸易	Goods on Lease	7	5458	5465
外商投资企业作为投资进口的设备、物品	Equipment/Materials Imported as Investment by FIE		8322	8322
出料加工贸易	Outward Processing	1	1	3
保税仓库进出境货物	Customs Warehousing Trade	8263	17868	26130
保税区仓储转口货物	Entrepot trade by bonded area	27132	73571	100703
出口加工区进口设备	Equipment Imported into Export Processing Zone		3738	3738
其他	Others	102	601	703

5-17 各地区高技术产品进出口贸易（2011年）

Value of Imports and Exports of High-tech Products by Region(2011)

单位：百万美元 (million US dollar)

地区	Region	出口贸易额 Imports	进口贸易额 Exports	进出口贸易总额 Total
全国	**National Total**	**548830**	**463225**	**1012054**
东部地区	Eastern Region	510765	427251	938016
中部地区	Middle Region	16823	15760	32583
西部地区	Western Region	21242	20214	41456
北京	Beijing	13354	26944	40297
天津	Tianjin	17381	18817	36198
河北	Hebei	3876	1862	5738
山西	Shanxi	588	1201	1789
内蒙古	Inner Mongolia	392	140	532
辽宁	Liaoning	5829	5452	11281
吉林	Jilin	258	1658	1916
黑龙江	Heilongjiang	163	369	531
上海	Shanghai	93082	77305	170387
江苏	Jiangsu	130342	90177	220519
浙江	Zhejiang	15539	9682	25221
安徽	Anhui	942	1769	2711
福建	Fujian	13445	12549	25995
江西	Jiangxi	3940	1791	5730
山东	Shandong	15488	15067	30555
河南	Henan	5755	4627	10382
湖北	Hubei	4321	3362	7684
湖南	Hunan	857	983	1840
广东	Guangdong	202117	167507	369624
广西	Guangxi	871	741	1612
海南	Hainan	313	1889	2202
重庆	Chongqing	5892	3960	9853
四川	Sichuan	11389	10815	22204
贵州	Guizhou	67	136	202
云南	Yunnan	203	258	460
西藏	Tibet	10	129	139
陕西	Shaanxi	2068	3498	5565
甘肃	Gansu	129	126	256
青海	Qinghai	4	30	34
宁夏	Ningxia	68	101	169
新疆	Xinjiang	149	280	429

5-18 高技术产品、工业制成品、

Imports and Exports of High-tech Products,

单位：亿美元、%

项　目	Item	1995	2000	2001
商品出进口贸易总额	**Total value of Exports and Imports**	**2809**	**4743**	**5097**
工业制成品	Manufactured Goods	2350	4021	4376
占总额比重	% of Total Exports and Imports	83.6	84.8	85.9
#高技术产品	High-tech Products	319	896	1106
占总额比重	% of Total Exports and Imports	11.4	18.9	21.7
占工业制成品比重	% of Total Manufactured Goods	13.6	22.3	25.3
初级产品	Primary Goods	459	722	721
占总额比重	% of Total Exports and Imports	16.3	15.2	14.2
商品出口贸易总额	**Total Value of Exports**	**1488**	**2492**	**2662**
工业制成品	Manufactured Goods	1273	2238	2398
占总额比重	% of Total Exports	85.6	89.8	90.1
#高技术产品	High-tech Products	101	370	465
占总额比重	% of Total Exports	6.8	14.9	17.5
占工业制成品比重	% of Total Manufactured Goods	7.9	16.6	19.4
初级产品	Primary Goods	215	255	264
占总额比重	% of Total Exports	14.4	10.2	9.9
商品进口贸易总额	**Total Value of Imports**	**1321**	**2251**	**2436**
工业制成品	Manufactured Goods	1077	1784	1978
占总额比重	% of Total Imports	81.5	79.2	81.2
#高技术产品	High-tech Products	218	525	641
占总额比重	% of Total Imports	16.5	23.3	26.3
占工业制成品比重	% of Total Manufactured Goods	20.3	29.4	32.4
初级产品	Primary Goods	244	467	458
占总额比重	% of Total Imports	18.5	20.8	18.8
商品出进口贸易差额	**Balance**	**167**	**241**	**225**
工业制成品	Manufactured Goods	196	454	420
#高技术产品	High-tech Products	-117	-155	-177
初级产品	Primary Goods	-29	-213	-194

初级产品的进出口贸易额

Manufactured Goods and Primary Goods

(USD 100 million,%)

2002	2003	2004	2005	2006	2007	2008	2009	2010	2011
6208	**8510**	**11546**	**14219**	**17604**	**21738**	**25633**	**22075**	**29728**	**36419**
5430	7437	9969	12254	15204	18693	21229	18546	24585	29371
87.5	87.4	86.3	86.2	86.4	86.0	82.8	84.0	82.7	80.6
1507	2296	3267	4160	5288	6348	7574	6868	9050	10120
24.3	27.0	28.3	29.2	30.0	29.2	29.5	31.1	30.4	27.8
27.8	30.9	32.8	33.9	34.8	34.0	35.7	37.0	36.8	34.5
778	1073	1577	1965	2401	3045	4404	3529	5143	7049
12.5	12.6	13.7	13.8	13.6	14.0	17.2	16.0	17.3	19.4
3256	**4384**	**5934**	**7620**	**9689**	**12180**	**14307**	**12016**	**15779**	**18986**
2971	4036	5528	7130	9160	11565	13527	11385	14962	17980
91.3	92.1	93.2	93.6	94.5	95.0	94.6	94.7	94.8	94.7
679	1103	1654	2182	2815	3478	4156	3769	4924	5488
20.8	25.2	27.9	28.6	29.0	28.6	29.0	31.4	31.2	28.9
22.8	27.3	29.9	30.6	30.7	30.1	30.7	33.1	32.9	30.5
285	348	406	490	529	615	780	631	817	1006
8.7	7.9	6.8	6.4	5.5	5.0	5.4	5.3	5.2	5.3
2952	**4128**	**5614**	**6601**	**7915**	**9558**	**11326**	**10059**	**13948**	**17433**
2459	3401	4441	5124	6043	7128	7702	7161	9623	11391
83.3	82.4	79.1	77.6	76.4	74.6	68.0	71.2	69.0	65.3
828	1193	1613	1977	2473	2870	3418	3099	4127	4632
28.1	28.9	28.7	30.0	31.2	30.0	30.2	30.8	29.6	26.6
33.7	35.1	36.3	38.6	40.9	40.3	44.3	43.3	42.9	40.7
493	728	1173	1477	1871	2430	3624	2898	4326	6044
16.7	17.6	20.9	22.4	23.6	25.4	32.0	28.8	31.0	34.7
304	**256**	**319**	**1019**	**1775**	**2622**	**2981**	**1957**	**1831**	**1553**
512	635	1087	2006	3117	4437	5826	4224	5339	6590
-150	-90	41	205	342	608	738	671	797	856
-208	-380	-768	-987	-1342	-1815	-2844	-2267	-3508	-5038

六、国家科技计划

National Program for Science and Technology Development

6-1 国家主要科技计划中央财政拨款
Appropriation for S&T by Central Government in the Main Programs of S&T

单位：万元 (10 000 yuan)

项 目	Item	2001	2005	2006	2007	2008	2009	2010	2011
基础研究计划	Basic Research Program								
国家自然科学基金	National Natural Science Fund	159835	270128	362014	433096	535851	642697	1038109	1404343
国家重点基础研究发展计划(973计划)	National Key Basic Research Program of China	60000	100000	97892	129263	150415	189976	271813	309245
国家重大科学研究计划	National Major Scientific Research Program of China			37527	35318	39585	70024	128187	140756
科技支撑计划/科技攻关计划	Key Technologies R&D Program	105340	162440	288790	542337	506556	500000	500000	550000
科技基础条件建设	S&T Basic Conditional Construction Program								
科技基础条件平台专项	National Science and Technology Infrastructure Program		57330	75365	68555	2347	2127		24600
国家重点实验室建设计划	State Key Laboratory Construction Program	13000	13360	21640	160000	216774	291695	275922	296081
国家工程技术研究中心	National Engineering Research Centres	5000	5950	8350	8550		10300	10500	19500
科技基础性工作专项	S&T Basic Work	19968		10274	17843	15000	15048	15515	18350
星火计划	Spark Program	10000	11700	10160	15000	20000	21892	20000	30000
火炬计划	Torch Program	7000	7000	10825	13875	15176	22765	22000	32000
国家重点新产品计划	National New Products Program	14000	14000	13900	14000	15000	20000	20000	29850
科技型中小企业技术创新基金	Innovation Fund for Small Technology-based Firms	78330	98848	84288	125620	162109	348357	429709	463999
农业科技成果转化资金	Agricultural Science and Technology Transfer Fund	40000	30000	30000	30000	30000	40000	50000	50000
国际科技合作重点项目计划	International S&T Cooperation Program	10000	18000	30000	30000	40000	50000	130177	125000
科研院所技术开发专项	Special Technnology Development Project for Research Institutions	15830	18604	20000	25000	25000	25000	25000	25000

注：表中各项国家主要科技计划及相关内容依据“十一五”国家科技计划体系。科技攻关计划2006年起调整为科技支撑计划。

6-2 国家科技支撑计划/国家科技攻关计划[1]中央财政拨款

Appropriation for S&T by Central Government in Key Technologies R&D Program

单位：万元 (10 000 yuan)

项 目	Item	2001	2005	2006	2007	2008	2009	2010	2011
合 计	**Total**	**105340**	**162440**	**288790**	**542337**	**506556**	**500000**	**500000**	**550000**
能 源[2]	Energy	7380	11620	18471	17914	24148	15863	15532	17635
资 源[3]	Resource	14003	15520	21330	33695	43393	42771	34322	36265
环 境	Environment			18241	22771	33188	37681	38827	47399
农 业	Agriculture	26053	30293	78879	118355	102004	96600	110132	131919
材 料	Material	11110	12610	20480	46358	51483	53625	41434	51134
制造业	Manufacture	10530	7990	20548	62897	45199	28749	14873	24403
交通运输	Traffic and Transport			19917	50114	30795	71304	78626	54087
信息产业与现代服务业	Information and Services	6500	7993	28394	30284	46562	41036	52849	72237
人口与健康	Population and Health	8077	39364	24641	68576	47422	46871	61482	52584
城镇化与城市发展	Urbanization and Urban Development			11340	36496	26845	26127	18069	30451
公共安全及其他社会事业[4]	Public Security and Other Social Undertakings	21687	37050	26549	54877	55517	39373	33854	31886

注：①2005年及以前为国家科技攻关计划，自2006年起为国家科技支撑计划。
②2001-2005年数据包括交通运输领域。
③2001-2005年数据包括环境领域。
④2001-2005年数据包括城镇化与城市发展领域。

6-3 国家重点基础研究发展计划(973计划)中央财政拨款

Appropriation for S&T by Central Government in National Key Basic Research Program of China

单位：万元 (10 000 yuan)

项 目	Item	2001	2005	2006	2007	2008	2009	2010	2011
合 计	**Total**	**60000**	**100000**	**97892**	**129263**	**150415**	**189976**	**271813**	**309245**
农 业	Agriculture Science	9970	10883	11117	14537	16982	22860	21961	25959
能 源	Energy Science	7707	9481	9019	15615	16811	24038	29658	32051
信 息	Information Science	7917	11426	7978	15883	15302	20310	27367	40940
资源环境	Environment Science	13758	14611	12447	15318	18156	23698	24155	21831
健 康	Health Science	8921	20261	15079	19416	26059	31976	34108	40276
材 料	Materials Science	8838	11923	11700	16221	18889	21300	30326	31417
制造与工程	Manufacturing and Infrastructural Engineering Science								13541
综合交叉[1]	Synthesis Science	1819	19052	16955	16138	17527	23547	66691	68863
重大科学前沿	Forefront of Major Science			13597	16135	20689	22248	37547	34367
其它	Others	1070	2363						

注：2001-2005年数据包括重大科学前沿。

6-4 国家重大科学研究计划中央财政拨款
Appropriation for S&T by Central Government in National Major Scientific Research Program of China

单位：万元 (10 000 yuan)

项　目	Item	2006	2007	2008	2009	2010	2011
合　计	Total	**37527**	**35318**	**39585**	**70024**	**128187**	**140756**
纳米研究	Nano studies	7399	14083	11882	24005	34889	42353
量子调控研究	Quantum regulation studies	10752	3301	8622	12499	15876	21694
蛋白质研究	Protein studies	12730	5450	9992	15446	16070	28673
发育与生殖研究	Growth and reproduction studies	6646	12484	9089	18074	20729	27617
干细胞研究	Stem cell studies					12287	4941
全球变化研究	Global change studies					28336	15478

6-5 国家自然科学基金资助项目经费
Project Funding Approved by the National Natural Science Foundation of China

单位：万元 (10 000 yuan)

项　目	Item	2000	2005	2006	2007	2008	2009	2010	2011
合　计	**Total**	**111879**	**352060**	**410956**	**497083**	**630863**	**705392**	**965315**	**1827450**
面上项目	General Programs	63348	225898	268595	227457	288647	330516	452450	898941
重点项目	Key Programs	6826	50947	44349	63530	77973	72408	96450	142500
重大项目	Major Program	765	7000			17000	11000	16000	22500
重大研究计划	Major Research Plan		5033	8492	22578	24972	33379	48605	62213
联合资助基金项目	Program of joint Funds with other Institutions			9497	15730	16654	18008	16790	36900
国家杰出青年科学基金（包括外籍）	Projects of National Distinguished Young Scientists (including Foreign)	17015	16580	33280	35280	35220	35020	38820	38760
青年科学基金项目*	Young Scientists Fund				61737	93994	120304	164600	311710
地区科学基金项目*	Regional Fund				10196	16974	22180	33560	99920
海外和香港、澳门青年学者合作研究基金	Programs of Joint Research for Oversea Young Scientists	2400	3200	3200	3200	1580	1540	1660	4000
创新研究群体科学基金	Programs of Innovation Research Teams	5280	7800	10700	24730	26315	26480	34660	38460
国家基础科学人才培养基金	Projects of States Foundation for Basic Science Scientists	3804	17385	11400	9930	5180	1370	4770	28800
委主任基金、科学部主任基金	Projects of President and Directors' Funds	2732	5676	4722	4780	5412	8167	13746	16227
专项基金	Projects of Special Programes	4472	3564	4704	4708	6498	8125	14270	78705
国际合作与交流	International Cooperation and Exchange	5236	8977	12017	13227	14444	16895	28934	47814

注：“青年科学基金项目”和“地区科学基金项目”自2007年开始从原“面上项目”中分出。

6-6 分部门国家自然科学基金资助项目经费(2011年)

Project Funding Approved by the National Natural Science Foundation of China by Sectors (2011)

单位：万元 (10 000 yuan)

项 目	Item	合 计 Total	高等学校 Higher Education	#教育部所属院校 Subordinated Directly to Ministry of Education	科研机构 Research Institution	#中国科学院 China Academy of Sciences	其 他 Others
合 计	**Total**	**1827450**	**1393598**	**753785**	**404242**	**322918**	**29610**
面上项目	General Programs	898941	730458	405126	153790	112723	14693
重点项目	Key Programs	142500	99449	74638	42551	39269	500
重大项目	Major Program	22500	17000	11000	5500	4720	
重大研究计划	Major Research Plan	62213	37586	26927	24627	21074	
联合资助基金项目	Program of Joint Funds with other Institutions	36900	27785	15673	8805	7698	310
国家杰出青年科学基金(包括外籍)	Projects of National Distinguished Young Scientists(including Foreign)	38760	26140	20460	12420	11020	200
青年科学基金项目	Young Scientists Fund	311710	241826	114017	64846	42338	5038
地区科学基金项目	Regional Fund	99920	90187		6293		3440
海外和香港、澳门青年学者合作研究基金	Programs of Joint Research for Oversea Young Scientists	4000	3040	2200	960	920	
创新研究群体科学基金	Programs of Innovation Research Teams	38460	26460	20640	11400	11400	600
国家基础科学人才培养基金	Projects of States Foundation for Basic Science Scientists	28800	28800	23710			
委主任基金、科学部主任基金	Projects of President and Directors' Funds	16227	11108	5776	3893	3840	1226
专项基金	Projects of Special Programes	78705	23345	11970	54535	54451	825
国际合作与交流	International Cooperation and Exchange	47814	30414	21648	14622	13465	2778

6-7 国家重点实验室
State Key Laboratories and National

项 目	Item	实验室数(个) Number of Laboratories (unit)①	实验室人员 Personnel of Laboratories 固定人员(人) Full-time Personnel (person)	客座人员(人) Guest Researchers (person)
总 计	**Total**	**266**	**19123**	**7629**
工业与信息化部	Ministry of Industry and Information Technology of the People's Republic of China	8	582	208
国家人口和计划生育委员会	National Population and Family Planning Commission of China	1	59	40
教育部	Ministry of Education	136	9452	4270
农业部	Ministry of Agriculture	6	348	115
卫生部	Ministry of Health	7	422	69
水利部	Ministry of Water Resources	1	65	20
国土资源部	Ministry of Land and Resources	1	54	6
环境保护部	Ministry of Environmental Protection	1	86	
国家林业局	State Forestry Administration	1	65	10
中国科学院	Chinese Academy of Sciences	84	6599	2387
中国地震局	China Seismological Bureau	1	58	51
总后勤部卫生部	Health Department of The General Logistics Department，PLA	6	446	86
中国气象局	China Meteorological Administration	1	47	13
国家海洋局	State Oceanic Administration People's Republic of China	1	43	40
河北省科学技术厅	Hebei Science and Technology Department	1	67	29
陕西省科学技术厅	Shaanxi Science and Technology Deparment	1	63	23
山西省科学技术厅	The Shanxi Science and Technology Department	1	40	20
四川省科学技术厅	Science and technology Bureau of Sichuan Province	2	204	156
江苏省科学技术厅	Jiangsu Science and Technology Department	2	145	30
山东省科学技术厅	Department of Science and Technology of Shandong Province	1	64	11
广东省科技厅	Guangdong Science and Technology Department	1	51	10
广西省科学技术厅	Guangdong Science and Technology Department	1	92	6
湖南省科学技术厅	Hunan Science and Technology Department	1	71	29

注：①以上数据按260个国家重点实验室和6个国家实验室(筹)统计。其中林木遗传育种国家重点实验室由国家林业局和教育部共同主管；棉花生物学国家重点实验室由农业部和河南省科技厅共同主管；杂交水稻国家重点实验室由湖南省科技厅和教育部共同主管；另外，有一个国家实验室由中国科学院和教育部共同主管。

②获奖成果按国家自然科学奖、国家科技进步奖、国家技术发明奖三项国家科技奖励统计。

运行情况(2011年)

Laboratories Operation By Sectors (2011)

研究经费	Funds	科研项目	Projects	获奖成果(项)	发表论文(篇)	毕业研究生(人)
筹集(万元) R&D Founds (10 000 yuan)	支出(万元) R&D Expenditure (10 000 yuan)	项数(项) R&D Projects (item)	经费(万元) Funds (10 000 yuan)	Achievements Awarded (item)②	Paper Published (piece)	Graduated Masters & Doctors (person)
1417385	**972153**	**28264**	**1292609**	**119**	**47370**	**26031**
40407	34748	691	37614	3	2316	1058
5468	5846	56	2600		50	28
780943	517106	17681	720506	74	28596	18232
27383	25689	456	24152	3	1200	428
20443	13401	407	17603	1	523	278
8081	8081	83	5087	1	137	53
22668	17420	45	23094	1	138	13
3900	728	85	8465	3	178	36
2200	2019	32	569	1	28	59
436172	295666	6939	377912	27	11832	3463
2317	1989	41	350		106	18
15517	9009	385	23848	2	443	394
1710	710	50	2977		77	27
5100	3900	44	3746		66	17
4124	4124	127	2867	2	261	222
5972	4790	141	4049		101	96
2561	2803	65	1712		66	21
12964	11678	343	9050		621	655
6693	578	199	5800	1	229	292
3998	3696	76	3003		140	162
1050	458	119	10702		95	51
3622	3622	128	3103		132	385
4092	4092	71	3800		35	43

6-8 国家主体性计划项目实施情况(2011年)
Projects of National Main Research Program (2011)

项 目	Item	合 计 Total	"973" 计划 National Basic Research Program	"863" 计划 "863" Program	国家科技支撑计划 Key Technologies R&D Program
实施项目数(项)	Projects in Practice (item)	7878	2375	3335	2168
项目组人员(人次)	Personnel in Project Group(person-time)	203727	58841	64290	80596
高级职称	Senior Title	69059	17196	21130	30733
中级职称	Middle Title	45765	8374	15719	21672
项目人员当年投入工作量(人年)	Personnel Input(man-year)	100038	34012	30306	35720
当年落实项目资金(万元)	Funds Arranged(10 000 yuan)	1496238	258242	528145	709852
#政府资金	Government Funds	704712	254514	232739	217458
#科研机构承担的项目	Performed by R&D Institutes	340086	100923	105344	133820
高等学校承担的项目	Performed by Higher Education	323439	142375	96211	84853
企业承担的项目	Performed by Enterprises	775056	7360	304655	463041
培养博士、硕士(人)	Cultivated of Master and Doctor(person)	35447	14725	11388	9334
发表科技论文(篇)	Scientific Papers Issued(piece)	69481	33383	20480	15618
#向国外发表	Published in Foreign Periodicals	34221	21922	8846	3453
出版科技著作 (万字)	Science Works (10 000 words)	30883	9147	4712	17024
专利申请数(件)	Patents Accepted(piece)	16523	4306	7245	4972
#发 明	Inventions	13095	4070	5790	3235
#向国外申请专利	Accepted by Foreign Countries	426	150	190	86
专利授权数(件)	Patents Granted (piece)	6795	1750	2863	2182
#发 明	Inventions	4800	1643	2054	1103
#国外授权专利	Granted by Foreign Countries	146	35	50	61

6-9 分社会经济目标国家主体性计划项目投入(2011年)

Input of Projects of National Mandatory Program by Socio-economic Objective (2011)

单位：万元 (10 000 yuan)

项 目	Item	当年落实资金 Funds Arranged	"973" 计划 National Basic Research Program	"863" 计划 "863" Program	国家科技支撑计划 Key Technologies R&D Program
合 计	**Total**	**1496238**	**258242**	**528145**	**709852**
环境保护、生态建设及污染防治	Environmental conservation and Prevention of Pollution	127674	18920	43008	65747
环境一般问题	General Research on Environment	1317	56		1261
环境与资源评估	Environmental and Resource Evaluation	12676	7246	1492	3938
环境监测	Environmental Monitoring	8340	2643	4137	1560
生态建设	Ecosystem Building	10755	2776	1370	6610
环境污染预防	Prevention of Pollution	60670	2168	23387	35114
环境治理	Treatment of Pollution	26757	1605	11615	13537
自然灾害的预防、预报	Prevention and Forecast of Natural Disasters	7159	2425	1007	3727
能源生产、分配和合理利用	Production,Distribution and Rational Utilisation of Energy	261404	25892	132841	102671
能源一般问题研究	General Research on Production,Distribution and Rational Utilisation of Energy	143	143		
能源矿产的勘探技术	Exploration Technology of Energy Mineral	10255	3467	6788	
能源矿物的开采和加工技术	Mining and Extraction Technology of Energy Mineral	37472	2150	23471	11851
能源转换技术	Energy Transformation Technology	41384	4620	18013	18751
能源输送、储存与分配技术	Energy Transport,Storage and Distribution Technology	13356	3296	3835	6225
可再生能源	Renewable Energy	30551	5665	16989	7897
能源设施和设备建造	Construction of Energy Facilities and Equipment	64157	2557	22170	39430
能源安全生产管理和技术	Safe Production Management and Technology of Energy	15485	892	10668	3925
节约能源的技术	Technology of Saving Energy	46854	2876	29385	14593
能源生产、输送、分配、储存、利用过程中污染的防治与处理	Prevention of Pollution in the Process of Production, Transport,Distribution and Utilisation of Energy	1747	225	1522	
卫生事业发展	Development of Human Health	120114	46469	34027	39618
卫生一般问题	General Research on Development of Human Health	405			405
诊断与治疗	Surgery and Treatment	55180	29034	14698	11448
预防医学	Preventive Medicine	18003	4399	8318	5285
公共卫生	Public Health	3853	760	128	2965
营养和食品卫生	Nutrition and Food Hygiene	7836	169	7423	244
药物滥用和成瘾	Drug Abuse and Addiction	1588	1114		473
社会医疗	Social Medicine	13008	35		12973
卫生医疗其他研究	Medical Research not elsewhere classified	20243	10958	3459	5826
教育事业发展	Development of Education	1740			1740
教育一般问题	General Research on Development of Education				
学历教育	Academic Education	748			748
非学历教育与培训	Non-academic Education and Training	992			992
其它教育	Education not elsewhere classified				
基础设施以及城市和农村规划	Infrastructure, Urban and Rural Planning	165516	4878	51221	109417
交通运输	Transport	129171	896	42238	86037

6-9 续表 1 continued

单位：万元 (10 000 yuan)

项　　目	Item	当年落实资金 Funds Arranged	"973"计划 National Basic Research Program	"863"计划 "863" Program	国家科技支撑计划 Key Technologies R&D Program
通信	Communication	14417	3638	6067	4712
广播与电视	Broadcast and TV	5446		2508	2938
城市规划与市政工程	Urban Planning and Municipal Engineering	5190	344	392	4454
农村发展规划与建设	Rural Development,Planning and Building	10510			10510
交通运输、通信、城市与农村发展对环境的影响	Impact on the Environment of Transportation, Communications, Urban and Rural Development	782		16	766
社会发展和社会服务	Social Development and Community Services	15865	834	510	14521
社会发展和社会服务一般问题	General Research on Social Development and Community Services				
社会保障	Social Security System	2054			2054
公共安全	Public safety	5093	717	141	4236
社会管理	Community management	62	62		
就业	Employment				
法律与司法	The Law and Justice				
政府与政治	Government and Politics				
国际关系	International Relations				
遗产保护	Preserving Heritage	1975	55		1920
语言与文化	Languages and Cultures	143			143
文艺、娱乐	Arts and Leisure	1202			1202
宗教与道德	Religion and Ethics				
传媒	Media	873			873
科技发展	Development of Science and Technology	1195			1195
国土资源管理	Management of Land and resource	2015		89	1926
其他社会发展和社会服务	Social Development and Community Services not elsewhere classified	1253		280	973
地球和大气层的探索与利用	Exploration and Utilization of the Earth and Atmosphere	36778	14436	19844	2498
地壳、地幔，海底的探测和研究	Exploration and Research of Earth's Crust, Mantle and Sea-bed	8190	1962	5892	336
水文地理	Hydrology	2552	2432		120
海洋	Sea and Oceans	12151	3554	8044	553
大气	Atmosphere	9455	6024	1941	1489
地球探测和开发其他研究	Other Research on Exploration and Exploitation of the Earth	4430	464	3966	
民用空间探测及开发	Civil Exploration and Exploitation of Space	7183	3821	2806	557
空间探测一般研究	General Research on Exploration and Exploitation of Space	2682	1352	1330	
飞行器和运载工具研制	Manufacture of Aircraft and Vehicles	332	319	13	
发射与控制系统	Launch and Control Systems	129		129	
卫星服务	Space Laboratories and Space Travel	2928	1564	861	503
空间探测和开发其他研究	Other Research on Exploration and Exploitation of Space	1113	586	473	54
农林牧渔业发展	Development of Agriculture,Forestry,Animal Husbandry and Fishery	88425	14797	16506	57121
农林牧渔业发展一般问题	General Research on Agriculture,Forestry, Animal Husbandry and Fishery	637			637

6-9 续表 2 continued

单位：万元 (10 000 yuan)

项　目	Item	当年落实资金 Funds Arranged	"973" 计划 National Basic Research Program	"863" 计划 "863" Program	国家科技支撑计划 Key Technologies R&D Program
农作物种植及培育	Planting and Cultivation of Crops	33388	5698	9080	18610
林业和林产品	Forestry and Forestry Products	3039	578	753	1708
畜牧业	Animal Husbandry	9421	1778	2074	5568
渔业	Fishery	6836	1248	1484	4104
农林牧渔业体系支撑	Support Systems of Agriculture,Forestry, Animal Husbandry and Fishery	31838	5263	2696	23880
农林牧渔业生产中污染的防治与处理	Prevention and Treatment of Pollution in the Production of Agriculture,Forestry,Animal Husbandry and Fishery	3266	232	420	2614
工商业发展	Development of Industry and Commerce	513017	34492	163472	315052
促进工商业发展的一般问题	General Research on Industry and Commerce	1		1	
产业共性技术	Industrial Generic Technology	31264	4345	21297	5622
非能源资源矿产的开采	Mining of Mineral Resources (excl. Energy)	46338	376	878	45085
食品、饮料和烟草制品业	Manufacture of Food,Beverage and Tobacco Products	17508		3902	13607
纺织业、服装及皮革制品业	Manufacture of Textile,Apparel and Leather Products	11500	25	2867	8609
化学工业	Chemical Industry	77754	4694	31800	41261
非金属与金属制品业	Manufacture of Nonmetal and Metal Products	128375	4977	22355	101043
机械制造业(不包括电子设备、仪器仪表及办公机械)	Machinery	75386	2471	31529	41386
电子设备、仪器仪表及办公机械	Electronic Equipment	37129	9543	19959	7628
其他制造业	Other Manufacture	5805	376	2246	3183
热力、水的生产和供应	Production and Supply of Heat Power and Water	16612		1497	15114
建筑业	Construction	8043	1383	162	6498
信息与通信技术(ICT)服务业	Information and Communication Technology Services	48389	6194	24485	17710
技术服务业	Technical Service	967		225	742
金融业	Finance	2996	107		2888
房地产业	Real Estate				
商业及其他服务业	Commerce and Other Services	2893		271	2623
工商业活动中的环境保护、污染防治与处理	Prevention and Treatment of Pollution in the Activities of Industry and Commerce	2055			2055
非定向研究	Non-oriented Research	158292	93531	63850	910
自然科学领域的非定向研究	Non-oriented Research on Natural Science	131116	68727	61848	542
工程与技术科学领域的非定向研究	Non-oriented Research on Engineering Sciences	11101	9101	1758	242
农业科学领域的非定向研究	Non-oriented Research on Agricultural Sciences	1437	1245	192	
医学科学领域的非定向研究	Non-oriented Research on Medical Sciences	14160	14107	53	
社会科学领域的非定向研究	Non-oriented Research on Social Sciences				
人文科学领域的非定向研究	Non-oriented Research on Humanities	127			127
其他	Non-oriented Research not elsewhere classified	351	351		
其他目标	Other Research	232	171	61	

6-10　分技术领域国家级火炬计划项目(2011年)
National Torch Program by Technological Fields (2011)

项　目	Item	项目数(项) Number of Projects (item)	当年落实资金(万元) Funds Arranged (10 000 yuan)	#政府资金 Goverement Funds	#企业资金 Self-raised Funds by Enterprises
总　计	**Total**	**5208**	**9628470**	**364234**	**6391001**
电子与信息技术	Electronic Information Technology	851	1072902	77050	660034
生物、医药技术	Biological, Medical Technology	636	969639	17161	628987
新材料	New Materials	1143	2703898	25237	1775911
光机电一体化技术	Integrated Light, Electronics and Machinery	1470	2717620	166297	2121716
新能源、高效节能	New Energy and Efficient Energy-saving	533	1553277	29803	810318
环境保护	Environment Protection	200	283922	3154	179491
其他高技术领域	Other High-tech Fields	375	327212	45532	214546

6-11　国家产业化计划项目实施情况(2011年)
Projects of National Industrialization Program (2011)

项　目	Item	合　计 Total	火炬计划 Torch Program	星火计划 Spark Program
实施项目数(项)	Projects in Practice (item)	8306	5208	3098
当年落实项目资金(万元)	Funds Arranged (10 000 yuan)	11040837	9628470	1412367
#政府资金	Government Funds	443096	364234	78863
企业资金	Self-raised Funds by Enterprises	7228658	6391001	837657
贷　款	Bank Loans	2330011	2050704	279307
#科研机构承担项目	Performed by R&D Institutes	40997	5122	35876
高等学校承担项目	Performed by Higher Education	38395	2910	35485
企业承担项目	Performed by Enterprises	10517367	9251018	1266349
新增产值(万元)	Added Value of Output (10 000 yuan)	45105661	40951151	4154511
净利润额(万元)	After-tax Profit (10 000 yuan)	4749502	4061706	687796
上缴税金(万元)	Tax (10 000 yuan)	2845288	2650712	194576
出口创汇(万美元)	Export (USD 10 000)	928576	836176	92400
专利申请数(件)	Patents Accepted (piece)	18044	15675	2369
#发　明	Inventions	6670	5588	1082
#向国外申请专利	Received by Foreign Countries	256	236	20
专利授权数(件)	Patents Granted (piece)	10752	9590	1162
#发　明	Inventions	2657	2256	401
#国外授权专利	Granted by Foreign Countries	92	90	2

6-12 各地区国家产业化计划项目(2011年)

Projects of National Industrialization Program by Region (2011)

地区	Region	项目数合计 (项) Total (item)	火炬计划 Torch Program	星火计划 Spark Program	当年落实资金 (万元) Funds Arranged (10 000 yuan)	火炬计划 Torch Program	星火计划 Spark Program
全　国	**National Total**	**8306**	**5208**	**3098**	**11040837**	**9628470**	**1412367**
东部地区	Eastern Region	5781	3785	1996	6608719	5768600	840119
中部地区	Middle Region	1359	840	519	2639895	2360602	279293
西部地区	Western Region	1166	583	583	1792223	1499268	292955
北　京	Beijing	258	209	49	114409	104290	10119
天　津	Tianjin	118	78	40	104264	86574	17690
河　北	Hebei	110	63	47	164156	142560	21596
山　西	Shanxi	99	54	45	108331	51181	57149
内蒙古	Inner Mongolia	77	29	48	544707	515849	28858
辽　宁	Liaoning	208	141	67	310068	210090	99978
吉　林	Jilin	102	58	44	777648	759417	18230
黑龙江	Heilongjiang	157	119	38	123775	101999	21776
上　海	Shanghai	146	115	31	88199	81698	6501
江　苏	Jiangsu	1805	1118	687	1860848	1505746	355102
浙　江	Zhejiang	1686	1123	563	898564	772997	125566
安　徽	Anhui	330	146	184	360865	257295	103570
福　建	Fujian	235	141	94	166795	121301	45494
江　西	Jiangxi	135	78	57	177713	158964	18750
山　东	Shandong	789	500	289	2358724	2234187	124537
河　南	Henan	189	137	52	452616	436534	16081
湖　北	Hubei	212	155	57	316135	289209	26926
湖　南	Hunan	135	93	42	322812	306002	16810
广　东	Guangdong	383	267	116	520219	488074	32145
广　西	Guangxi	76	46	30	76776	60201	16575
海　南	Hainan	43	30	13	22474	21084	1390
重　庆	Chongqing	103	68	35	57036	46939	10097
四　川	Sichuan	176	81	95	240258	177998	62260
贵　州	Guizhou	88	42	46	76930	64010	12921
云　南	Yunnan	126	67	59	246469	185601	60868
西　藏	Tibet	17		17	1848		1848
陕　西	Shaanxi	163	106	57	177294	134820	42474
甘　肃	Gansu	111	48	63	61776	48056	13720
青　海	Qinghai	39	16	23	80609	69908	10701
宁　夏	Ningxia	51	24	27	58438	49959	8480
新　疆	Xinjiang	139	56	83	170083	145927	24155

6-13 全国创业风险投资基本情况

Basic Statistics on National VC Capital

项　目	Item	2002	2003	2004	2005	2006	2007	2008	2009	2010	2011
一、机构数（个）	No. of VC Firms (unit)	366	315	304	319	345	383	464	576	720	860
二、管理资本总额（亿元）	VC Capital under Management (100 Million Yuan)	688.5	616.5	617.5	631.6	663.8	1112.9	1455.7	1605.1	2406.6	3198.0
三、投资强度（万元/项）	Avg. VC Deals Size (10 000 yuan/unit)	872.3	920.0	972.1	901.1	802.5	973.4	1041.3	1059.8	1356.5	1550.5
四、累计投资	Cumulative Investment										
1.累计投资项目数（项）	No. of Cumulative Deals(unit)			3172	3916	4592	5585	6796	7435	8693	9978
#累计投资高新技术企业(项目)数	In Hi-tech Deals			1628	2453	2601	3369	3845	4737	5160	5940
2.累计投资金额（亿元）	Cumulative Capital (100 Million Yuan)			219.9	326.1	410.8	495.5	769.7	906.2	1491.3	2036.6
#累计投资高新技术企业(项目)额	In Hi-tech Deals			134.4	149.1	215.9	295.2	427.4	405.1	808.8	1038.6
五、投资轮次（%）	Investment Rounds (%)										
首轮投资	First	83.3	72.1	67.2	70.8	77.0	83.1	84.5	82.7	86.2	83.4
后续投资	Follows-on	16.7	27.9	32.8	29.2	23.0	16.9	15.5	17.3	13.8	16.6
六、投资阶段	Investment Stages										
1.按投资项目分（%）	By Investment Deal (%)										
种子期	Seed	16.0	13.0	15.8	15.4	37.4	26.6	19.3	32.2	19.9	9.7
起步期	Startup	28.1	19.3	20.6	30.1	21.3	18.9	30.2	20.3	27.1	22.7
成长(扩张)期	Expansion	30.7	49.5	47.8	41.0	30.0	36.6	34.0	35.2	40.9	48.3
成熟(过渡)期	Maturity	13.4	18.2	15.5	11.9	7.7	12.4	12.1	9.0	10.0	16.7
重建期	Turn Around	11.8		0.3	1.6	3.6	5.4	4.4	3.4	2.2	2.6
2.按投资金额分（%）	By Investment Amt. (%)										
种子期	Seed	9.2	5.3	4.5	5.2	30.2	12.7	9.4	19.9	10.2	4.3
起步期	Startup	30.3	16.8	12.3	20.0	11.5	8.9	19.0	12.8	17.4	14.8
成长(扩张)期	Expansion	31.1	37.5	44.8	46.8	39.4	38.2	38.5	45.0	49.2	55.0
成熟(过渡)期	Maturity	15.2	40.4	38.4	26.3	14.6	35.2	26.5	18.5	20.2	22.3
重建期	Turn Around	14.2			1.7	4.3	5.0	6.6	3.7	3.0	3.6
七、退出方式（%）	Exit (%)										
上市	IPO		5.4	12.4	11.9	12.7	24.2	22.7	25.3	29.8	29.4
收购	Acquisition		40.4	55.3	44.4	28.4	29.0	23.2	33.0	28.6	30.0
回购	Buyback		36.3	27.6	33.3	30.4	27.4	34.8	35.3	32.8	32.3
清算	Liquidation		14.9	4.7	10.4	7.8	5.6	9.2	6.3	6.9	3.2
其它	Others		3.0			20.6	13.7	10.1			

七、科技活动成果

Results of Science and Technology Activities

7-1 国内专利申请受理数

Domestic Patent Applications Accepted

单位：件 (piece)

地区	Region	1995	2000	2005	2006	2007	2008	2009	2010	2011
全国	**National Total**	**69535**	**140339**	**383157**	**470342**	**586498**	**717144**	**877611**	**1109428**	**1504670**
东部地区	Eastern Region	40257	89851	278088	346474	441154	540711	663205	814367	1116488
中部地区	Middle Region	13927	21942	47745	58150	68969	87304	106123	156917	208728
西部地区	Western Region	9741	16381	34053	40587	50941	64152	84721	112713	153545
北京	Beijing	6362	10344	22572	26555	31680	43508	50236	57296	77955
天津	Tianjin	1648	2789	11657	13299	15744	18230	19624	25973	38489
河北	Hebei	2707	3848	6401	7220	7853	9128	11361	12295	17595
山西	Shanxi	917	1475	1985	2824	3333	5386	6822	7927	12769
内蒙古	Inner Mongolia	647	1138	1455	1946	2015	2221	2484	2912	3841
辽宁	Liaoning	4449	7151	15672	17052	19518	20893	25803	34216	37102
吉林	Jilin	1389	2501	4101	4578	5251	5536	5934	6445	8196
黑龙江	Heilongjiang	2569	3106	6050	6535	7242	7974	9014	10269	23432
上海	Shanghai	2456	11337	32741	36042	47205	52835	62241	71196	80215
江苏	Jiangsu	4078	8211	34811	53267	88950	128002	174329	235873	348381
浙江	Zhejiang	4042	10316	43221	52980	68933	89931	108482	120742	177066
安徽	Anhui	1026	1877	3516	4679	6070	10409	16386	47128	48556
福建	Fujian	1979	4211	9460	10351	11341	13181	17559	21994	32325
江西	Jiangxi	1008	1557	2815	3171	3548	3746	5224	6307	9673
山东	Shandong	4624	10019	28835	38284	46849	60247	66857	80856	109599
河南	Henan	2386	3823	8981	11538	14916	19090	19589	25149	34076
湖北	Hubei	2004	3486	11534	14576	17376	21147	27206	31311	42510
湖南	Hunan	2628	4117	8763	10249	11233	14016	15948	22381	29516
广东	Guangdong	7729	21123	72220	90886	102449	103883	125673	152907	196272
广西	Guangxi	1231	1762	2379	2784	3480	3884	4277	5117	8106
海南	Hainan	183	502	498	538	632	873	1040	1019	1489
重庆	Chongqing	318	1780	6260	6471	6715	8324	13482	22825	32039
四川	Sichuan	2868	4496	10567	13109	19165	24335	33047	40230	49734
贵州	Guizhou	562	986	2226	2674	2759	2943	3709	4414	8351
云南	Yunnan	959	1710	2556	3085	3108	4089	4633	5645	7150
西藏	Tibet	11	28	102	89	97	350	195	162	263
陕西	Shaanxi	1721	2080	4166	5717	8499	11898	15570	22949	32227
甘肃	Gansu	546	798	1759	1460	1608	2178	2676	3558	5287
青海	Qinghai	100	174	216	325	387	431	499	602	732
宁夏	Ningxia	169	341	516	671	838	1087	1277	739	1079
新疆	Xinjiang	609	1088	1851	2256	2270	2412	2872	3560	4736
香港	Hongkong	655	1374	2645	2623	2562	2486	2411	2980	3171
澳门	Macao		13	27	12	39	22	38	32	36
台湾	Taiwan	4955	10778	20599	22496	22833	22469	21113	22419	22702

注：本年鉴中有关专利申请受理与授权的数据口径为由我国专利机构受理与授权的专利，不包括我国在外国申请专利及被授权的数据。

7-2 国内专利申请授权数
Domestic Patents Granted

单位：件 (piece)

地区	Region	1995	2000	2005	2006	2007	2008	2009	2010	2011
全国	**National Total**	**41881**	**95236**	**171619**	**223860**	**301632**	**352406**	**501786**	**740620**	**883861**
东部地区	Eastern Region	23877	59231	121148	159962	221160	259554	381552	562521	673008
中部地区	Middle Region	7556	14943	20716	26717	33933	40118	54181	84010	114719
西部地区	Western Region	5774	11299	16272	22082	28611	33353	47633	72877	76200
北京	Beijing	4025	5905	10100	11238	14954	17747	22921	33511	40888
天津	Tianjin	1034	1611	3045	4159	5584	6790	7404	11006	13982
河北	Hebei	1580	2812	3585	4131	5358	5496	6839	10061	11119
山西	Shanxi	569	968	1220	1421	1992	2279	3227	4752	4974
内蒙古	Inner Mongolia	415	775	845	978	1313	1328	1494	2096	2262
辽宁	Liaoning	2745	4842	6195	7399	9615	10665	12198	17093	19176
吉林	Jilin	824	1650	2023	2319	2855	2984	3275	4343	4920
黑龙江	Heilongjiang	1403	2252	2906	3622	4303	4574	5079	6780	12236
上海	Shanghai	1436	4050	12603	16602	24481	24468	34913	48215	47960
江苏	Jiangsu	2413	6432	13580	19352	31770	44438	87286	138382	199814
浙江	Zhejiang	2131	7495	19056	30968	42069	52953	79945	114643	130190
安徽	Anhui	574	1482	1939	2235	3413	4346	8594	16012	32681
福建	Fujian	933	3003	5147	6412	7761	7937	11282	18063	21857
江西	Jiangxi	509	1072	1361	1536	2069	2295	2915	4349	5550
山东	Shandong	2861	6962	10743	15937	22821	26688	34513	51490	58844
河南	Henan	1145	2766	3748	5242	6998	9133	11425	16539	19259
湖北	Hubei	1017	2198	3860	4734	6616	8374	11357	17362	19035
湖南	Hunan	1515	2555	3659	5608	5687	6133	8309	13873	16064
广东	Guangdong	4611	15799	36894	43516	56451	62031	83621	119343	128413
广西	Guangxi	665	1191	1225	1442	1907	2228	2702	3647	4402
海南	Hainan	108	320	200	248	296	341	630	714	765
重庆	Chongqing	305	1158	3591	4590	4994	4820	7501	12080	15525
四川	Sichuan	1714	3218	4606	7138	9935	13369	20132	32212	28446
贵州	Guizhou	274	710	925	1337	1727	1728	2084	3086	3386
云南	Yunnan	569	1217	1381	1637	2139	2021	2923	3823	4199
西藏	Tibet	2	17	44	81	68	93	292	124	142
陕西	Shaanxi	1085	1462	1894	2473	3451	4392	6087	10034	11662
甘肃	Gansu	257	493	547	832	1025	1047	1274	1868	2383
青海	Qinghai	65	117	79	97	222	228	368	264	538
宁夏	Ningxia	111	224	214	290	296	606	910	1081	613
新疆	Xinjiang	312	717	921	1187	1534	1493	1866	2562	2642
香港	Hongkong	633	1285	1669	1881	2106	1892	2250	2601	2588
澳门	Macao		13	3	15	16	23	15	34	19
台湾	Taiwan	4041	8465	11811	13203	15806	17466	16155	18577	17327

7-3 国内有效专利数

Domestic Patents in Force

单位：件 (piece)

地 区	Region	2006	2007	2008	2009	2010	2011
全 国	**National Total**	**548758**	**622409**	**923797**	**1193110**	**1825403**	**2303015**
东部地区	Eastern Region	376140	436855	658823	872622	1353980	1712171
中部地区	Middle Region	64541	68489	102752	130019	202668	278836
西部地区	Western Region	53628	58325	87808	111890	175264	211352
北 京	Beijing	36645	43584	55771	71076	100623	131255
天 津	Tianjin	10048	10909	17319	20515	29672	38690
河 北	Hebei	11086	11222	15776	18606	27472	33813
山 西	Shanxi	4012	4125	6076	7921	11998	14764
内蒙古	Inner Mongolia	2494	2727	3711	4188	5935	7162
辽 宁	Liaoning	18679	18948	27614	31107	45241	54320
吉 林	Jilin	6362	6199	8657	9619	13201	15594
黑龙江	Heilongjiang	9686	9760	13589	15519	21010	29042
上 海	Shanghai	37747	46547	66941	83235	126178	149202
江 苏	Jiangsu	43969	53065	94372	154887	273249	371322
浙 江	Zhejiang	62128	75298	121343	170474	268471	331703
安 徽	Anhui	5787	6438	10447	16608	32460	60400
福 建	Fujian	15332	16068	22976	28364	44116	58969
江 西	Jiangxi	3543	3820	5706	7050	10931	14237
山 东	Shandong	32823	37342	58482	71771	111295	139884
河 南	Henan	11772	13324	20713	26917	39972	50785
湖 北	Hubei	11462	12252	19931	25745	40580	50906
湖 南	Hunan	11917	12571	17633	20640	32516	43108
广 东	Guangdong	106932	123035	177144	221131	325566	400571
广 西	Guangxi	4076	4256	6213	7421	10503	13149
海 南	Hainan	751	837	1085	1456	2097	2442
重 庆	Chongqing	11336	11939	16361	20012	30947	41070
四 川	Sichuan	15373	17197	29310	39415	66644	74455
贵 州	Guizhou	3073	3691	5130	6241	8995	11240
云 南	Yunnan	4552	4913	6608	8051	11363	13683
西 藏	Tibet	151	161	231	430	529	390
陕 西	Shaanxi	6689	7305	11106	14828	24158	31544
甘 肃	Gansu	1960	2159	3113	3657	5318	6728
青 海	Qinghai	237	320	559	656	857	1195
宁 夏	Ningxia	855	788	1336	1969	2790	2133
新 疆	Xinjiang	2832	2869	4130	5022	7225	8603
香 港	Hongkong	5448	6574	7862	8161	10071	10913
澳 门	Macao	34	29	44	51	84	95
台 湾	Taiwan	48967	52137	66508	70367	83336	89648

7-4 国内、外三种专利申请受理数

Three Kinds of Applications for Patents Accepted

单位：件 (piece)

项　目	Item	1995	2000	2005	2006	2007	2008	2009	2010	2011
合　计	**Total**	**83045**	**170682**	**476264**	**573178**	**693917**	**828328**	**976686**	**1222286**	**1633347**
1.发　明	Inventions	21636	51747	173327	210490	245161	289838	314573	391177	526412
国　内	Domestic	10018	25346	93485	122318	153060	194579	229096	293066	415829
职　务	Official	2993	12609	62270	81485	107664	140452	172181	223754	324224
大专院校	Universities and Colleges	574	1942	14643	17312	23001	30808	37965	48294	63028
科研单位	Research Institutions	865	2228	6726	6845	9748	12435	14332	18254	25222
企　业	Industrial and Mineral Enterprises	1086	8316	40196	56455	73893	95619	118257	154581	231551
机关团体	Government Agencies and Organizations	468	123	705	873	1022	1590	1627	2625	4423
非职务	Non-official	7025	12737	31215	40833	45396	54127	56915	69312	91605
国　外	Foreign	11618	26401	79842	88172	92101	95259	85477	98111	110583
职　务	Official	11045	25334	77575	85834	89632	92827	82647	95517	107899
非职务	Non-official	573	1067	2267	2338	2469	2432	2830	2594	2684
2.实用新型	Utility Models	43741	68815	139566	161366	181324	225586	310771	409836	585467
国　内	Domestic	43429	68461	138085	159997	179999	223945	308861	407238	581303
职　务	Official	8727	17792	46879	58769	74715	107109	169413	242479	387591
大专院校	Universities and Colleges	771	965	3843	4376	6377	9362	13764	18223	32641
科研单位	Research Institutions	1376	1616	2661	2691	3598	4724	6022	7474	10512
企　业	Industrial and Mineral Enterprises	4739	14912	39649	50350	63371	91374	147618	212081	336298
机关团体	Government Agencies and Organizations	1841	299	726	1352	1369	1649	2009	4701	8140
非职务	Non-official	34702	50669	91206	101228	105284	116836	139448	164759	193712
国　外	Foreign	312	354	1481	1369	1325	1641	1910	2598	4164
职　务	Official	190	259	1171	1077	1002	1331	1612	2248	3772
非职务	Non-official	122	95	310	292	323	310	298	350	392
3.外观设计	Designs	17668	50120	163371	201322	267432	312904	351342	421273	521468
国　内	Domestic	15433	46532	151587	188027	253439	298620	339654	409124	507538
职　务	Official	8193	22974	49733	63312	93722	116825	141457	192337	250529
大专院校	Universities and Colleges	18	17	1435	1262	3302	4975	9850	12815	14467
科研单位	Research Institutions	104	278	359	342	773	1453	917	1234	2176
企　业	Industrial and Mineral Enterprises	6031	22634	47552	60069	86208	108517	128424	173338	231586
机关团体	Government Agencies and Organizations	2040	45	387	1639	3439	1880	2266	4950	2300
非职务	Non-official	7240	23558	101854	124715	159717	181795	198197	216787	257009
国　外	Foreign	2235	3588	11784	13295	13993	14284	11688	12149	13930
职　务	Official	2013	3432	11230	12697	13519	13776	10972	11535	13315
非职务	Non-official	222	156	554	598	474	508	716	614	615

7-5 国内、外三种专利申请授权数

Three Kinds of Patents Granted

单位：件 (piece)

项 目	Item	1995	2000	2005	2006	2007	2008	2009	2010	2011
合 计	**Total**	**45064**	**105345**	**214003**	**268002**	**351782**	**411982**	**581992**	**814825**	**960513**
1.发 明	Inventions	3393	12683	53305	57786	67948	93706	128489	135110	172113
国 内	Domestic	1530	6177	20705	25077	31945	46590	65391	79767	112347
职 务	Official	932	2824	14761	18400	24488	36955	52265	66149	95069
大专院校	Universities and Colleges	258	652	4453	6198	8214	10265	14391	19036	26616
科研单位	Research Institutions	304	910	2423	2553	3173	3945	5299	6557	9238
企 业	Industrial and Mineral Enterprises	205	1016	7712	9433	12851	22493	32160	40049	58364
机关团体	Government Agencies and Organizations	165	246	173	216	250	252	415	507	851
非职务	Non-official	598	3353	5944	6677	7457	9635	13126	13618	17278
国 外	Foreign	1863	6506	32600	32709	36003	47116	63098	55343	59766
职 务	Official	1748	6222	31555	31757	35132	46112	61422	54169	58541
非职务	Non-official	115	284	1045	952	871	1004	1676	1174	1225
2.实用新型	Utility Models	30471	54743	79349	107655	150036	176675	203802	344472	408110
国 内	Domestic	30195	54407	78137	106312	148391	175169	202113	342256	405086
职 务	Official	6766	15519	29191	42258	62975	82914	110625	209275	271345
大专院校	Universities and Colleges	623	868	2391	3453	5502	7242	9166	16002	21190
科研单位	Research Institutions	1025	1529	1599	2484	3101	4161	4503	7074	8016
企 业	Industrial and Mineral Enterprises	2627	12821	24743	35667	53451	70242	95407	183289	236959
机关团体	Government Agencies and Organizations	2491	301	458	654	921	1269	1549	2910	5180
非职务	Non-official	23429	38888	48946	64054	85416	92255	91488	132981	133741
国 外	Foreign	276	336	1212	1343	1645	1506	1689	2216	3024
职 务	Official	154	261	1011	1079	1342	1179	1400	1903	2662
非职务	Non-official	122	75	201	264	303	327	289	313	362
3.外观设计	Designs	11200	37919	81349	102561	133798	141601	249701	335243	380290
国 内	Domestic	9523	34652	72777	92471	121296	130647	234282	318597	366428
职 务	Official	5344	17789	27566	32473	46350	49375	99332	146407	192958
大专院校	Universities and Colleges	10	28	555	806	1057	1652	4390	8115	8678
科研单位	Research Institutions	156	248	170	276	284	238	467	637	523
企 业	Industrial and Mineral Enterprises	2554	17482	26658	31279	42515	45802	90754	135680	179464
机关团体	Government Agencies and Organizations	2624	31	183	112	2494	1683	3721	1975	4293
非职务	Non-official	4179	16863	45211	59998	74946	81272	134950	172190	173470
国 外	Foreign	1677	3267	8572	10090	12502	10954	15419	16646	13862
职 务	Official	1402	3108	8254	9630	12053	10598	14852	15851	13250
非职务	Non-official	275	159	318	460	449	356	567	795	612

7-6 国内、外三种专利有效数
Three Kinds of Patents in Force

单位：件 (piece)

项 目	Item	2006	2007	2008	2009	2010	2011
合 计	**Total**	**727225**	**850043**	**1195196**	**1520023**	**2216082**	**2739906**
1.发 明	Inventions	218922	271917	337215	438036	564760	696939
国 内	Domestic	72941	95678	127596	180042	257893	351288
职 务	Official	51148	70635	98796	144298	209559	291541
大专院校	Universities and Colleges	13966	17130	25130	35413	53144	73320
科研单位	Research Institutions	8982	12484	14004	16507	22976	30545
企 业	Industrial and Mineral Enterprises	27181	40335	58768	91237	131794	185357
机关团体	Government Agencies and Organizations	1019	686	894	1141	1645	2319
非职务	Non-official	21793	25043	28800	35744	48334	59747
国 外	Foreign	145981	176239	209619	257994	306867	345651
职 务	Official	141457	169388	204080	252620	300476	338645
非职务	Non-official	4524	6851	5539	5374	6391	7006
2.实用新型	Utility Models	292323	299242	469729	565804	857968	1120596
国 内	Domestic	288032	294463	463342	558791	849454	1109958
职 务	Official	124183	137094	231457	309630	501555	717902
大专院校	Universities and Colleges	7274	7601	13863	16363	30255	42079
科研单位	Research Institutions	7570	7455	11864	14219	20702	26090
企 业	Industrial and Mineral Enterprises	107807	120620	203110	274357	444655	639741
机关团体	Government Agencies and Organizations	1532	1418	2620	4691	5943	9992
非职务	Non-official	163849	157369	231885	249161	347899	392056
国 外	Foreign	4291	4779	6387	7013	8514	10638
职 务	Official	3502	3887	5439	5994	7276	9254
非职务	Non-official	789	892	948	1019	1238	1384
3.外观设计	Designs	215980	278884	388252	516183	793354	922371
国 内	Domestic	187785	232268	332859	454277	718056	841769
职 务	Official	72548	103174	141996	199973	327916	427350
大专院校	Universities and Colleges	1088	1021	2325	5726	12783	13912
科研单位	Research Institutions	566	639	775	986	1584	1696
企 业	Industrial and Mineral Enterprises	70689	99336	136885	189563	308031	403960
机关团体	Government Agencies and Organizations	205	2178	2011	3698	5518	7782
非职务	Non-official	115237	129094	190863	254304	390140	414419
国 外	Foreign	28195	46616	55393	61906	75298	80602
职 务	Official	27203	44555	53880	60306	73046	78070
非职务	Non-official	992	2061	1513	1600	2252	2532

7-7 国内三种专利申请受理数按地区分布(2011年)
Three Kinds of Domestic Patent Applications Accepted by Region (2011)

单位：件 (piece)

地区	Region	合计 Total	发明 Invention	实用新型 Utility Model	外观设计 Design
全国	**National Total**	**1504670**	**415829**	**581303**	**507538**
东部地区	Eastern Region	1116488	301817	408207	406464
中部地区	Middle Region	208728	54711	96917	57100
西部地区	Western Region	153545	46987	65637	40921
北京	Beijing	77955	45057	26615	6283
天津	Tianjin	38489	10623	18042	9824
河北	Hebei	17595	4651	10423	2521
山西	Shanxi	12769	4602	5238	2929
内蒙古	Inner Mongolia	3841	1267	2034	540
辽宁	Liaoning	37102	14658	17715	4729
吉林	Jilin	8196	3334	3941	921
黑龙江	Heilongjiang	23432	5063	9704	8665
上海	Shanghai	80215	32142	30926	17147
江苏	Jiangsu	348381	84678	81097	182606
浙江	Zhejiang	177066	24745	75860	76461
安徽	Anhui	48556	10982	23209	14365
福建	Fujian	32325	6896	16688	8741
江西	Jiangxi	9673	2796	4698	2179
山东	Shandong	109599	25623	63004	20972
河南	Henan	34076	8833	19120	6123
湖北	Hubei	42510	10327	17409	14774
湖南	Hunan	29516	8774	13598	7144
广东	Guangdong	196272	52012	67333	76927
广西	Guangxi	8106	2757	3614	1735
海南	Hainan	1489	732	504	253
重庆	Chongqing	32039	8839	16786	6414
四川	Sichuan	49734	11808	19241	18685
贵州	Guizhou	8351	2358	3170	2823
云南	Yunnan	7150	2796	3175	1179
西藏	Tibet	263	101	41	121
陕西	Shaanxi	32227	13037	11643	7547
甘肃	Gansu	5287	2105	2441	741
青海	Qinghai	732	204	233	295
宁夏	Ningxia	1079	442	527	110
新疆	Xinjiang	4736	1273	2732	731
香港	Hongkong	3171	944	900	1327
澳门	Macao	36	19	15	2
台湾	Taiwan	22702	11351	9627	1724

7-8 国内三种专利申请授权数按地区分布(2011年)
Three Kinds of Domestic Patents Granted by Region (2011)

单位：件 (piece)

地区	Region	合计 Total	发明 Invention	实用新型 Utility Model	外观设计 Design
全国	**National Total**	**883861**	**112347**	**405086**	**366428**
东部地区	Eastern Region	673008	78694	290333	303981
中部地区	Middle Region	114719	15202	64011	35506
西部地区	Western Region	76200	11928	40416	23856
北京	Beijing	40888	15880	19628	5380
天津	Tianjin	13982	2528	8961	2493
河北	Hebei	11119	1469	7490	2160
山西	Shanxi	4974	1114	3036	824
内蒙古	Inner Mongolia	2262	364	1415	483
辽宁	Liaoning	19176	3164	13584	2428
吉林	Jilin	4920	1202	2993	725
黑龙江	Heilongjiang	12236	1953	5855	4428
上海	Shanghai	47960	9160	23351	15449
江苏	Jiangsu	199814	11043	53413	135358
浙江	Zhejiang	130190	9135	56030	65025
安徽	Anhui	32681	2026	16128	14527
福建	Fujian	21857	1945	12697	7215
江西	Jiangxi	5550	679	3088	1783
山东	Shandong	58844	5856	43443	9545
河南	Henan	19259	2462	13032	3765
湖北	Hubei	19035	3160	11147	4728
湖南	Hunan	16064	2606	8732	4726
广东	Guangdong	128413	18242	51402	58769
广西	Guangxi	4402	634	2564	1204
海南	Hainan	765	272	334	159
重庆	Chongqing	15525	1865	8749	4911
四川	Sichuan	28446	3270	12533	12643
贵州	Guizhou	3386	596	1885	905
云南	Yunnan	4199	1006	2217	976
西藏	Tibet	142	27	20	95
陕西	Shaanxi	11662	3139	6958	1565
甘肃	Gansu	2383	552	1536	295
青海	Qinghai	538	70	147	321
宁夏	Ningxia	613	103	418	92
新疆	Xinjiang	2642	302	1974	366
香港	Hongkong	2588	360	815	1413
澳门	Macao	19	9	8	2
台湾	Taiwan	17327	6154	9503	1670

7-9 国内三种专利有效数按地区分布(2011年)

Three Kinds of Domestic Patents in Force by Region (2011)

单位：件 (piece)

地区	Region	合计 Total	发明 Invention	实用新型 Utility Model	外观设计 Design
全国	**National Total**	**2303015**	**351288**	**1109958**	**841769**
东部地区	Eastern Region	1712171	241724	783177	687270
中部地区	Middle Region	278836	43012	162755	73069
西部地区	Western Region	211352	33419	110926	67007
北京	Beijing	131255	52522	60727	18006
天津	Tianjin	38690	8159	23612	6919
河北	Hebei	33813	4321	22546	6946
山西	Shanxi	14764	3359	9091	2314
内蒙古	Inner Mongolia	7162	1112	4081	1969
辽宁	Liaoning	54320	10452	36895	6973
吉林	Jilin	15594	3771	9224	2599
黑龙江	Heilongjiang	29042	5784	16930	6328
上海	Shanghai	149202	31117	72699	45386
江苏	Jiangsu	371322	29385	131694	210243
浙江	Zhejiang	331703	25728	143255	162720
安徽	Anhui	60400	4782	31237	24381
福建	Fujian	58969	5025	32377	21567
江西	Jiangxi	14237	1862	8130	4245
山东	Shandong	139884	15685	97598	26601
河南	Henan	50785	6129	33889	10767
湖北	Hubei	50906	8868	30503	11535
湖南	Hunan	43108	8457	23751	10900
广东	Guangdong	400571	58648	160770	181153
广西	Guangxi	13149	1835	7523	3791
海南	Hainan	2442	682	1004	756
重庆	Chongqing	41070	4750	21840	14480
四川	Sichuan	74455	9262	32579	32614
贵州	Guizhou	11240	2124	6741	2375
云南	Yunnan	13683	3061	6801	3821
西藏	Tibet	390	83	90	217
陕西	Shaanxi	31544	8197	19131	4216
甘肃	Gansu	6728	1565	4187	976
青海	Qinghai	1195	206	428	561
宁夏	Ningxia	2133	322	1239	572
新疆	Xinjiang	8603	902	6286	1415
香港	Hongkong	10913	1755	3324	5834
澳门	Macao	95	21	50	24
台湾	Taiwan	89648	31357	49726	8565

7-10 按国别(地区)分国外三种专利申请受理(2011年)

Three Kinds of Patent Applications Accepted by Country (Area) (2011)

单位：件 (piece)

国家(地区)	Country (Area)	合计 Total	发明 Invention	实用新型 Utility Model	外观设计 Design
总计	**Total**	**128677**	**110583**	**4164**	**13930**
阿根廷	Argentina	10	9		1
奥地利	Austria	697	598	15	84
澳大利亚	Australia	867	621	45	201
巴哈马	Bahamas	17	13	2	2
巴巴多斯	Barbados	106	102		4
比利时	Belgium	669	592	22	55
伯利兹	Belize	2		2	
百慕大群岛	Bermuda	121	98	16	7
巴西	Brazil	203	130	14	59
保加利亚	Bulgaria	4	2	1	1
加拿大	Canada	1191	1033	27	131
开曼群岛	Cayman Islands	691	557	20	114
智利	Chile	17	16		1
哥伦比亚	Colombia	7	7		
克罗地亚	Croatia	3	3		
古巴	Cuba	6	6		
塞浦路斯	Cyprus	34	25		9
捷克	Czech Republic	72	24	4	44
丹麦	Denmark	937	781	16	140
埃及	Egypt	7	3		4
爱沙尼亚	Estonia	5	4		1
芬兰	Finland	1076	964	41	71
法国	France	4575	3973	148	454
德国	Germany	13096	11422	388	1286
希腊	Greece	23	20	1	2
匈牙利	Hungary	55	40	7	8
冰岛	Iceland	17	17		
印度	India	228	202	4	22
印度尼西亚	Indonesia	26	8	2	16
伊朗	Iran, Islamic Republic of	3		2	1
爱尔兰	Ireland	176	155	6	15
以色列	Israel	634	532	39	63
意大利	Italy	1815	1245	46	524
日本	Japan	45228	39231	1465	4532
约旦	Jordan	1	1		
哈萨克斯坦	Kazakhstan	4		4	
拉托维亚	Latvia	11	7		4

7-10 续表 continued

单位：件 (piece)

国家（地区）	Country (Area)	合计 Total	发明 Invention	实用新型 Utility Model	外观设计 Design
列支敦士登	Liechtenstein	155	110	1	44
卢森堡	Luxembourg	215	156	17	42
马来西亚	Malaysia	141	87	10	44
马耳他	Malta	13	13		
毛里求斯	Mauritius	10	7	3	
墨西哥	Mexico	53	42	1	10
摩纳哥	Monaco	7	6		1
荷　兰	Netherlands	3473	2999	30	444
荷属安的列斯群岛	Netherlands Antilles	6	6		
新西兰	New Zealand	111	95	3	13
挪　威	Norway	275	234	4	37
巴基斯坦	Pakistan	2	2		
巴拿马	Panama	10	4	1	5
菲律宾	Philippines	5	1		4
波　兰	Poland	58	23	1	34
葡萄牙	Portugal	28	18		10
韩　国	South Korea	9860	8129	210	1521
罗马尼亚	Romania	6	1		5
俄罗斯联邦	Russian Federation	170	120	17	33
圣马力诺	San Marino	2	2		
萨摩亚	Samoa	20	11	5	4
沙特阿拉伯	Saudi Arabia	36	34	2	
塞舌尔	Seychelles	9	9		
新加坡	Singapore	645	476	43	126
斯洛伐克	Slovakia	11	8	1	2
斯洛文尼亚	Slovenia	38	37	1	
南　非	South Africa	82	75	1	6
西班牙	Spain	525	388	13	124
瑞　典	Sweden	1963	1730	74	159
瑞　士	Switzerland	3293	2665	156	472
泰　国	Thailand	25	14	2	9
突尼斯	Tunis	1	1		
土耳其	Turkey	104	59	9	36
乌克兰	Ukraine	10	8	1	1
委内瑞拉	Venezuela	1			1
越　南	Viet Nam	7	1	1	5
阿拉伯联合酋长国	United Arab Emirates	20	5		15
英　国	United Kingdom	2275	1876	81	318
美　国	United States of America	32023	28457	1076	2490
维尔京群岛	Virgin Islands, British	286	189	54	43
其　他	Others	69	44	9	16

7-11 按国别(地区)分国外三种专利授权(2011年)

Three Kinds of Patents Granted by Country (Area)(2011)

单位：件 (piece)

国家(地区)	Country (Area)	合计 Total	发明 Invention	实用新型 Utility Model	外观设计 Design
合　计	**Total**	**76652**	**59766**	**3024**	**13862**
阿根廷	Argentina	4	2	2	
奥地利	Austria	342	239	19	84
澳大利亚	Australia	481	280	33	168
巴哈马	Bahamas	10	4		6
巴巴多斯	Barbados	39	38		1
比利时	Belgium	395	328	9	58
伯利兹	Belize	4	1	3	
百慕大群岛	Bermuda	83	57	20	6
巴　西	Brazil	77	34	8	35
保加利亚	Bulgaria	2	1		1
加拿大	Canada	677	490	32	155
开曼群岛	Cayman Islands	223	98	25	100
智　利	Chile	4	3	1	
哥伦比亚	Colombia	3	1		2
克罗地亚	Croatia	3	3		
古　巴	Cuba	5	5		
塞浦路斯	Cyprus	32	11		21
捷　克	Czech Republic	59	15	5	39
朝　鲜	North Korea	3	3		
韩　国	South Korea	6631	4882	243	1506
丹　麦	Denmark	468	334	15	119
埃　及	Egypt	6	1	1	4
芬　兰	Finland	679	545	41	93
法　国	France	2528	2006	60	462
德　国	Germany	7098	5442	281	1375
直布罗陀	Gibraltar	1			1
希　腊	Greece	16	10		6
匈牙利	Hungary	23	18	3	2
印度尼西亚	Indonesia	17	3	2	12
伊　朗	Iran	3		2	1
爱尔兰	Ireland	100	76	5	19
以色列	Israel	228	151	17	60
印　度	India	86	58	5	23
冰　岛	Iceland	15	15		

7-11 续表 continued

单位：件 (piece)

国家(地区)	Country (Area)	合计 Total	发明 Invention	实用新型 Utility Model	外观设计 Design
意大利	Italy	1342	793	53	496
日本	Japan	30637	25387	780	4470
拉托维亚	Latvia	7	3		4
列支敦士登	Liechtenstein	88	43		45
卢森堡	Luxembourg	62	33	5	24
马来西亚	Malaysia	76	23	7	46
马耳他	Malta	7	7		
毛里求斯	Mauritius	8	6	2	
墨西哥	Mexico	31	4	1	26
摩纳哥	Monaco	4	4		
荷兰	Netherlands	2228	1817	34	377
荷属安的列斯群岛	Netherlands Antilles	11	11		
新西兰	New Zealand	61	43	4	14
挪威	Norway	146	109	2	35
巴拿马	Panama	19	18		1
菲律宾	Philippines	5	2		3
波兰	Poland	36	6	1	29
葡萄牙	Portugal	17	14		3
俄罗斯联邦	Russian Federation	86	49	25	12
萨摩亚	Samoa	10	2	8	
沙特阿拉伯	Saudi Arabia	19	17	1	1
塞舌尔	Seychelles	2	1		1
新加坡	Singapore	306	196	22	88
斯洛伐克	Slovakia	5	3		2
斯洛文尼亚	Slovenia	18	11		7
南非	South Africa	48	44	1	3
西班牙	Spain	307	150	16	141
瑞典	Sweden	1250	1020	46	184
瑞士	Switzerland	2041	1471	103	467
泰国	Thailand	17	9	3	5
土耳其	Turkey	62	28	10	24
乌克兰	Ukraine	2	1		1
阿拉伯联合酋长国	United Arab Emirates	4			4
英国	United Kingdom	1271	857	73	341
美国	United States of America	15822	12334	929	2559
维尔京群岛	Virgin Islands, British	207	80	57	70
其他	Others	45	16	9	20

7-12 按国别(地区)分国外三种专利有效数(2011年)

Three Kinds of Patents Granted by Country (Area)(2011)

单位：件 (piece)

国 家(地区)	Country (Area)	合 计 Total	发 明 Invention	实用新型 Utility Model	外观设计 Design
合 计	**Total**	**436891**	**345651**	**10638**	**80602**
安道尔	Andorra	5	4		1
阿根廷	Argentina	20	10	6	4
奥地利	Austria	1833	1457	60	316
澳大利亚	Australia	3112	1960	115	1037
巴哈马	Bahamas	89	46	10	33
巴巴多斯	Barbados	156	141		15
比利时	Belgium	1764	1484	17	263
伯利兹	Belize	21	2	17	2
百慕大群岛	Bermuda	214	160	34	20
巴 西	Brazil	421	240	28	153
文 莱	Brunei Darussalam	58	19	18	21
保加利亚	Bulgaria	12	5	1	6
加拿大	Canada	3276	2541	126	609
开曼群岛	Cayman Islands	804	261	168	375
智 利	Chile	20	14	3	3
哥伦比亚	Colombia	16	8		8
克罗地亚	Croatia	18	16		2
古 巴	Cuba	50	50		
塞浦路斯	Cyprus	89	63	2	24
捷 克	Czech Republic	374	63	28	283
朝 鲜	North Korea	5	4	1	
韩 国	South Korea	36247	29450	776	6021
丹 麦	Denmark	2660	1852	72	736
埃 及	Egypt	10	2	2	6
芬 兰	Finland	4671	3843	80	748
法 国	France	15746	12232	220	3294
德 国	Germany	37903	29252	871	7780
直布罗陀	Gibraltar	6	5		1
希 腊	Greece	67	48	1	18
匈牙利	Hungary	120	100	7	13
印度尼西亚	Indonesia	57	10	3	44
伊 朗	Iran	6	1	3	2
爱尔兰	Ireland	401	275	21	105
以色列	Israel	1004	804	23	177
印 度	India	500	391	12	97
冰 岛	Iceland	48	48		
意大利	Italy	7126	4176	182	2768
日 本	Japan	187387	153140	2700	31547
哈萨克斯坦	Kazakhstan	8	5	3	
吉尔吉斯斯坦	Kirghizia	1	1		
拉托维亚	Latvia	12	7	1	4

7-12 续表 continued

单位：件 (piece)

国家（地区）	Country (Area)	合计 Total	发明 Invention	实用新型 Utility Model	外观设计 Design
黎巴嫩	Lebanon	6		4	2
列支敦士登	Liechtenstein	598	317		281
卢森堡	Luxembourg	377	259	41	77
马来西亚	Malaysia	413	119	50	244
马耳他	Malta	16	16		
毛里求斯	Mauritius	73	27	20	26
墨西哥	Mexico	118	39	5	74
摩纳哥	Monaco	43	32		11
摩洛哥	Morocco	6	4		2
荷　兰	Netherlands	11960	10119	115	1726
荷属安的列斯群岛	Netherlands Antilles	97	95		2
新西兰	New Zealand	354	234	13	107
挪　威	Norway	882	720	4	158
巴拿马	Panama	166	159	2	5
菲律宾	Philippines	24	6	3	15
波　兰	Poland	112	47	4	61
葡萄牙	Portugal	61	42	1	18
罗马尼亚	Romania	8	6	1	1
俄罗斯联邦	Russian Federation	400	257	87	56
萨摩亚	Samoa	45	5	33	7
沙特阿拉伯	Saudi Arabia	267	76	4	187
塞舌尔	Seychelles	30	18	6	6
新加坡	Singapore	1427	971	108	348
斯里兰卡	Sri Lanka	2	1	1	
斯洛伐克	Slovakia	42	16	1	25
斯洛文尼亚	Slovenia	70	54		16
南　非	South Africa	307	271	14	22
西班牙	Spain	1363	599	66	698
瑞　典	Sweden	7481	6234	127	1120
瑞　士	Switzerland	11348	8620	239	2489
泰　国	Thailand	140	34	25	81
英属库克群岛	The Cook Islands	18	2		16
突尼斯	Tunis	1	1		
土耳其	Turkey	314	97	25	192
乌克兰	Ukraine	23	18	4	1
阿拉伯联合酋长国	United Arab Emirates	13	1		12
英　国	United Kingdom	7307	5271	217	1819
美　国	United States of America	83476	66214	3586	13676
乌拉圭	Uruguay	4	3	1	
瓦努阿图	Vanuatu	1	1		
越　南	Viet Nam	5	1	2	2
维尔京群岛	Virgin Islands, British	1048	401	206	441
南斯拉夫	Yugoslavia	4	4		
其　他	Others	104	50	12	42

7-13 按国际专利标准分类的专利申请受理、授权和有效数(2011年)

Patents Applications Accepted, Granted and in Force by International Patent Classification (2011)

单位：件 (piece)

项　　目	Item	申请 Application	授权 Granted	有效 in Force
合　　计	**Total**	**1008844**	**580223**	**1817535**
A部(人类生活需要)	**Section A: Human Necessities**	**185675**	**100920**	**277757**
农、林、牧、渔	Agriculture, Forestry, Animal Husbandry and Fishery	24178	11925	32144
烘烤、食用面团	Baking and Edible Doughs	1459	495	1858
屠宰、加工	Butchering and Meat Treatment	572	338	778
食品、食物及处理	Foods and Foodstuffs and their Treatment	17281	4483	14051
烟类及用品	Tobacco, Cigars and Cigarettes	1819	1301	3983
服　装	Clothing	6267	3705	8763
帽类制品	Headwear	993	519	1337
鞋　类	Footwear	3812	2592	6531
男用服饰用品、珠宝	Haberdashery and Jewelry	1388	829	2944
手携及旅行用品	Hand or Traveling Articles	8795	5075	11755
刷类用品	Brushware	1707	1064	2503
家具、家庭日用品或设备	Furniture, Domestic Articles, and Appliance	43766	26771	66571
医学、兽医学、卫生学	Medical or Veterinary Science and Hygiene	60922	34974	104927
救生、消防	Life-saving and Fire-fighting	2462	1545	4141
运动、游戏、娱乐活动	Sports, Games and Recreation	8995	5301	15468
本部其他类目中不包括的技术主题	Subject Matter not Otherwise Provided for in this Section	1259	3	3
B部(作业、运输)	**Section B: Industrial and Transportation**	**218086**	**129974**	**379188**
物理或化学的方法功能装置	Physical or Chemical Processes or Apparatus	21671	13179	39390
破碎、研磨、粉碎	Crushing,Pulverizing or Disintegrating	3422	1935	6135
分选、分离	Separation of Solid Materials, Electrostatic Separation	1530	780	2512
离心装置、离心机	Centrifugal Apparatus or Machines	666	409	1362
喷射、雾化	Spraying or Atomizing in General	4852	2998	9188
机械振动的产生和传递	Generating or transmission of Mechanical Vibrations	145	105	394
固体分离、分选	Separating Solids from Solids Wastes	2203	1249	3462
清　洁	Cleaning	2954	1681	4662
固体废料的处理	Disposal of Solid Waste	826	422	1190
金属加工、冲裁	Mechanical Metal-working and Stamping	12910	7184	19865
铸造、粉末冶金	Casting and Powder Metallurgy	5745	3425	9920
机床、其他金属加工	Machine Tools	24541	13900	38225
磨削、抛光	Grinding and Polishing	6243	3238	9037
简单工具	Hand tools, Portable Power Tools and Workshop Equipment	7818	4546	13305
手工切割工具、切断	Hand Cutting Tools, Cutting and Servering	3826	2282	6471
木材加工、保存、钉钉机	Wood Preservation and Nailing or Stapling Machines	2042	1170	4171
加工水泥、粘土和石料	Cement, Clay or Stone	3742	2291	6595
塑料制品的加工	Working of Plastics	10485	5587	17756
压力机	Presses	1852	997	3319
纸品制作、纸的加工	Paper Making and Processing Paper	907	597	1911
叠层产品	Layered Products	5191	2435	6181
印刷、打字机、印刷机	Pringting, Lining Machines, and Typewriters	5250	3380	13003
装订、图册、文件夹	Bookbinding, Albums, and Files	2039	1129	3257
绘图具、办公附属用品	Writing or Drawing Appliances	7457	4218	8056
装饰艺术	Decorative Arts	1936	999	3058

注：本表只包含发明和实用新型专利。
a) Invention and Utility Model only.

7-13 续表 1 continued

单位：件 (piece)

项　目	Item	申 请 Application	授 权 Granted	有 效 in Force
一般车辆	Vehicles in General	20197	12846	39003
铁　路	Railways	2704	1627	5403
无轨陆用车牌	Land Vehicles other than Rails	9645	6588	22152
船舶、船只，有关的设备	Ships and Related Equipment	2654	1324	4346
飞行器、航空、宇宙航行	Aircraft and Aviation	1514	504	1753
输送、包装、存储、搬运	Conveying aand Packing Inflammatory Material	29811	19787	53295
卷扬、提升、牵引	Hoistng, Lifting, and Hauling	9130	5896	17346
液体的储运	Opening or Closing Bottles, Jars or Similar Containers	1638	1014	2721
鞍具、室内装璜	Saddlery and Upholstery	70	49	155
微观结构技术	Micro-Structural Technology	377	138	372
超微技术	Nano-Technology	93	65	217
C部（化学、冶金）	**Section C: Chemistry and Metallurgy**	**92943**	**45159**	**156505**
无机化学	Inorganic Chemistry	5656	3253	10228
水、废污水、泥浆的处理	Treatment of Water, Waste Water, Sewage or Sludge	9344	5705	15558
玻璃、矿棉和渣棉	Glass, Mineral or Slag Wool	2761	1925	5574
水泥、陶瓷等、隔音材料	Cements, Concrete, Artificial Stone,Ceramics, Refractories	4099	1367	5554
肥料及制造	Fertilizers and Related Products	2369	570	1927
炸药、火柴	Explosives and Matches	244	163	456
有机化学	Organic Chemistry	15235	6210	27188
有机高分子化合物	Organic Macromolecular Compounds	10784	6614	23405
染料、涂料、抛光剂等	Dyes, Paints, Polishes, Resins, and Adhesives	6996	2352	9924
石油、煤气及炼焦工业	Petroleum, Gas or Coke Industries,Inert Gases	4184	1772	7931
动植物油、脂类	Animal or Vegetable Oils, Fats	1459	624	2201
生化、酒、醋、酶、遗传工程	Biochemistry, Beer, Spirits, Wine, Microbiology	12339	4978	15617
糖或淀粉工业	Sugar Industry	81	39	174
大小原皮、毛皮、皮革	Skins, Hides, Pelts, Leather	233	90	350
黑色冶金	Metallurgy of Iron	3661	2421	7538
冶金学、合金或有色合金	Metallurgy, Ferrous or Non-ferrous Alloys	4811	2114	7940
金属加工涂料、防腐防绣	Coating Metallic Materials	4225	2332	7326
电解电泳方法及设备	Electrolytic or Electrophoretic Processes	2762	1844	5579
晶体生长	Crystal Growth	1675	781	2018
组合技术	Combinatorial Technology	25	5	17
D部（纺织、造纸）	**Section D: Textiles and Papers Making**	**18415**	**11672**	**34567**
线、纤维、纺纱	Natural or Artificial Threads or Fibres, Spinning	3250	2217	7095
纺纱、整经或络经	Yarn, Mechanical Finishing of Yarns or Ropes	670	447	1254
织　造	Weaving	2547	1351	3258
编带、花边、针织、整理	Braiding, Lacce-making, Knitting	2082	1304	3827
缝纫、绣花、簇绒	Sewing, Embroidering, Tufting	1535	1123	3622
织物等的处理、洗涤	Treatment of Textiles, Laundering	5725	3530	10576
绳、除电缆外的缆绳	Ropes, Cables other than Electric	467	288	816
造纸、纤维素的生产	Paper-making, Production of Cellulose	2139	1412	4119
E部（固定建筑物）	**Section E: Fixed Constructions**	**59276**	**37220**	**110069**
道路、铁路和桥梁的建筑	Construction od Roads, Railways, or Bridges	6387	3867	11119
水利工程、基础、运土	Hydraulic Engineering, Foundations, Soil-shifting	6187	3902	10949

7-13 续表 2 continued

单位：件 (piece)

项 目	Item	申 请 Application	授 权 Granted	有 效 in Force
给水、排水	Water Supply, Sewerage	4522	2732	8161
建筑物	Building	18710	11724	34571
锁、钥匙、门窗、保险箱	Locks, Keys, Windows or Door Fittings,Safes	5699	3832	12705
一般门、窗、百叶窗、梯子	Doors, Windows, Shutters, or Roller Blinds in General,Ladders	5241	3606	10401
钻进、采矿	Well Drilling, Mining	12530	7557	22163
F部(机械工程)	**Section F: Mechanical Engineering**	**125077**	**76884**	**239616**
一般机器、发动机、蒸汽机	Machines or Engines in General,Engines Plants in General, Steam Engines	4437	2729	9065
内燃机等	Combustion Engines	6931	4245	14939
液力机械和其他发动机	Machines or Engines for Liquids	4865	2343	5965
液体变容机械、泵	Prositive-displacement Machines for Liquids	11059	6786	22335
液压调节器、液压技术	Fluid-pressure Ajustors,Hydraulic or Pneumatics in General	2414	1422	4378
工程元件或部件	Engineering Elements of Units	36457	23036	69663
气体或液体的储藏或分配	Storing or Distributing of Gases or Liquids	1565	960	3019
照 明	Lighting	20512	11711	30192
蒸汽的产生	Steam Generation	1236	854	2247
燃烧设备、燃烧技术	Combustion Apparatus,Combustion Processes	4174	2821	9614
采暖、炉灶、通风	Heating, Ranges, Ventilation	15840	10373	35399
制冷气体的液化和固化	Refrigeration or Cooling, Heat Pump System	5158	3115	11778
干 燥	Drying	2163	1360	3932
炉、窑、灶、罐	Furnaces, Kins, Ovens	3199	2016	6087
一般热交换	Heat Exchanges in General	3299	2212	7813
武 器	Weapons	818	458	1481
弹药、爆破	Ammunition, Blasting Caps	950	443	1709
G部(物理)	**Section G: Physics**	**141502**	**80231**	**272592**
测量、测试	Measurements,Testing	52013	32147	91135
光学技术	Optics	11722	7445	31900
照相术、电影术、电刻术	Photograppphy,Cinematography, Electrography	5240	3920	16214
测时技术	Horology	1432	881	2599
控制、调节技术	Controlling, Regulating	7913	4672	12779
计算、推算、计数技术	Computing, Calculating, Counting	37097	13896	57893
核算装置	Checking Devices	3556	2166	6403
信号装置	Signaling	5874	3444	9349
教育、密码、显示、广告等	Education, Cryptography, Advertising, Seals	10698	6743	20820
乐器、声学	Musical Instruments, Acoustics	1762	1510	4799
信息的储存	Information Storage	3296	2834	16343
仪器的零部件	Instrument Details	150	172	1162
核物理、核工程	Nuclear Physics, Nuclear Engineering	749	401	1196
H部(电学)	**Section H: Electricity**	**167870**	**98163**	**347241**
基本电器元件	Basic Electric Elements	66426	38555	143188
电力的发电、变电或配电	Generation, Conversion, or Distribution of Electric Power	32639	19408	56247
基本电子电路	Basic Electronic Circuitry	4252	2692	10499
电信技术	Telecommunication Technique	51894	29413	111681
其他类不包括的电技术	Electric Technique not Otherwise Provided for	12659	8095	25626

7-14 国外主要检索工具收录我国论文总数及在世界上的位置

Number of Chinese Paper Taken by Major Foreign Referencing Systems and Precedence in the World

项　目　　Item	1995	2000	2005	2006	2007	2008	2009	2010
收录论文数(篇) Number of Papers Taken(piece)								
《Science Citation Index》	13134	30499	68226	71184	89147	116677	127532	143769
《Index to Science and Technical Proceeding》	5152	6016	30786	35653	43131	64824	54749	37780
《Engineering Index》	8109	13163	54362	65041	75587	89377	97877	119374
位 次　Precedence								
《Science Citation Index》	15	8	5	5	3	2	2	2
《Index to Science and Technical Proceeding》	10	8	5	2	2	2	2	2
《Engineering Index》	7	3	2	2	1	1	1	1

注：为便于国际比较，本表数据统一使用各检索系统直接检索结果，未经逐一核对。表7-15～表7-19数据为逐一核对过的第一作者单位在中国的论文数。

7-15 国外主要检索工具收录的我国科技人员在国内外期刊上发表论文数

Number of Papers by Chinese Scientists and Technicians Published in Domestic and Foreign Periodicals and Taken by Major Foreign Referencing System

单位：篇　　(piece)

项　目	Item	1995	2000	2005	2006	2007	2008	2009	2010
《Science Citation Index》收录合计	**Taken by SCI**	**7980**	**22608**	**63150**	**71184**	**79669**	**95506**	**108806**	**121026**
国内发表	Published in Domestic Periodicals	1087	9208	16669	16856	18410	20804	22229	25934
比重(%)	As % of Total	14	41	26.4	23.7	23.1	21.8	20.4	21.4
国外发表	Published in Foreign Periodicals	6893	13400	46481	54328	61259	74702	86577	95092
比重(%)	As % of Total	86	59	73.6	76.3	76.9	78.2	79.6	78.6
《Engineering Index》收录合计	**Taken by《Engineering Index》**	**6791**	**13991**	**60301**	**65041**	**75568**	**85381**	**98115**	**119374**
国内发表	Published in Domestic Periodicals	3038	8293	35262	33454	40656	45686	46415	56578
比重(%)	As % of Total	45	59	58.5	51.4	53.8	53.5	47.3	47.4
国外发表	Published in Foreign Periodicals	3753	5698	25039	31587	34912	39695	51700	62796
比重(%)	As % of Total	55	41	41.5	48.6	46.2	46.5	52.7	52.6

注：1999年开始使用《SCI-EXPANDED》统计。

7-16 国外主要检索工具收录我国科技论文按学科分布(2010年)

Chinese Scientific Papers Taken by Major Foreign Referencing System by Discipline (2010)

学科	Discipline	篇数(篇) Pieces(piece)			位次 Precedence		
		SCI	EI	CPCI-S	SCI	EI	CPCI-S
合计	**Total**	**121530**	**112070**	**86754**			
数学	Mathematics	6211	11922	726	6	3	19
力学	Mechanics	444	10138	843	25	5	17
信息、系统科学	Information, Systems Science	642	2962	5091	22	12	5
物理学	Physics	14707	12859	4785	3	1	6
化学	Chemistry	30898	12255	1398	1	2	15
天文学	Astronomy	836	130	82	19	32	28
地学	Earth Science	4084	1750	1857	9	15	12
生物学	Biology	16289	1511	1204	2	16	16
预防医学与卫生学	Protective Medicine	718	179	347	21	30	23
基础医学	Basic Medicine	5269	725	2713	7	21	9
药学	Pharmacy	1134	161	101	17	31	27
临床医学	Clinic Medicine	7767		1760	5	35	13
中医学	Traditional Chinese Medicine	281		169	29	35	25
军事医学与特种医学	Special Medicine	332		1	27	35	39
农学	Agriculture	1996	467	764	12	25	18
林学	Forestry	126		14	32	35	33
畜牧、兽医科学	Livestock, Veterinary Medicine	573		5	24	35	35
水产学	Aquatic	345		8	26	35	34
测绘科学技术	Surveying & Mapping		622	4	39	23	36
材料科学	Material Science	8653	11442	8063	4	4	3
工程与技术基础学科	Engineering & Basic Technology Science	1311	3743	447	16	11	21
矿山工程技术	Mining	77	217	51	34	29	30
能源科学技术	Energy	941	1310	2414	18	17	11
冶金、金属学	Metallurgy, Metallography	1516	1264	349	14	18	22
机械、仪表	Machinery, Instrument	1652	6017	2716	13	7	8
动力与电气	Power & Electrical Engineering	8	3936	42	37	10	31
核科学技术	Nuclear Technology	172	121	202	31	33	24
电子、通讯与自动控制	Electronics,Communication & Automation	5070	7867	16131	8	6	2
计算技术	Computer	2241	5836	21349	11	8	1
化工	Chemical Engineering	1413	2958	72	15	13	29
轻工、纺织	Light Industry & Textile Industry		76	27	39	34	32
食品	Food	611	423	4	23	27	36
土木建筑	Civil Construction	791	5006	2774	20	9	7
水利	Water Conservancy	73	427	112	35	26	26
交通运输	Transportaiton	20	1083	4	36	19	36
航空航天	Aviation and Aerospace	318	931	592	28	20	20
环境	Environment	3729	709	1637	10	22	14
安全科学技术	Security	4	611		38	24	40
管理	Management Science	185	2161	2657	30	14	10
其他	Others	93	251	5239	33	28	4

注：Conference Proceedings Citation Index-Science 原ISTP。

7-17 国外主要检索工具收录我国科技论文按地区分布(2010年)

Chinese Scientific Papers Taken by Major Foreign Referencing System by Region (2010)

地 区	Region	篇 数(篇) Pieces(piece)			位 次 Precedence		
		SCI	EI	CPCI-S	SCI	EI	CPCI-S
全 国	**National Total**	**121530**	**112070**	**86754**			
北 京	Beijing	23307	21688	16307	1	1	1
天 津	Tianjin	3428	2924	2919	13	14	13
河 北	Hebei	1387	1636	3500	20	18	11
山 西	Shanxi	983	786	706	22	22	21
内蒙古	Inner Mongolia	274	233	225	27	25	27
辽 宁	Liaoning	5034	5512	4824	9	6	5
吉 林	Jilin	3443	3202	1647	12	13	16
黑龙江	Heilongjiang	3203	5066	3824	15	9	9
上 海	Shanghai	13300	10113	6175	2	3	3
江 苏	Jiangsu	11243	10789	6698	3	2	2
浙 江	Zhejiang	6854	5530	3953	4	5	8
安 徽	Anhui	3242	2790	1623	14	15	18
福 建	Fujian	2330	1605	1208	17	19	20
江 西	Jiangxi	929	795	1627	23	21	17
山 东	Shandong	5793	4269	4292	7	12	7
河 南	Henan	2106	1841	3160	19	17	12
湖 北	Hubei	6034	5487	6163	6	7	4
湖 南	Hunan	3818	5197	2605	11	8	15
广 东	Guangdong	6631	4534	3614	5	11	10
广 西	Guangxi	735	524	588	24	24	24
海 南	Hainan	139	51	119	28	28	28
重 庆	Chongqing	2408	2442	1407	16	16	19
四 川	Sichuan	4843	5013	2859	10	10	14
贵 州	Guizhou	306	201	292	26	27	25
云 南	Yunnan	1354	585	682	21	23	22
西 藏	Tibet	6	2		31	31	31
陕 西	Shaanxi	5690	7450	4807	8	4	6
甘 肃	Gansu	2192	1493	592	18	20	23
青 海	Qinghai	90	39	19	29	30	30
宁 夏	Ningxia	55	47	53	30	29	29
新 疆	Xinjiang	373	226	266	25	26	26

注:Conference Proceedings Citation Index—Science 原ISTP。

7-18 1995-2010年《SCI》收录的我国科技论文的5年滚动被引用情况
Citation Impact of Chinese Scientific Papers in 5 Year over Lapping Taken in SCI

单位：篇 (piece)

项 目	Item	1995-1999	1996-2000	1997-2001	1998-2002	1999-2003	2000-2004	2001-2005	2002-2006	2003-2007	2004-2008	2005-2009	2006-2010
收录论文数 (A)	Number of Papers Taken by SCI	89787	101613	116079	131933	152946	175913	210099	249582	349560	414391	472766	548309
被引用论文数 (B)	Number of Papers Cited	142026	170984	212161	259772	332297	412145	549879	692283	936676	1206096	1796896	2362146
论文影响 (B/A)	Impact	1.58	1.68	1.83	1.97	2.17	2.34	2.62	2.77	2.68	2.91	3.80	4.31

7-19 中文科技期刊刊登的科技论文篇数按机构类型分类(2010年)
Scientific Papers Published in Chinese Science and Technology Periodicals by Type of Institutions (2010)

单位：篇 (piece)

项 目	Item	总 计 Total	高等院校 Universities	研究机构 Research Institutes	企 业 Enterprises	医 院 Hospital	其 他 Others
合 计	**Total**	**530635**	**343027**	**57022**	**19925**	**89372**	**21289**
基础学科	Basic Disciplines	60006	45141	10675	671	262	3257
数 学	Mathematics	6894	6716	122	5		51
力 学	Mechanics	4191	3771	340	50		30
信息、系统	Information, System Science	2467	2312	114	9	2	30
物 理	Physics	7601	6369	1116	27	2	87
化 学	Chemistry	11081	9100	1352	146	16	467
天 文	Astronomy	1099	582	372	17		128
地 学	Earth Sciences	12898	6270	4189	345	1	2093
生 物	Biological Sciences	13775	10021	3070	72	241	371
医药卫生	Medical Care	233426	123660	12394	1020	88814	7538
农林牧渔	Agriculture, Forestry, Animal Husbandry and Fishery	42254	26561	11175	757	6	3755
工业技术	Manufacturing Technology	179741	135132	21599	16781	114	6115
其 他	Others	15208	12533	1179	696	176	624

7-20 重大科技成果
Major Research Results of Science and Technology

单位：项 (item)

项 目	Item	2000	2005	2006	2007	2008	2009	2010	2011
合 计	**Total**	**32858**	**32359**	**33644**	**34170**	**35971**	**38688**	**42108**	**44208**
基础理论	Elementary Theory	2368	2129	2107	2509	3227	2997	3288	3083
应用技术	Applied Technology	28843	28559	30103	29956	30847	33905	37029	39218
软科学	Soft Science	1647	1671	1434	1705	1897	1786	1791	1907
按完成单位类型分	**by Type of Performing Institutes**								
研究机构	Research Institutions	7859	6140	6495	6263	6047	6826	7141	6998
高等院校	Universities	6508	7469	7064	7592	7700	8498	8536	8288
企 业	Enterprises	10586	11525	11918	12220	13301	14345	16704	18064
其 他	Others	7905	7225	8167	8095	8923	9019	9727	10858
应用技术成果按行业分	**by Industries**								
农林牧渔业	Farming, Forestry, Animal Husbandry and Fishery	4147	5123	5216	5148	5006	5169	5868	6170
采掘业	Mining and Quarrying	600	1004	1022	1243	1845	1225	1568	1594
制造业	Manufacturing	5334	5054	6164	5338	5836	6824	7526	8107
电力、煤气及水的生产和供应业	Production and Supply of Electricity, Gas and Water	1279	1274	1297	1414	1397	1522	2647	2635
建筑业	Construction	1189	1334	1358	1201	1296	1251	1376	1583
地质勘查业水利管理业	Geological Prospecting and Water Conservancy	580	655	667	1010	1027	987	1077	1192
交通运输仓储及邮电通信业	Transportation, Storage, Postal and Telecommunications Services	1963	1641	1671	1477	1499	1548	1704	1645
批发和零售贸易餐饮业	Wholesale and Retail Trade and Catering Services	152	109	111	105	93	48	146	115
金融保险业	Finance and Insurance	244	175	178	105	62	96	82	98
房地产业	Real Estate Management	176	72	73	57	43	30	52	36
社会服务业	Social Services	404	407	414	162	167	296	187	187
卫生体育和社会福利业	Health Care, Sports, and Social Welfare	6009	5834	5940	6821	6894	7155	7622	8369
教育文化艺术和广播电影电视业	Education, Culture, and Arts, Radio, Film and Television	456	253	263	318	241	304	342	309
科学研究和综合技术服务业	Scientific Research and Polytechnic Services	2154	4234	4311	4284	4022	3968	4571	4783
国家机关党政机关和社会团体	Government Agencies, Party Agencies and Social Organizations	501	649	661	207	327	375	423	561
其 他	Others	3655	741	757	1066	1092	3107	1838	1834

7-21 国家级科技奖励
National S&T Awards

单位：项 (item)

项　目	Item	2000	2005	2006	2007	2008	2009	2010	2011
合　计	**Total**	**292**	**321**	**329**	**352**	**348**	**374**	**356**	**384**
一、获国家最高科学技术奖	**National Supreme Award of Science and Technology**	**2**	**2**	**1**	**2**	**2**	**2**	**2**	**2**
二、获国家科学技术进步奖	**National S&T Advancement Award**	**250**	**236**	**241**	**255**	**254**	**282**	**273**	**283**
特　等	Special Grade			1	1	3	3	3	1
一　等	1st Class	22	18	20	19	26	17	31	20
二　等	2nd Class	228	218	220	235	225	262	239	262
三、获国家技术发明奖	**National Invention Award**	**23**	**40**	**56**	**51**	**55**	**55**	**46**	**55**
一　等	1st Class		1	1	1	3	2	2	2
二　等	2nd Class	23	39	55	50	52	53	44	53
四、获国家自然科学奖	**National Natural Science Award**	**15**	**38**	**29**	**39**	**34**	**28**	**30**	**36**
一　等	1st Class			2			1		
二　等	2nd Class	15	38	27	39	34	27	30	36
五、获国际科学技术合作奖	**International Science and Technology Co-operation Award**	**2**	**5**	**2**	**5**	**3**	**7**	**5**	**8**

7-22 国家级科技奖励分布
Distribution of National S&T Awards

单位：项 (item)

项　目	Item	2000	2005	2006	2007	2008	2009	2010	2011
一、国家科技进步奖	**National S&T Advancement Award**	**250**	**236**	**241**	**255**	**254**	**282**	**273**	**283**
按行业分	**by Industries**								
工业交通	Manufacturing and Transportation	79	113	92	88	77	93	91	98
农林牧渔	Agriculture, Forestry, Animal Husbandry and Fishery	24	27	30	26	35	38	41	27
文教卫生	Education, Culture and Health Care	35	35	35	36	31	42	38	47
国防公安	National Defense and Public Security	71	61	57	63	72	60	59	65
其　他	Others	41		27	42	39	49	44	46
按隶属分	**by Subordination**								
部　委	Ministries and Commissions	123	62	57	53	58	73	82	63
省市自治区	Province	51	79	84	88	85	106	98	102
其它单位	Others		31	43	51	39	43	58	53
军　口	Military System	76	64	57	63	72	60	35	65
二、国家发明奖	**National Invention Award**	**23**	**40**	**56**	**51**	**55**	**55**	**46**	**55**
按行业分	**by Industries**								
工业交通	Manufacturing and Transportation	16	28	29	26	28	27	21	29
农林牧渔	Agriculture, Forestry, Animal Husbandry and Fishery	1	5	5	5	3	4	4	5
文教卫生	Education, Culture and Health Care	3	1	3	4	2	3	3	4
国防公安	National Defense and Public Security	2	6	15	12	18	16	13	14
其　他	Others	1		4	4	4	5	5	3
按隶属分	**by Subordination**								
部　委	Ministries and Commissions	12	12	16	5	10	12	17	14
省市自治区	Province	9	15	15	21	15	15	15	21
其它单位	Others		6	10	13	12	12	9	6
军　口	Military System	2	7	15	12	18	16	5	14
三、获国家自然科学奖	**National Natural Sciences Award**	**15**	**38**	**29**	**39**	**34**	**28**	**30**	**36**
按学科分	**by Disciplines**								
数　理	Maths & Physics	3	7	4	8	7	7	8	5
化　学	Chemistry	3	6	5	6	4	5	6	6
生物医学	Biol-medical	3	10	6	9	8	4	6	7
地　球	Earth Sciences	5	6	5	5	5	3	4	6
材料工程	Material Engineering	1	7	7	2	5	5	4	8
信　息	Information		2	2	4	5	4	2	4
其　他	Others				5				
按隶属分	**by Subordination**								
部　委	Ministries and Commissions	11	17	14	22	22	12	10	22
省市自治区	Province	4	20	15	14	11	12	14	11
其它单位	Others								3
专家推荐	Expertise		1		3	1	4	6	

7-23 商标注册申请及核准注册商标

Registration Application and Approved of Trademark

单位：件 (piece)

年 份	注册申请 Registration Application				核准注册 Registration Approved			
	国内 Domestic	国际 International	马德里 Madrid	合计 Total	国内 Domestic	国际 International	马德里 Madrid	合计 Total
1979					27459	5130		32589
1980				26177	15348	1297		16645
1981				23004	15707	2049		17756
1982	17000	1565		18565	12385	4672		17057
1983	19120	1687		20807	4293	2278		6571
1984	26487	3077		29564	13252	1518		14770
1985	43445	5798		49243	19584	2084		21668
1986	45031	5939		50970	26993	5126		32119
1987	40014	4055		44069	27687	4454		32141
1988	41683	5866		47549	25448	3604		29052
1989	43202	5209		48411	31810	4625		36435
1990	50853	4371	2048	57272	25966	4036	1269	31271
1991	59124	5885	2595	67604	34501	3523	2306	40330
1992	79837	8367	2591	90795	42710	4198	1180	48088
1993	107758	21014	3551	132323	42668	3999	2059	48726
1994	117186	20238	5193	142617	47482	7803	3016	58301
1995	144610	21442	6094	172146	59895	12591	19380	91866
1996	122057	22615	7132	151804	101178	15843	11407	128428
1997	118577	21676	8502	148755	188047	24958	10033	223038
1998	129394	18252	10037	157683	80095	14137	13478	107710
1999	140620	18883	11212	170715	96139	13896	12366	122401
2000	181717	24623	16837	223177	129441	16327	12807	158575
2001	229775	23234	17408	270417	167563	19017	16259	202839
2002	321034	37221	13681	371936	169904	23364	19265	212533
2003	405620	33912	12563	452095	206070	21188	15253	242511
2004	527591	44938	15396	587925	225394	25069	16156	266619
2005	593382	52166	18469	664017	218731	23792	16009	258532
2006	669276	56840	40203	766319	228814	25254	21573	275641
2007	604952	59714	43282	707948	215161	19159	29158	263478
2008	590525	60704	46890	698119	342498	31870	29101	403469
2009	741763	51966	36748	830477	737228	68471	31944	837643
2010	973460	67838	30889	1072187	1211428	108510	29299	1349237
2011	1273827	95831	47127	1416785	926330	66074	30294	1022698
累计	**8458920**	**804926**	**398448**	**9711475**	**5717209**	**589916**	**343612**	**6650737**

7-24 各地区商标注册申请与注册(2011年)

Registration Application and Approved of Trademark by Region (2011)

单位：件 (piece)

地区	Region	申请数 Applications	核准注册 Registrations Approved	1991-2011年核准注册商标 1991-2011 Registrations Approved	截至2011年底有效注册量 Registrations Effected by the end of 2011
全国	**National Total**	**1273827**	**926330**	**5471277**	**4754318**
东部地区	Eastern Region	867388	642935	3832386	3333922
中部地区	Middle Region	174697	126140	750563	647447
西部地区	Western Region	182410	117702	642850	558849
北京	Beijing	94737	70090	402837	350883
天津	Tianjin	14846	11602	74644	56510
河北	Hebei	30395	23154	160938	130893
山西	Shanxi	8720	7450	48927	41537
内蒙古	Inner Mongolia	10811	8714	49750	43628
辽宁	Liaoning	22896	17688	134513	109095
吉林	Jilin	10937	8332	59196	50324
黑龙江	Heilongjiang	13274	10451	82198	69072
上海	Shanghai	83998	56540	296192	261800
江苏	Jiangsu	85183	63486	416048	354307
浙江	Zhejiang	158366	126875	739957	665871
安徽	Anhui	28003	18019	98812	87845
福建	Fujian	74800	55299	302960	273132
江西	Jiangxi	19322	13717	70730	63607
山东	Shandong	64769	47749	306311	262052
河南	Henan	41214	29086	152298	131425
湖北	Hubei	26791	19263	119281	100013
湖南	Hunan	26436	19822	119121	103624
广东	Guangdong	231382	167013	971538	848184
广西	Guangxi	12535	8012	52230	42685
海南	Hainan	6016	3439	26448	21195
重庆	Chongqing	43130	29788	83813	166657
四川	Sichuan	11856	5609	174719	26005
贵州	Guizhou	23285	14250	39020	58074
云南	Yunnan	894	418	51814	2733
西藏	Tibet	28015	18999	21572	69983
陕西	Shaanxi	4099	2630	63934	18955
甘肃	Gansu	2198	1599	21185	7370
青海	Qinghai	2795	2080	8926	9228
宁夏	Ningxia	10192	7101	15451	43647
新疆	Xinjiang	32600	18502	60436	69884
香港	Hongkong	41744	28452	129786	124402
澳门	Macao	374	364	2008	2243
台湾	Taiwan	7214	10737	113684	87455

7-25 集成电路布图设计登记申请和登记发证(2011年)
Registration Application and Registration Certification of Integrated Circuit Layout-design (2011)

单位：件 (piece)

地 区	Region	申请数 Application	发证数 Certification
合 计	**Total**	**1354**	**1245**
国 内	**Domestic**	**1240**	**1143**
东部地区	Eastern Region	1061	974
中部地区	Middle Region	62	36
西部地区	Western Region	83	99
北 京	Beijing	165	128
天 津	Tianjin	24	10
河 北	Hebei	4	3
山 西	Shanxi		
内 蒙 古	Inner Mongolia		
辽 宁	Liaoning	9	15
吉 林	Jilin		
黑 龙 江	Heilongjiang	2	2
上 海	Shanghai	318	300
江 苏	Jiangsu	222	206
浙 江	Zhejiang	120	112
安 徽	Anhui	39	23
福 建	Fujian	51	57
江 西	Jiangxi		
山 东	Shandong	9	4
河 南	Henan	1	1
湖 北	Hubei	20	10
湖 南	Hunan		
广 东	Guangdong	139	139
广 西	Guangxi		
海 南	Hainan		
重 庆	Chongqing	19	19
四 川	Sichuan	44	52
贵 州	Guizhou		
云 南	Yunnan		
西 藏	Tibet		
陕 西	Shanxi	20	28
甘 肃	Gansu		
青 海	Qinghai		
宁 夏	Ningxia		
新 疆	Xinjiang		
香 港	Hongkong	1	1
台 湾	Taiwan	33	33
国 外	**Abroad**	**114**	**102**
美 国	USA	108	98
韩 国	South Korea	3	3
开曼群岛	Cayman Islands	2	
日 本	Japan	1	1

7-26 农业植物新品种权申请和授权

Application and Granted of New Variety Rights of Agriculture Plants

单位：件 (piece)

项目	Item	1999-2011年累计 Grand Total from 1999 to 2011		2011年申请 Application in 2011
		申请 Application	授权 Granted	
合计	**Total**	**9016**	**3713**	**1255**
一、按单位性质分	**by Units**			
国内科研	Domestic Research	4248	2009	497
国内企业	Domestic Enterprises	3016	1170	530
国内教学	Domestic Education	701	307	98
国内个人	Domestic Individuals	496	158	68
国外企业	Foreign Enterprises	498	66	57
国外个人	Foreign Individuals	34	1	2
国外教学	Foreign Education	19	2	2
国外科研	Foreign Research	4		1
二、按植物种类划分	**by Plant Species**			
大田作物	Field Crops	7638	3444	998
蔬菜	Vegetables	490	131	97
花卉	Flowers	612	77	130
果树	Fruit Tree	243	61	28
牧草	Pasture	11		
其他	Others	22		2

7-27 农业植物新品种权申请和授权
Application and Granted of New Variety Rights of Agriculture Plants

单位：件 (piece)

地 区	Region	1999-2011年累计 Grand Total from 1999 to 2011		2011年申请 Application in 2011
		申 请 Application	授 权 Granted	
合 计	**Total**	**9016**	**3713**	**1255**
国 内	**Domestic**	**8461**	**3644**	**1193**
东部地区	Eastern Region	3677	1564	562
中部地区	Middle Region	2885	1236	364
西部地区	Western Region	1899	844	267
北 京	Beijing	664	175	166
天 津	Tianjin	62	17	14
河 北	Hebei	416	206	85
山 西	Shanxi	106	50	13
内蒙古	Inner Mongolia	139	65	8
辽 宁	Liaoning	444	256	17
吉 林	Jilin	562	279	35
黑龙江	Heilongjiang	503	185	58
上 海	Shanghai	145	34	26
江 苏	Jiangsu	637	295	85
浙 江	Zhejiang	189	78	26
安 徽	Anhui	333	104	70
福 建	Fujian	186	91	25
江 西	Jiangxi	88	46	10
山 东	Shandong	716	332	81
河 南	Henan	733	298	99
湖 北	Hubei	213	90	27
湖 南	Hunan	347	184	52
广 东	Guangdong	188	58	34
广 西	Guangxi	154	88	13
海 南	Hainan	30	22	3
重 庆	Chongqing	86	43	14
四 川	Sichuan	719	424	72
贵 州	Guizhou	135	39	8
云 南	Yunnan	373	78	116
西 藏	Tibet			
陕 西	Shaanxi	110	49	12
甘 肃	Gansu	51	15	5
青 海	Qinghai	9	2	1
宁 夏	Ningxia	17	7	
新 疆	Xinjiang	106	34	18
国 外	**Abroad**	**555**	**69**	**62**
荷 兰	**Netherlands**	216	36	33
美 国	USA	136	7	10
韩 国	Korea	74	3	9
日 本	Japan	45	19	4
德 国	Germany	20	1	2
比利时	Belgium	14		2
法 国	France	7		
意大利	Italy	9		1
西班牙	Spain	13		
以色列	Israel	6		
澳大利亚	Australia	4	2	
新西兰	New Zealand	8	1	
南 非	South Africa	1		
英 国	England	1		
希 腊	Greece	1		1

7-28 按技术合同类别分全国技术市场成交合同数

Contract Deals in Domestic Technical Markets by Type of Contracts

单位：项 (item)

项 目	Item	2006	2007	2008	2009	2010	2011
合 计	**Total**	**205845**	**220868**	**226343**	**213752**	**229601**	**256428**
一、按技术性收入的类型分	**By Type of Technical Income**						
技术开发	Technology Development	64595	73319	80191	88025	105627	126420
委托开发	Commissioned Development	61261	69372	76044	83416	100093	120086
合作开发	Cooperated Development	3334	3947	4147	4609	5534	6334
技术转让	Technology Transfer	11614	11474	11932	13282	12377	11067
技术秘密转让	Technical Secrets Transfer	9225	9369	8723	9590	8529	6949
专利实施许可转让	Patent License Transfer	1142	1012	1918	2122	2004	2079
专利权转让	Patent Right Transfer	298	359	450	553	669	878
专利申请权转让	Patent Application Right Transfer	47	41	80	75	90	162
计算机软件著作权转让	Computer Software Copyright Transfer	290	237	309	384	437	488
集成电路布图设计专有权转让	Integrated Circuit Layout Design Exclusive Right Transfer	52	26	18	18	28	37
动、植物新品种权转让	New Species of Animals and Plants Patent Right Transfer	113	143	157	195	344	220
生物、医药新品种权转让	New Species of Biology and Medicine Patent Right Transfer	447	287	277	345	276	254
技术咨询	Technology Consultation	35814	37820	39344	29203	27714	31581
技术服务	Technology Service	93822	98255	94876	83242	83883	87360
一般性技术服务	Normal Technology Service	91280	96111	93404	82215	82972	86383
技术中介	Technology Intermediary	576	697	184	229	120	167
技术培训	Technology Training	1966	1447	1288	798	791	810
二、按知识产权构成分	**By Intellectural Right**						
技术秘密	Technology Secrets	75873	76261	75353	71460	75362	84845
专利	Patent	5211	2685	4353	5331	4259	5565
发明专利	Invention Patent	3279	1343	2333	3281	2565	3339
实用新型专利	Utility Mode Patent	1782	1185	1832	1784	1448	2104
外观设计专利	Design Patent	150	157	188	266	246	122
计算机软件	Computer Software	23736	27617	32487	36744	42379	48226
动、植物新品种	New Species of Animals and Plants	326	471	454	607	1076	799
集成电路布图设计	IC Layout Design	431	509	615	605	573	1359
生物、医药新品种	New Species of Biology and Medicine	1822	2197	2150	2661	2619	2575
未涉及知识产权	Others	98446	111128	110931	96344	103333	113059

7-28 续表 continued

单位：项 (item)

项 目	Item	2006	2007	2008	2009	2010	2011
三、按技术领域分	**By Technical Field**						
电子信息技术	IT Technology	63155	70047	75415	81129	88538	99241
航空航天技术	Aviation and Aerospace Technology	2899	3106	3299	3494	4168	4726
先进制造技术	Advanced Manufacture Technology	19222	21098	22658	19975	21135	20105
生物、医药和医疗器械技术	Biology,Medicine and Medical Machine Technology	13563	12838	13589	14684	15290	18635
新材料及其应用	Advanced Material and Aplication	7476	8713	8945	7937	9360	10872
新能源与高效节能	New Energy and Power Saving	19405	22675	20697	18961	22357	23071
环境保护与资源综合利用技术	Environment and Source Application Technology	21550	24656	26669	21407	20236	20880
核应用技术	Nuclear Application Technology	587	506	813	1023	885	913
农业技术	Agriculture Technology	5962	6442	5981	5669	6091	6699
现代交通	Modern Traffic	10774	9979	10614	9568	9118	10307
城市建设与社会发展	Urban Construction and Social Development	41252	40808	37663	29905	32423	40979
四、按社会经济目标分	**By Socail and Economic Objectives**						
农业、林业和渔业的发展	Farming,Forestry and Fishery	6663	6926	6964	6686	6917	7611
促进工业的发展	Industry	42157	42521	43283	37674	39285	43193
能源的生产和合理利用	Energy Production and Application	17328	19195	18143	16279	19351	19823
基础设施的发展	Infrastructure	17298	15402	17419	14581	14559	19723
环境治理与保护	Environmental Harness and Protection	16030	16614	19217	15136	14892	15127
卫生(不包括污染)	Sanitation (Excluding Pollution)	9560	7919	8518	8153	7827	9623
社会发展和社会服务	Social Development and Social Service	51229	57233	57324	54530	59128	68879
地球和大气层的探索与利用	Earth and Atmosphere Exploration and Utility	513	552	832	569	661	638
知识的发展	Science Development	4160	4195	4976	5233	5510	7007
民用空间	Civil Aerospace	3402	5356	4524	4920	7311	5899
国防	Defense	3601	3742	3810	4028	4213	5146
其他	Others	33904	41213	41333	45963	49947	53759

7-29 按技术合同类别分全国技术市场成交合同金额
Value of Contract Deals in Domestic Technical Markets by Type of Contracts

单位：万元 (10 000 yuan)

项 目	Item	2006	2007	2008	2009	2010	2011
合 计	**Total**	**18181813**	**22265261**	**26652288**	**30390024**	**39065753**	**47635589**
一、按技术性收入的类型分	**By Type of Technical Income**						
技术开发	Technology Development	7170650	8755349	10754595	12641654	16342394	21698091
委托开发	Commissioned Development	6438640	7904997	9900437	11656596	14017686	19910409
合作开发	Cooperated Development	732011	850351	854158	985058	2324708	1787682
技术转让	Technology Transfer	3213269	4203561	5325907	5385174	6100996	5233881
技术秘密转让	Technical Secrets Transfer	1858657	2603677	3352574	3326299	4428966	3460013
专利实施许可转让	Patent License Transfer	434503	492555	1061457	1216253	632842	894818
专利权转让	Patent Right Transfer	434749	522086	596053	411595	433217	587601
专利申请权转让	Patent Application Right Transfer	12021	12498	40256	44461	64039	41309
计算机软件著作权转让	Computer Software Copyright Transfer	173705	146338	155600	195925	104044	125142
集成电路布图设计专有权转让	Integrated Circuit Layout Design Exclusive Right Transfer	179249	289931	24529	10169	17971	17477
动、植物新品种权转让	New Species of Animals and Plants Patent Right Transfer	25236	23601	51533	62488	249444	39587
生物、医药新品种权转让	New Species of Biology and Medicine Patent Right Transfer	95149	112874	43904	117984	170472	67933
技术咨询	Technology Consultation	847216	902429	1016044	941397	1166376	1662229
技术服务	Technology Service	6950678	8403923	9555743	11421800	15455987	19041389
一般性技术服务	**Normal Technology Service**	6848446	8316904	9445585	10613836	15072444	17783327
技术中介	Technology Intermediary	8607	17014	12586	6696	17747	14515
技术培训	Technology Training	93625	70005	97572	801268	365796	1243546
二、按知识产权构成分	**By Intellectural Right**						
技术秘密	Technology Secrets	7802051	10080513	10460581	10504799	14880803	19520420
专利	Patent	1350753	1222117	2439722	3092963	2840886	3570578
发明专利	Invention Patent	930691	730376	1526277	1419974	1493441	2202460
实用新型专利	Utility Mode Patent	362975	418991	769909	1538284	1177995	1337863
外观设计专利	Design Patent	57087	72750	143536	134705	169450	30255
计算机软件	Computer Software	2206046	2551104	3297910	3975918	4273564	5009198
动、植物新品种	New Species of Animals and Plants	41152	66149	121628	91672	93159	120913
集成电路布图设计	IC Layout Design	361727	520802	250329	150023	240257	513976
生物、医药新品种	New Species of Biology and Medicine	201965	336462	396145	441878	867857	558746
未涉及知识产权	Others	6218119	7488114	9685973	12132771	15869228	18341757

7-29 续表 continued

单位：万元 (10 000 yuan)

项 目	Item	2006	2007	2008	2009	2010	2011
三、按技术领域分	**By Technical Field**						
电子信息技术	IT Technology	6623100	7573136	8983692	9502024	11722362	12222954
航空航天技术	Aviation and Aerospace Technology	280423	287248	441161	952786	490609	665563
先进制造技术	Advanced Manufacture Technology	2971142	3861983	4747810	4504461	5681014	7164822
生物、医药和医疗器械技术	Biology,Medicine and Medical Machine Technology	961386	1085956	1596286	2030655	2459065	2582860
新材料及其应用	Advanced Material and Aplication	1088033	1416489	1480557	1287683	1899588	2039037
新能源与高效节能	New Energy and Power Saving	1622242	2531953	3209816	4012739	5446969	6118954
环境保护与资源综合利用技术	Environment and Source Application Technology	977825	1767623	1893241	1686890	2582589	3265839
核应用技术	Nuclear Application Technology	206218	52308	74630	728732	331258	1579650
农业技术	Agriculture Technology	457905	604884	535215	981695	855798	2020474
现代交通	Modern Traffic	1552692	1752632	2248518	2872302	5283271	5009228
城市建设与社会发展	Urban Construction and Social Development	1440848	1331051	1441361	1830058	2313230	4966209
四、按社会经济目标分	**By Socail and Economic Objectives**						
农业、林业和渔业的发展	Farming,Forestry and Fishery	506906	624555	538905	1030531	912955	2010948
促进工业的发展	Industry	4836405	7078829	7481514	7237172	8687805	10034739
能源的生产和合理利用	Energy Production and Application	1625061	2491707	3265455	4149927	3454779	7443996
基础设施的发展	Infrastructure	2746293	1667646	2384287	3255132	7276996	6940250
环境治理与保护	Environmental Harness and Protection	735274	998557	1120036	1015722	1441520	1034613
卫生(不包括污染)	Sanitation (Excluding Pollution)	669004	590995	597665	663049	1146284	1287883
社会发展和社会服务	Social Development and Social Service	3590306	3503331	4695240	5047874	6738125	8710450
地球和大气层的探索与利用	Earth and Atmosphere Exploration and Utility	26250	60675	101621	53947	50114	57469
知识的发展	Science Development	156312	392638	353464	398448	401228	674594
民用空间	Civil Aerospace	605360	658603	949874	551124	619649	636313
国防	Defense	422150	384386	441414	625646	528007	703014
其他	Others	2262492	3813339	4722813	6361450	7808293	8101320

7-30 按买卖方类别分全国技术市场成交合同数

Contract Deals in Domestic Technical Markets by Category of Technology Seller and Buyer

单位：项 (item)

项　目	Item	2006	2007	2008	2009	2010	2011
合　计	**Total**	**205845**	**220868**	**226343**	**213752**	**229601**	**256428**
一、卖方类别	**Category of Technology Seller**						
机关法人	Governments	685	917	585	496	692	1220
事业法人	Public Organizations	68876	78456	83591	70922	79012	88959
科研机构	Research Institutes	39249	42695	44477	30858	29673	31833
高等院校	Higher Education	22228	27551	30115	32786	42251	49782
医疗、卫生	Medical and Sanitation	493	776	772	1391	1575	2182
其它	Other	6906	7434	8227	5887	5513	5162
社团法人	Social Organization	3125	2925	2845	2599	1677	2902
企业法人	Enterprises	130113	135859	136737	137752	146526	161292
内资企业	Domestic Funded Enterprises	122636	126495	125142	125286	132253	145622
港澳台商投资企业	Enterprises with Funds from Hongkong, Macao and Taiwan	785	1282	1703	1729	2454	3189
外商投资企业	Foreign Funded Enterprises	5680	7156	8958	9561	10245	10537
个体经营	Private Enterprises	855	732	663	677	556	496
境外企业	Overseas Enterprises	157	194	271	499	1018	1448
自然人	Natural Person	297	677	644	580	631	576
其他组织	Other Organizations	2749	2034	1941	1403	1063	1479
二、买方类别	**Category of Technology Buyer**						
机关法人	Governments	15188	16526	17349	17961	19515	22266
事业法人	Public Organizations	24641	27502	29340	29021	31925	36168
科研机构	Research Institutes	11412	10913	11704	11060	12754	14222
高等院校	Higher Education	4069	4579	5018	4985	5654	7116
医疗、卫生	Medical and Sanitation	2217	2532	2943	2883	3190	3438
其它	Other	6943	9478	9675	10093	10327	11392
社团法人	Social Organization	711	588	692	619	796	934
企业法人	Enterprises	159470	169289	173591	159991	171734	190364
内资企业	Domestic Funded Enterprises	148749	155537	157743	143752	154913	172106
港澳台商投资企业	Enterprises with Funds from Hongkong, Macao and Taiwan	821	1282	1316	1306	1297	1624
外商投资企业	Foreign Funded Enterprises	5612	6747	7878	7781	8985	10530
个体经营	Private Enterprises	1214	1495	1572	1768	1370	1744
境外企业	Overseas Enterprises	3074	4228	5082	5384	5169	4360
自然人	Natural Person	2475	2949	2442	3001	2286	2443
其他组织	Other Organizations	3360	4014	2929	3159	3345	4253

注：2006年技术市场成交合同数按卖买方类型分的分类有改变，与2005年以前不可比。

7-31 按买卖方类别分全国技术市场成交合同金额

Value of Contract Deals in Domestic Technical Markets by Category of Technology Seller and Buyer

单位：万元 (10 000 yuan)

项 目	Item	2006	2007	2008	2009	2010	2011
合计	**Total**	**18181813**	**22265261**	**26652288**	**30390024**	**39065753**	**47635589**
一、卖方类别	**Category of Technology Seller**						
机关法人	Governments	140896	194446	203829	173582	354124	402310
事业法人	Public Organizations	2263012	2600319	2853546	3473955	4206292	5326454
科研机构	Research Institutes	1276619	1313030	1472110	1913980	1990272	2614299
高等院校	Higher Education	759528	1030362	1182834	1350607	1966902	2488100
医疗、卫生	Medical and Sanitation	7359	17583	12330	20629	21401	30289
其它	Other	219506	239345	186272	188739	227718	193766
社团法人	Social Organization	71082	45066	36289	103277	136802	79150
企业法人	Enterprises	15533151	19197882	23321388	26262465	33417389	41192914
内资企业	Domestic Funded Enterprises	11984414	14249608	16784091	19108269	25227028	32305402
港澳台商投资企业	Enterprises with Funds from Hongkong, Macao and Taiwan	178715	323897	417022	919212	952014	711747
外商投资企业	Foreign Funded Enterprises	2667295	3606156	4446876	4865777	5120826	5684605
个体经营	Private Enterprises	38453	42522	32286	67417	54492	41075
境外企业	Overseas Enterprises	664275	975700	1641113	1301791	2063028	2450085
自然人	Natural Person	47258	93930	66666	72416	50294	155122
其他组织	Other Organizations	126414	133618	170570	304330	900852	479639
二、买方类别	**Category of Technology Buyer**						
机关法人	Governments	1128181	1543662	1532405	1901885	3831667	3999873
事业法人	Public Organizations	1178495	1714926	2085725	2342184	2528836	3936159
科研机构	Research Institutes	601920	633958	742114	942536	951608	967275
高等院校	Higher Education	145285	115229	183216	218242	260229	376156
医疗、卫生	Medical and Sanitation	34567	50559	61880	66588	88983	152082
其它	Other	396723	915181	1098515	1114819	1228015	2440646
社团法人	Social Organization	14717	34569	32998	31716	32466	61520
企业法人	Enterprises	15248273	18288326	21635085	23490165	31559809	37324295
内资企业	Domestic Funded Enterprises	11799166	12855523	14699140	16320850	20552884	26642653
港澳台商投资企业	Enterprises with Funds from Hongkong, Macao and Taiwan	113982	163598	417575	526850	530051	432933
外商投资企业	Foreign Funded Enterprises	1376517	2010886	2674023	2432090	3845372	2784045
个体经营	Private Enterprises	73243	46137	40768	65076	90347	121943
境外企业	Overseas Enterprises	1885365	3212182	3803579	4145299	6541156	7342721
自然人	Natural Person	203425	259721	336830	818942	549862	71015
其他组织	Other Organizations	408722	424057	1029245	1805132	563112	2242728

注：2006年技术市场成交合同金额按卖买方类型分的分类有改变，与2005年以前不可比。

7-32 各地区技术市场成交合同数

Contract Deals in Domestic Technical Markets by Region

单位：项 (item)

地 区	Region	2000	2005	2006	2007	2008	2009	2010	2011
全 国	**National Total**	**241008**	**265010**	**205845**	**220868**	**226343**	**213752**	**229601**	**256428**
东部地区	Eastern Region	165313	196151	160694	166701	172103	160504	169770	187656
中部地区	Middle Region	56226	49248	27569	31132	31253	29137	29709	27297
西部地区	Western Region	19469	19611	17354	22769	22472	23549	29024	39747
北 京	Beijing	21270	37625	51570	50972	52742	49938	50847	53552
天 津	Tianjin	6415	11295	10181	8380	9312	9842	9540	11699
河 北	Hebei	3340	3338	3719	3448	4100	4392	4517	4400
山 西	Shanxi	290	556	506	469	831	826	835	830
内蒙古	Inner Mongolia	3075	1160	1112	943	1068	865	1231	1386
辽 宁	Liaoning	11455	13826	12546	15105	17738	15729	15589	16796
吉 林	Jilin	5386	3879	4196	3542	3647	3222	3424	3072
黑龙江	Heilongjiang	9883	2041	1755	1607	1706	2068	1983	1918
上 海	Shanghai	20974	30290	28102	27667	28593	26952	25945	29005
江 苏	Jiangsu	28618	26178	10844	14366	14089	13938	19815	24526
浙 江	Zhejiang	31218	20628	17734	16398	17391	12786	12826	13858
安 徽	Anhui	3184	5113	4792	4648	5667	5888	4831	5795
福 建	Fujian	5597	6510	5671	5044	5188	4785	5120	4749
江 西	Jiangxi	5068	3321	2530	2809	2266	2273	2250	2261
山 东	Shandong	30962	31908	5331	7027	6908	7672	7865	9037
河 南	Henan	4097	3770	2831	3773	4478	3913	4611	5010
湖 北	Hubei	7203	11131	5309	8297	7147	5689	6638	7747
湖 南	Hunan	21115	19437	5650	5987	5511	5258	5137	5654
广 东	Guangdong	5464	14432	14866	18175	15945	14408	17493	19637
广 西	Guangxi	912	558	247	319	437	290	258	778
海 南	Hainan		121	130	119	97	62	213	396
重 庆	Chongqing	1610	2730	2662	3769	2332	2465	2201	3270
四 川	Sichuan	3441	4933	4242	5723	6473	7632	9003	9919
贵 州	Guizhou	43	466	263	457	713	988	650	736
云 南	Yunnan	2054	1853	920	859	889	1028	1047	1241
西 藏	Tibet								
陕 西	Shaanxi	4023	3392	3542	4856	4846	6243	9470	11125
甘 肃	Gansu	2960	1877	1995	1908	2306	2680	2503	3754
青 海	Qinghai		318	271	486	424	429	460	523
宁 夏	Ningxia	233	323	336	400	448	450	501	552
新 疆	Xinjiang	1118	2001	1764	3049	2536	479	1700	1473
港澳台	Hongkong,Macao & Taiwan			9	10	31	52	123	220
国 外	Abroad			219	256	484	510	975	1509

7-33 各地区技术市场成交合同金额
Value of Contract Deals in Domestic Technical Markets by Region

单位：万元 (10 000 yuan)

地区	Region	2000	2005	2006	2007	2008	2009	2010	2011
全国	**National Total**	**6507519**	**15513694**	**18181813**	**22265261**	**26652288**	**30390024**	**39065753**	**47635589**
东部地区	Eastern Region	4515047	12374906	14131469	17360729	20584358	23454532	29654694	35711170
中部地区	Middle Region	1133795	1749560	1784865	2216648	2499981	2776089	3174232	4098697
西部地区	Western Region	858677	1389229	1517580	1618597	2145274	2375111	3464842	4828229
北京	Beijing	1402871	4895922	6973256	8825603	10272173	12362450	15795367	18902752
天津	Tianjin	262581	507093	588624	723356	866122	1054611	1193390	1693819
河北	Hebei	94143	103827	156099	164329	165906	172112	192931	262471
山西	Shanxi	5258	47980	59213	82677	128425	162068	184911	224825
内蒙古	Inner Mongolia	60287	109939	107127	109835	94423	147651	271464	226719
辽宁	Liaoning	347817	865167	806494	929290	997290	1197095	1306811	1596633
吉林	Jilin	71390	122261	153666	174845	196066	197598	188090	262614
黑龙江	Heilongjiang	152382	142585	156934	350209	412565	488550	529123	620682
上海	Shanghai	738952	2317328	3095095	3548877	3861695	4354108	4314374	4807491
江苏	Jiangsu	449568	1008296	688297	784173	940246	1082184	2493406	3334316
浙江	Zhejiang	276275	386954	399618	453474	589189	564581	603478	718968
安徽	Anhui	61012	142553	184921	264515	324865	356174	461470	650337
福建	Fujian	172601	171959	113187	145579	179690	232594	356569	345712
江西	Jiangxi	69299	111227	93135	99533	77641	97893	230479	341861
山东	Shandong	288135	983614	232005	450275	660126	719391	1006769	1263778
河南	Henan	211621	263737	237288	261907	254425	263046	272002	387602
湖北	Hubei	276000	501823	444427	522146	628971	770329	907218	1256876
湖南	Hunan	286833	417394	455281	460816	477024	440432	400940	353901
广东	Guangdong	482104	1124740	1070257	1328448	2016319	1709850	2358949	2750647
广西	Guangxi	17741	94059	9423	9970	26996	17662	41362	56377
海南	Hainan		10007	8535	7327	35602	5556	32651	34584
重庆	Chongqing	296594	357059	553479	395658	621884	383158	794410	681453
四川	Sichuan	104150	190823	259323	303878	435313	545977	547393	678330
贵州	Guizhou	620	10488	5361	6560	20356	17806	77191	136483
云南	Yunnan	187742	159175	82747	97496	50547	102469	108827	117144
西藏	Tibet								
陕西	Shaanxi	92560	188977	179485	301710	438300	698074	1024140	2153664
甘肃	Gansu	26413	172736	214534	262107	297560	356287	430845	526386
青海	Qinghai		11812	24665	53017	77033	84967	114051	168443
宁夏	Ningxia	6402	14131	5349	6641	8898	8982	9972	39447
新疆	Xinjiang	66168	80029	76084	71724	73963	12078	45188	43783
港澳台	Hongkong,Macao & Taiwan			15557	24308	49309	124063	126750	249756
国外	Abroad			732342	1044979	1373366	1660227	2645234	2747738

7-34 技术市场技术流向地域(合同数)

Contract Inflows to Domestic Technical Markets by Region

单位：项 (item)

地 区	Region	2000	2005	2006	2007	2008	2009	2010	2011
全 国	**National Total**	**241008**	**265010**	**205845**	**220868**	**226343**	**213752**	**229601**	**256428**
东部地区	Eastern Region	161446	185882	145297	151755	154745	143986	153918	172102
中部地区	Middle Region	54854	49668	31807	34297	35015	33238	34197	31362
西部地区	Western Region	23905	26203	24072	28046	28978	28971	34011	46694
北 京	Beijing	16998	24206	30782	31728	32583	32341	33370	36021
天 津	Tianjin	6297	8719	8105	6811	7285	7246	7291	8750
河 北	Hebei	5230	5719	5495	5222	5683	5420	5664	5871
山 西	Shanxi	1693	2112	2220	2208	2493	2372	2627	3222
内蒙古	Inner Mongolia	3907	2426	2317	2240	2565	2398	2901	3399
辽 宁	Liaoning	9631	12677	10927	12462	14242	12576	12691	14573
吉 林	Jilin	5257	3655	3946	3595	3859	3419	3529	3200
黑龙江	Heilongjiang	8391	3315	2676	2493	2665	2844	2824	2985
上 海	Shanghai	21036	28606	24998	24740	25735	24180	24162	27158
江 苏	Jiangsu	25957	22675	12696	16024	15556	14771	19463	23772
浙 江	Zhejiang	29197	23639	19853	18770	19765	15204	15313	16220
安 徽	Anhui	3276	5299	5226	5052	6078	6389	5318	6073
福 建	Fujian	6532	7729	6566	5893	6087	5454	5305	5379
江 西	Jiangxi	5772	4014	3025	3367	2774	2648	2774	2716
山 东	Shandong	30909	34362	8136	9513	9237	9551	9993	11391
河 南	Henan	5312	5382	4439	5009	5560	5070	5410	6298
湖 北	Hubei	6166	8419	4898	6609	6256	5415	6591	7289
湖 南	Hunan	18987	17472	5377	5964	5330	5081	5124	5764
广 东	Guangdong	9277	16930	17142	19979	17995	16595	19910	21845
广 西	Guangxi	1566	1382	1118	1196	1327	1192	1351	1784
海 南	Hainan	382	620	597	613	577	648	756	1122
重 庆	Chongqing	1639	2416	2229	2815	1930	2205	2310	2854
四 川	Sichuan	4330	5483	4940	5784	6665	7226	8331	9281
贵 州	Guizhou	806	1294	1067	1313	1627	2028	1849	2131
云 南	Yunnan	2754	3493	2204	2099	2219	2366	2824	3043
西 藏	Tibet	41	87	126	108	173	236	211	269
陕 西	Shaanxi	2582	3427	3679	4533	4630	5293	6775	8370
甘 肃	Gansu	3590	2106	2368	2193	2534	2707	2462	4032
青 海	Qinghai	280	606	594	765	762	813	882	1140
宁 夏	Ningxia	488	603	674	797	786	854	1012	1200
新 疆	Xinjiang	1922	2880	2756	4203	3760	1653	3103	3006
港澳台	Hongkong, Macao & Taiwan	203	383	695	712	1015	977	1106	1179
其 它	Other	600	2874	3974	6058	6590	6580	6369	5091

7-35 技术市场技术流向地域(合同金额)

Value of Contract Inflows to Domestic Technical Markets by Region

单位：万元 (10 000 yuan)

地　区	Region	2000	2005	2006	2007	2008	2009	2010	2011
全　国	**National Total**	**6507519**	**15513694**	**18181813**	**22265261**	**26652288**	**30390024**	**39065753**	**47635589**
东部地区	Eastern Region	4326995	9897950	10736318	12431802	14999611	16466327	21123139	26150429
中部地区	Middle Region	1024928	1950447	2160880	2551715	2933130	3353328	4510460	3498203
西部地区	Western Region	898411	1912047	2386566	2497525	3357871	3426466	4799891	6459852
北　京	Beijing	1031906	2468704	3800294	3414186	3951167	4824978	4979527	6793373
天　津	Tianjin	231158	381307	462407	662662	876416	1381934	1038486	1739671
河　北	Hebei	163950	301803	425110	855847	801095	490164	1291728	690142
山　西	Shanxi	49350	215430	315866	460273	546856	601473	509161	707459
内蒙古	Inner Mongolia	79600	301516	296279	342845	910604	655260	862605	721485
辽　宁	Liaoning	326885	855864	572430	681914	1434258	977954	1840608	3966798
吉　林	Jilin	78926	134995	169763	171439	288587	271104	413970	337303
黑龙江	Heilongjiang	155168	153920	164280	224434	214417	389128	562376	644749
上　海	Shanghai	633736	1746358	2206069	2793779	3086825	2727538	3291200	3403479
江　苏	Jiangsu	411821	849194	694186	974909	1036150	1105730	3277882	3754843
浙　江	Zhejiang	303584	589430	605586	681058	736267	806561	1064031	953168
安　徽	Anhui	66604	204344	196148	287299	358785	525582	516323	496209
福　建	Fujian	193767	250239	221723	304796	322565	555523	442214	590676
江　西	Jiangxi	66104	132315	108484	255224	133240	240457	315103	420569
山　东	Shandong	345610	1143692	499470	863275	844896	1034863	1269040	1877483
河　南	Henan	190434	358430	383382	369616	445256	366858	440535	622590
湖　北	Hubei	190942	393847	458187	503683	530303	618523	1370448	863390
湖　南	Hunan	227400	357167	364770	279746	415685	340204	382544	387986
广　东	Guangdong	669783	1217999	1146341	1124658	1759485	2476809	2435401	2249581
广　西	Guangxi	38736	116309	176237	98048	121540	107819	148141	185302
海　南	Hainan	14795	93360	102701	74717	150486	84272	193023	131215
重　庆	Chongqing	164500	322759	454611	274851	261018	310811	884903	842699
四　川	Sichuan	128590	231663	338133	394221	579322	602196	723340	809442
贵　州	Guizhou	16522	53871	61389	145966	152744	283737	218775	319684
云　南	Yunnan	228497	294254	295978	306882	223981	268621	377203	346495
西　藏	Tibet	2994	7989	15279	15701	13218	19295	32390	32012
陕　西	Shaanxi	84188	189469	286874	324701	362321	469572	597518	1005119
甘　肃	Gansu	54557	173761	186482	247342	288985	228703	307727	394750
青　海	Qinghai	7628	29174	49162	77657	114843	233476	245232	283464
宁　夏	Ningxia	9752	35262	35994	69383	78513	65651	126095	166053
新　疆	Xinjiang	82847	156021	190148	199928	250781	181325	275961	371294
港澳台	Hongkong, Macao & Taiwan	47241	142287	267900	332406	344019	389146	319517	338794
其　它	Other	209944	1610964	2630150	4451813	5017657	6754756	8312746	11188312

7-36 按合同类别分技术市场技术流向地域(合同数)(2011年)

Contract Inflows to Domestic Technical Markets by Region (2011)

单位：项 (item)

地区	Region	合计 Total	技术开发 Technology Development	技术转让 Technology Transfer	技术咨询 Technology Consultation	技术服务 Technology Service
全国	**National Total**	**256428**	**126420**	**11067**	**31581**	**87360**
东部地区	Eastern Region	172102	86102	6612	21488	57900
中部地区	Middle Region	37547	17426	2260	4629	13232
西部地区	Western Region	40509	17974	1614	5383	15538
北京	Beijing	36021	17724	793	2199	15305
天津	Tianjin	8750	3762	196	1145	3647
河北	Hebei	5871	2843	412	598	2018
山西	Shanxi	3222	1649	328	308	937
内蒙古	Inner Mongolia	3399	909	105	1202	1183
辽宁	Liaoning	14573	5329	446	4513	4285
吉林	Jilin	3200	1703	118	383	996
黑龙江	Heilongjiang	2985	1308	154	376	1147
上海	Shanghai	27158	9903	888	3171	13196
江苏	Jiangsu	23772	13516	1231	4294	4731
浙江	Zhejiang	16220	9152	571	2606	3891
安徽	Anhui	6073	2991	386	793	1903
福建	Fujian	5379	2683	307	767	1622
江西	Jiangxi	2716	1317	276	274	849
山东	Shandong	11391	7172	774	607	2838
河南	Henan	6298	2548	454	957	2339
湖北	Hubei	7289	3455	349	1219	2266
湖南	Hunan	5764	2455	195	319	2795
广东	Guangdong	21845	13418	892	1493	6042
广西	Guangxi	1784	751	101	263	669
海南	Hainan	1122	600	102	95	325
重庆	Chongqing	2854	1710	159	106	879
四川	Sichuan	9281	4314	423	727	3817
贵州	Guizhou	2131	1012	64	283	772
云南	Yunnan	3043	2032	125	193	693
西藏	Tibet	269	110	11	22	126
陕西	Shaanxi	8370	4287	246	613	3224
甘肃	Gansu	4032	746	170	959	2157
青海	Qinghai	1140	349	96	176	519
宁夏	Ningxia	1200	735	27	141	297
新疆	Xinjiang	3006	1019	87	698	1202
港澳台	Hongkong, Macao & Taiwan	1179	838	178	17	146
其它	Other	5091	4080	403	64	544

7-37 按合同类别分技术市场技术流向地域(合同金额)(2011年)

Value of Contract Inflows to Domestic Technical Markets by Region (2011)

单位: 万元 (10 000 yuan)

地 区	Region	合 计 Total	技术开发 Technology Development	技术转让 Technology Transfer	技术咨询 Technology Consultation	技术服务 Technology Service
全 国	**National Total**	**47635589**	**21698091**	**5233881**	**1662229**	**19041389**
东部地区	Eastern Region	26150429	12555702	3512868	1112473	8969386
中部地区	Middle Region	4480254	2332967	552529	192889	1401868
西部地区	Western Region	5477800	2672327	637571	290050	1877852
北 京	Beijing	6793373	2949351	485968	199782	3158272
天 津	Tianjin	1739671	946874	69524	41959	681313
河 北	Hebei	690142	294388	112342	31786	251627
山 西	Shanxi	707459	202621	64006	33520	407312
内蒙古	Inner Mongolia	721485	263022	123627	69287	265550
辽 宁	Liaoning	3966798	803348	298772	167979	2696700
吉 林	Jilin	337303	190417	48434	13568	84884
黑龙江	Heilongjiang	644749	494210	35895	14996	99648
上 海	Shanghai	3403479	1613787	1299441	54147	436104
江 苏	Jiangsu	3754843	2369702	417899	423927	543314
浙 江	Zhejiang	953168	590588	101087	39157	222335
安 徽	Anhui	496209	251891	84096	20992	139230
福 建	Fujian	590676	235973	180615	22820	151268
江 西	Jiangxi	420569	240894	92734	7700	79241
山 东	Shandong	1877483	1270999	192336	53536	360611
河 南	Henan	622590	239071	95915	30568	257036
湖 北	Hubei	863390	513359	108937	57787	183308
湖 南	Hunan	387986	200506	22512	13759	151208
广 东	Guangdong	2249581	1404212	337649	69316	438404
广 西	Guangxi	185302	106751	9113	6750	62689
海 南	Hainan	131215	76481	17234	8063	29437
重 庆	Chongqing	842699	512466	127378	20049	182807
四 川	Sichuan	809442	434781	86205	37795	250661
贵 州	Guizhou	319684	194705	8499	12429	104053
云 南	Yunnan	346495	159720	45742	24010	117022
西 藏	Tibet	32012	11172	1773	2356	16711
陕 西	Shaanxi	1005119	508121	113154	25732	358112
甘 肃	Gansu	394750	107176	51802	40345	195427
青 海	Qinghai	283464	221563	8860	8996	44045
宁 夏	Ningxia	166053	45679	26896	13583	79896
新 疆	Xinjiang	371294	107172	34522	28720	200881
港澳台	Hongkong, Macao & Taiwan	338794	227815	89682	2493	18804
其 它	Other	11188312	3909279	441230	64325	6773478

7-38 按地区分的国外技术引进合同(2011年)
Technology Contracts Imported by Region (2011)

地　区	Region	合同数(项) Number of Contracts (item)	合同金额(万美元) Value of Contracts (USD 10 000)	技术费 for Technology
全　国	**National Total**	**9420**	**2696812**	**2285214**
东部地区	Eastern Region	7118	1963406	1663028
中部地区	Middle Region	1160	232301	195051
西部地区	Western Region	1142	501105	427135
北　京	Beijing	1388	585090	361750
天　津	Tianjin	454	142573	131328
河　北	Hebei	74	12592	12570
山　西	Shanxi	36	12914	5469
内蒙古	Inner Mongolia	25	28616	14738
辽　宁	Liaoning	356	35722	29939
吉　林	Jilin	478	66351	65726
黑龙江	Heilongjiang	16	2922	2914
上　海	Shanghai	2742	414105	385721
江　苏	Jiangsu	1028	538061	533080
浙　江	Zhejiang	529	55577	54018
安　徽	Anhui	248	28285	17852
福　建	Fujian	135	24257	18738
江　西	Jiangxi	131	19084	15821
山　东	Shandong	98	42360	42207
河　南	Henan	68	24130	9364
湖　北	Hubei	128	69096	68613
湖　南	Hunan	55	9520	9291
广　东	Guangdong	211	101510	84070
广　西	Guangxi	137	25459	11222
海　南	Hainan	103	11559	9607
重　庆	Chongqing	297	334747	327793
四　川	Sichuan	468	63022	42051
贵　州	Guizhou	22	2096	1913
云　南	Yunnan	85	3107	3099
西　藏	Tibet			
陕　西	Shaanxi	48	13110	12685
甘　肃	Gansu	7	15467	1058
青　海	Qinghai	13	6199	3784
宁　夏	Ningxia	18	5351	5351
新　疆	Xinjiang	22	3932	3440

注：国外技术引进合同有一部分无法按地区分类，所以分地区之和不等于全国总计。

7-39 按行业分的国外技术引进合同(2011年)

Technology Contracts Imported by Industry (2011)

行　业	Industry	合同数（项） Number of Contracts (item)	合同金额（万美元） Value of Contracts (USD 10 000)	技术费 for Technology
总　计	**Total**	**12196**	**3207610**	**2790670**
农、林、牧、渔业	Farming, Forestry, Animal Husbandry and Fishery	72	8554	6490
采矿业	Mining and Quarrying	127	47971	10666
制造业	Manufacturing	7364	2414658	2218155
电力、煤气及水的生产和供应业	Production and Supply of Electricity, Gas and Water	168	229766	55606
建筑业	Construction	245	16123	16122
交通运输、仓储及邮电通信业	Transport, Storage, Post and Telecommunications	100	27143	26414
信息传输、计算机服务和软件业	Information Transfer, Computer Services and Software	580	196250	196141
批发和零售业	Wholesale and Retail Trade	273	22666	22224
住宿和餐饮业	Accommodation and Restaurants	62	15169	15169
金融业	Finance	52	10433	10433
房地产业	Real Estate	1762	116359	116290
租赁和商务服务业	Tenancy and Business Services	269	17027	17027
科学研究、技术服务和地质勘查业	Scientific Research, Technical Service and Geologic Perambulation	423	30015	29562
水利、环境和公共设施管理业	Management of Water Conservancy, Environment and public Establishment	24	6689	5422
居民服务和其他服务业	Resident Services and Other Services	628	40813	37804
教育	Education			
卫生、社会保障和社会福利业	Sanitation, Social Security and Welfare	17	1255	593
文化、体育和娱乐业	Culture, Sports and Entertainment	25	4979	4813
公共管理与社会组织	Public Management and Social Organization	5	1739	1739

7-40 国外技术引进合同按引进方式分(2011年)

Technology Contracts Imported by Type of Import (2011)

项　目	Item	合同数（项） Number of Contracts (item)	合同金额（万美元） Value of Contracts (USD 10 000)	技术费 for Technology
总　计	**Total**	**12202**	**3215881**	**2798941**
专利技术的许可或转让（包括专利申请权的转让）	Patent Technology License and Transfer	556	256454	245857
专有技术的许可或转让	Technology License and Transfer	2735	1194080	1156440
技术咨询、技术服务	Technology Consultation and Service	7511	1153034	893666
计算机软件的进口	Import of Computer Software	752	297350	295063
商标许可	Trade Mark License	76	32392	32392
合资生产、合作生产等	Joint-venture Production and Cooperative Production	159	80237	78409
为实施以上内容而进口的成套设备、关键设备、生产线等	Comolete Set of Equipment, Key Equipment and Production Line	130	91485	16157
其它方式的技术进口	Others	283	110848	80957

7-41 按引进国别或地区分的国外技术引进合同(2011年)

Technology Contracts Imported by Country or Area (2011)

国别或地区	Country or Area	合同数(项) Number of Contracts (item)	合同金额(万美元) Value of Contracts (USD 10 000)	技术费 for Technology
总　计	**Total**	**12162**	**3209665**	**2792967**
中国澳门	Macao, China	4	183	183
阿拉伯联合酋长国	UAE	13	1179	1179
塞浦路斯	Cyprus	2	59	59
韩国	South Korea	827	320031	316626
泰国	Thailand	41	2795	2795
文莱	Brunei		81	81
印度尼西亚	Indonesia	10	74	74
中国台湾	Taiwan, China	442	57590	54345
马来西亚	Malaysia	40	1246	1246
越南	Vietnam	5	61	25
以色列	Israel	35	3405	3405
日本	Japan	2555	495148	449132
新加坡	Singapore	310	25153	25129
土耳其	Turkey	11	500	500
伊朗	Iran	2	221	221
中国香港	Hongkong, China	1402	109368	106881
柬埔寨	Cambodia	1	10	10
沙特阿拉伯	Saudi Arabia	1	1423	1423
巴基斯坦	Pakistan	3	98	98
印度	India	76	14503	14503
埃及	Egypt		62	62
南非	South Africa	3	34	34
毛里求斯	Mauritius	3	206	206
塞舌尔	Seychelles	3	34	34
匈牙利	Hungary	2	523	523
英国	United Kingdom	371	59074	54420
俄罗斯	Russia	33	176444	23344
卢森堡	Luxemburg	19	8760	8760
捷克共和国	Czech Republic	23	6254	6254
荷兰	Netherlands	212	55531	54393

7-41 续表 continued

国别或地区	Country or Area	合同数(项) Number of Contracts (item)	合同金额(万美元) Value of Contracts (USD 10 000)	技术费 for Technology
瑞士	Switzerland	161	53199	48367
法国	France	383	228560	206853
德国	Germany	1283	346717	252977
意大利	Italy	290	48042	27865
丹麦	Danmark	69	24335	21030
瑞典	Sweden	102	118179	105080
比利时	Belgium	71	18212	14258
葡萄牙	Portugal	3	49	49
波兰	Poland	8	533	533
西班牙	Spain	55	4442	3047
乌克兰	Ukraine	13	1725	1718
罗马尼亚	Romania	5	185	185
爱尔兰	Ireland	114	15132	15131
奥地利	Austria	107	23404	14663
芬兰	Finland	64	91765	89413
挪威	Norway	28	8368	8342
列支敦士登	Liechtenstein	10	1163	1163
英属维尔京	British Virgin	83	24888	24888
开曼群岛	Cayman Islands	51	5104	5104
伯利兹	Belize	3	395	395
阿根廷	Argentina	1	7	7
智利	Chile	2	35	35
巴西	Brazil	5	970	970
巴拿马	Panama	3	460	460
加拿大	Canada	216	26688	13017
百慕大	Bermuda		105	105
美国	United States	2402	811956	796434
澳大利亚	Australia	143	12172	12172
萨摩亚	Samoa	25	1977	1910
新西兰	New Zealand	13	852	852

八、科技服务
Scientific and Technologic Services

8-1 全国地质勘查分地区情况(2011年)

Basic Statistics on Geological Work by Region (2011)

地区	Region	年末从业人员(人) Year-end Employed Persons (person)	#技术人员 Technical Personnel	地质勘查工作费用(万元) Expenditure on Geological Work (10 000 yuan)
全国	**National Total**	**448394**	**214273**	**11178768**
北京	Beijing	12705	9563	70140
天津	Tianjin	20310	5334	66415
河北	Hebei	40828	17387	543614
山西	Shanxi	10013	7041	200332
内蒙古	Inner Mongolia	14178	6116	920117
辽宁	Liaoning	25093	10725	294126
吉林	Jilin	15586	6402	338735
黑龙江	Heilongjiang	37309	10330	363359
上海	Shanghai	4796	1446	85647
江苏	Jiangsu	9814	5623	220353
浙江	Zhejiang	3013	2311	34372
安徽	Anhui	10882	6256	153510
福建	Fujian	7209	4073	44851
江西	Jiangxi	10151	7182	124704
山东	Shandong	30107	14434	596923
河南	Henan	30478	15525	455706
湖北	Hubei	10944	6794	176887
湖南	Hunan	9540	6738	77049
广东	Guangdong	7869	6441	55725
广西	Guangxi	6282	4262	76130
海南	Hainan	1447	1311	70525
重庆	Chongqing	8818	3532	89218
四川	Sichuan	33871	14035	967751
贵州	Guizhou	4691	3643	139707
云南	Yunnan	6849	5648	205465
西藏	Tibet	852	682	89914
陕西	Shaanxi	40229	13829	718410
甘肃	Gansu	6097	4590	421409
青海	Qinghai	5642	2995	378466
宁夏	Ningxia	1866	1429	118974
新疆	Xinjiang	20131	7881	1901580

注：统计范围为具有地质勘查资质的中央管理的地勘单位、属地化管理的地勘单位(包含各局级地勘单位局机关)和其他地勘单位(含拥有地质勘查资质的矿业公司、科研院所、高等院校、勘查公司和勘查技术服务公司)。

8-2 全国气象部门基本情况
Basic Statistics on Meteorological Units

项　目	Item	2000	2005	2006	2007	2008	2009	2010	2011
一、气象观测业务台站(个)	**Operating Station (Unit)**								
1. 地面观测	Surface Observation Stations	2819	2405	2418	2431	2438	2416	2418	2419
2. 高空探测	Upper-air Observation Stations	156	120	122	123	121	118	120	120
3. 自动气象站	Automatic Weather Stations	550	7813	16775	23130	28235	31553	30693	33259
4. 天气雷达观测	Weather Radar Observation Stations	238	253	252	304	313	330	342	259
5. 大气成分观测	Atmospheric Composition Observation Stations		21	73	31	35	35	28	28
6. 太阳辐射观测	Solar Radiation Observation Stations	99	105	110	103	142	157	100	100
7. 农业气象观测	Agro-Meteorological Observation Stations	1125	769	771	739	635	653	653	653
8. 生态与农业气象观测试验	Ecological & Agro-Meteorological Observation Stations	68	67	68	69	67	68	68	68
9. 卫星云图接收	Satellite Cloud Images Receiving Stations	319	435	384	496	621	311	361	363
10.大气本底站	Atmospheric Background Stations	4	6	7	7	7	7	7	7
11.雷电定位监测	Lightning Location Monitoring Stations		234	292	354	387	417	425	319
12.沙尘暴监测	Sand and Dust Storm Monitoring		85	86	31	194	182	29	29
13.紫外线观测	UV Observation		178	178	174	203	149	164	160
14.酸雨观测	Acid Rain Observation	82	299	513	334	330	337	342	342
15.臭氧观测	Ozone Observation	3	14	18	4	20	17	22	36
16.海洋气象台站	Ocean Meteorological Stations	140	125	100	105	102	102	109	90
二、气象科学数据共享服务数据量(GB)	**Quantity of Meteorological Data (GB)**		**2089**	**218784**	**112506**	**51985**	**245740**	**358319**	**398134**
三、装备	**Equipment**								
1. 拥有计算机数(台)	Number of Computers (unit)	27724	50683	57007	63350	72137	79349	90040	98101
高性能计算机	High-powered Computers		62	53	65	61	72	106	108
服务器及工作站(套)	Servers and Workstations (set)		768	941	1046	1196	1751	2428	3124
PC服务器	PC Servers		1903	2142	2629	3021	3776	4762	5339
PC机(含PC工作站)	Personal Computers		47950	53871	59610	67859	73750	82744	89530
2. 云图接收机数(台)	Number of Cloud Images Receiving Stations (unit)	354	506	423	438	453	407	421	453
3. 电视会商系统设备(套)	TV Conference Facilities (set)		729	877	1041	1296	1805	1895	2071
4. 人工影响天气作业	Facilities for Conducting Weather Modification Operations								
设备高炮(门)	Cloud Seeding Guns (unit)		6393	6800	6969	6311	6973	6902	6636
火箭发射系统(部)	Cloud Seeding Rocket Launchers (unit)		4129	4936	5039	4862	6355	7034	7109
四、人员(人)	**Number of Personnel (Person)**								
全国气象部门职工总数	Total Staff and Workers	59113	53214	53137	53321	53265	53180	53606	53665

注：从2006年开始气象科学数据共享服务数据量是全国气象部门利用网络向社会提供气象资料的数据量，2005年及以前是国家气象信息中心气象科学数据共享服务网的数据量。

8-3 地震台、网基本情况(2011年)

Statistics of Earthquake Monitoring Stations and Networks (2011)

单位: 个 (unit)

地区	Region	国家地震观测台、网 National Seismic Observation Stations, Networks			国家地震遥测台、网 National Seismic Telemetric Stations, Networks		市、县地震台 Municipality/County-level Seismic Stations		
		国家级台 number of National stations	省级台 number of provincial stations	强震观测点 Number of Strong motion observation spots	台网 Number of Seismic networks	子台 Sub-seismic Stations	市、县级台 Municipality/County-level seismic Stations	企业台 Number of enterprise Stations	宏观观测点 Macro-observation Spots
全国	**National Total**	**187**	**211**	**2209**	**135**	**977**	**1033**	**186**	**37518**
北京	Beijing	10	2	243	3	27	86	1	242
天津	Tianjin	5	5	110	1	33			1769
河北	Hebei	8	21	65	4	53	45	12	2755
山西	Shanxi	6	4	40	6	37	64	25	6044
内蒙古	Inner Mongolia	6	17	32	1	39	35		540
辽宁	Liaoning	7	11	70	3	37	28	5	936
吉林	Jilin	5	6	10	2	37	21		386
黑龙江	Heilongjiang	9	2	106	7	35	49	1	4515
上海	Shanghai	2		63	1	33	7		10
江苏	Jiangsu	9	6	85	12	15	78	2	1211
浙江	Zhejiang	5	1	16	4	24	32		24
安徽	Anhui	3	9	13	4	10	15	1	645
福建	Fujian	4	10	40	6	33	28	8	339
江西	Jiangxi	2	4	6	1	24			475
山东	Shandong	6	20	146	16	66	41	7	3436
河南	Henan	3	7	20	12	9	31	4	879
湖北	Hubei	5	8	2	2	13	27		157
湖南	Hunan	4	3	2	1	21	25	2	236
广东	Guangdong	6	7	112	8	51	32	5	148
广西	Guangxi	1	7	21	6	22	34	3	895
海南	Hainan	2	4	14	1	25	14		2715
重庆	Chongqing	1			1	23	24		17
四川	Sichuan	12	13	219	12	60	78	36	2505
贵州	Guizhou								
云南	Yunnan	16	15	315	5	55	110	33	1659
西藏	Tibet	10	1	2	1	19			
陕西	Shaanxi	6	9	30	3	30	34	9	3831
甘肃	Gansu	9	10	166	5	44	44	10	267
青海	Qinghai	5	2	40	3	30	10	20	87
宁夏	Ningxia	4	3	51	1	13	11		266
新疆	Xinjiang	16	4	170	3	59	30	2	529

8-4 国家标准、

Basic Statistics on National

项　目	Item	1994	1995	1996	1997	1998	1999
本年度制、修订 标准合计(个)	**Number of Standards on Formulation and Redaction (unit)**	**1304**	**1319**	**1387**	**1162**	**990**	**900**
制　定	Formulation	883	899	818	658	587	477
修　订	Redaction	421	420	569	504	403	423
国标标准采用程度合计(个)	**Number of International Standards used on Diffirent Levels (unit)**	**438**	**505**	**560**	**688**	**600**	**526**
等　同	Same	59	96	203	281	249	194
修　改	Modified	140	185	186	267	235	194
非等效	Non-equivalent	239	224	171	140	116	138
计量基准、标准建立情况	**Establsihed on Standards and Measurement**						
类　别	Categories	10	10	10	10	10	10
项　别	Items	87	86	83	87	88	133
种　别	Sorts	147	147	143	141	140	190
计量仪器检定按类别分(台、件)	**Measuring Instrument Examined on Diffirent Category (set)**						
合　计	**Total**	**25735737**	**26344211**	**27611905**	**29374465**	**27597670**	**31004284**
长　度	Length	2419281	2441130	2584605	2358173	2086995	2283278
温　度	Temperature	630550	534085	670683	689446	669758	745406
力　学	Mechanics	18638860	8845119	19252999	20153072	17955936	18393406
#衡　器	Weighing Apparatus	10728650	10442331	10229244	9751864	8971949	9470396
电　磁	Electromagnetism	3373039	3688655	4012280	4997291	5231026	7569615
光　学	Optics	117165	113448	157343	173046	254095	322881
声　学	Acoustics	11518	15262	19272	24641	25778	32937
化　学	Chemistry	168165	151530	228704	221255	210298	224892
放射性	Radioactivity	12637	18485	32522	28914	40257	43377
无线电	Radio	70586	94819	86536	97672	107467	156113
时间频率	Time Frequency	45841	32525	77136	84747	145744	252201
其　他	Others	248095	409153	489825	546208	870316	980178

8-5 地方标准、质量

Basic Statistics on Local

项　目	Item	1994	1995	1996	1997	1998	1999
本年末标准累计(个)	Number of Standards (unit)	11473	8553	10216	10793	10965	12156
本年度制、修订标准合计(个)	Number of Standards for Formulation or Redaction (unit)	1030	985	801	738	678	1151
制　定	Formulation	1017	930	787	637	644	1021
修　订	Redaction	13	55	14	101	34	130
产品质量监督检验企业数(家)	Number of Enterprises Supervised and Checked for Product Quality (unit)	265975	260490	301839	422153	395015	401089
检验批次数(批次)	Inspection Batch-time (batch-time)	439125	435900	476885	633563	508191	501121
批次合格率(%)	Rate of Batch-time Qualified (%)	77.38	77.00	78.00	80.00	79.40	79.92

计量基本情况

Standards and Measurement

2000	2001	2002	2003	2004	2005	2006	2007	2008	2009	2010	2011
1087	**1045**	**1049**	**1653**	**893**	**1320**	**1909**	**1410**	**6373**	**3158**	**2860**	**1993**
605	497	514	734	458	690	1080	745	2714	2102	2123	1559
482	548	535	919	435	630	829	665	3659	1056	737	434
538	**492**	**608**	**661**	**365**	**711**	**955**	**651**				**622**
230	213	222	361	151	417	518	360				265
220	167	269	192	147	220	327	200				263
88	112	117	108	67	74	110	91				94
10	10	10	10	10	10	10	10	10	10	10	10
133	133	133	130	130	130	130	130	130	130	130	130
191	190	190	177	177	177	178	178	178	178	179	180
40058507	**38935133**	**44993208**	**41587596**	**40006798**	**36210234**	**39050639**	**34777777**	**36954296**	**37999532**	**43437070**	**51151024**
2990725	3033660	3475520	3476880	2885297	2632844	2700486	3078905	3337733	3572267	3296362	3406829
5019420	1294382	1881378	1421727	1182162	1385405	1558850	1520869	1674392	1845849	2062803	5366533
20325728	20623794	23679332	21153580	19729179	18116433	20427899	18600652	19963861	20605492	22257869	26036802
8197099	8375575	8051990	7937044	6331145	6138724	5916416	5223488	5004744	5449181	5028831	5206448
8565969	10885992	11827159	11610007	13204391	10797067	10263954	6735195	6964295	6001671	9327164	10296959
336359	397073	410101	381681	418509	449592	421163	382068	410157	419131	320365	413121
46625	43058	67133	52472	48714	69376	82233	96329	131987	107800	105781	152308
294201	317330	484879	477352	406095	479283	515981	573885	759964	868235	879199	1038417
49763	53111	115578	65886	80627	101392	102664	157063	126900	162839	149528	185267
688232	731195	813242	832157	191300	224285	283346	256213	251293	312823	343661	293743
401238	407959	380299	396674	313220	475873	466726	454633	486494	406320	363550	318013
1340247	1156036	1858587	1719179	1547304	1478684	2227337	2921963	2847020	3698772	4330788	3659126

监督基本情况

Standards and Measurements

2000	2001	2002	2003	2004	2005	2006	2007	2008	2009	2010	2011
11464	11914	12269	12877	13166	16005	18128	20263	22396	25054	28147	32642
921	722	1388	2109	2134	2679	2377	2805	2809	3110	3192	3718
873	689	1255	1976	1992	2532	2198	2639	2594	2988	2993	3490
48	33	133	133	142	147	179	166	215	122	199	228
389675	355119	351882	319492	181820	218612	188093	337613	175980	234724	202095	229912
484581	445044	448718	392712	226334	295663	246007	503758	212153	275688	294678	317559
81.00	81.07	83.59	86.07	83.62	84.59	81.74	86.20	86.91	87.64	88.32	91.42

8-6 全国测绘地理信息部门资料提供情况(2011年)

Statistics on Geographic Information Department of Surveying and Mapping Materials (2011)

地 区	Region	地形图合计(张) Topographic Map (piece)	1:10000	1:50000	测绘基准成果(点) Surveying and Mapping Datum Product (point)	航摄成果(片) Aerial Photograph (piece)	专题地图(张) Thematic Map (piece)	地图集(册) Atlas (volume)
全 国	**National Total**	**451513**	**151035**	**56911**	**178232**	**514225**	**61590**	**9279**
东部地区	Eastern Region	270645	27597	12697	66429	282216	13076	5109
中部地区	Mid Region	63293	51908	10394	24464	208690	11327	2228
西部地区	Western Region	117575	71530	33820	87339	23319	37187	1942
北 京	Beijing	15292	193		13862			
天 津	Tianjin	2			206			
河 北	Hebei	2910	2505	344	1396			
山 西	Shanxi	5116	4167	888	1994		1751	
内 蒙 古	Inner Mongolia	11470	2934	5770	13948	7503	270	156
辽 宁	Liaoning	2724	2278	409	1170	431	870	
吉 林	Jilin	13880	12289	1301	4369		7475	1674
黑 龙 江	Heilongjiang	9554	3638	5594	7849	188527		
上 海	Shanghai	194555	84		4015			
江 苏	Jiangsu	1868	1592	244	3630			76
浙 江	Zhejiang	12216	11410	787	2742			
安 徽	Anhui	6075	5690	354	2622		413	
福 建	Fujian	5217	4266	757	2518	9851	273	
江 西	Jiangxi	8320	7498	655	3687	7994		
山 东	Shandong	4295	3619	498	3309			
河 南	Henan	3606	3325	187	1097	2725	1686	553
湖 北	Hubei	2762	2464	292	2133	4760	2	1
湖 南	Hunan	13980	12837	1123	713	4684		
广 东	Guangdong	1174	951	169	1276	23464		
广 西	Guangxi	9688	8326	1325	5414	371	690	38
海 南	Hainan	70	37		475		1197	33
重 庆	Chongqing	9396	8484	685	849		960	960
四 川	Sichuan	9765	6372	2482	4556		26	
贵 州	Guizhou	12631	10454	1955	3774	486		
云 南	Yunnan	10169	7744	1711	31804	9677	30595	2
西 藏	Tibet	3168	23	622	456		671	376
陕 西	Shaanxi	13942	11877	1914	2409	253		
甘 肃	Gansu	8630	4118	3882	3179		1016	243
青 海	Qinghai	4992	361	3550	4256		567	53
宁 夏	Ningxia	3432	2735	624	1345	5029		
新 疆	Xinjiang	20292	8102	9300	15349		2392	114
青 岛	Qingdao	3597	623		61		720	
大 连	Dalian							
宁 波	Ningbo	13197	24		246		16	
深 圳	Shenzhen	234	15		21		10000	5000
厦 门	Xiamen	977						
国家基础地理信息中心	National Geomatics Center of China	12317		9489	31502	248470		

8-7 软科学基本情况
Basic Statistics on Soft Sciences

项　目	Item	1993-1994	1995-1996	1997-1998	1999-2000	2001-2002	2003-2004	2005-2006	2009-2010
软科学机构数(个)	Number of Institutes (unit)	1076	1241	1224	1323	1634	1079	1333	2408
从事科学活动人员数(人)	S&T Personnel (person)	29529	44300	36230	37347	48589	31214	35276	83768
#科学家工程师	Scientists and Engineers	22404	27898	24308	27548	35840			
#高级职称	Senior Title	9107	10841	12172	14207	19207	14615	16417	34257
中级职称	Middle Title	12452	16107	12070	13314	16514	10417	13079	32806
完成软科学课题(项)	Finished Projects (item)	6047	5761	7672	7147	9213	9133	7601	20708
正在进行的软科学课题(项)	Ongoing Projects (item)	2361	2367	3262	3020	5139	5336	2644	14334
投入软科学研究经费(万元)	Research Funds (10 000 yuan)	23600	48400	62400	58500	88649	125798	56040	417978
投入软科学研究人力(人年)	Research Personnel (man-year)	23500	22400	33700	26011	37647	39058	8169	83326
发表科学论文(篇)	Scientific Papers (piece)	34464	44230	45862	42934	64671	63313	73482	154876
#国外发表	Published abroad	2552	2154	2658	1895	2391	3984	2783	6596
获奖成果(项)	Achievements Awarded (item)	1542	1411	1976	1642	2027	1549	456	4831
开展国际合作项目(项)	International Cooperative Projects (item)	808	592	1222	995	1022	741	136	1782
参加人数(人)	Personnel Participated (person)	5602	2307	3154	3476	4753			9445
出席国际会议或出国考察(项)	Participated Int'l Conference or Field Trip abroad (item)	1242	2714	3338	3616	4370			10347
参加人数(人)	Personnel Participated (person)	3795	5736	7480	7208	10172	5139		19742

注：因未进行调查，故缺少2007-2008年数据。

8-8 国际科技合作项目

International Cooperation Exchange for Science and Technology

单位：项 (item)

项　目	Item	1995	2005	2006	2007	2008	2009	2010	2011
按出国项目分	**by Type of Project Going Abroad**								
合　计	**Total**	**18845**	**19132**	**23913**	**27509**	**34408**	**44531**	**40572**	**48965**
考察访问	Field Trip	6133	6218	6603	7598	6977	8506	8316	8654
国际会议	International Conference	5170	6565	8400	10562	14910	19102	17549	21077
合作研究	Cooperative Research	3052	2341	2799	3677	5270	6346	5575	6854
培　训	Training	2687	1593	1945	2094	1750	1928	2635	2771
展览会	Exhibition	496	577	571	483	411	375	487	610
其　他	Others	1307	1838	3595	3095	5090	8274	6010	8999
按来华项目分	**by Type of Project Coming to China**								
合　计	**Total**	**8940**	**15829**	**16692**	**17509**	**24897**	**26539**	**26065**	**27414**
考察访问	Field Trip	5050	6081	7129	7683	8817	11791	10382	11113
国际会议	International Conference	1212	3729	2967	4008	8007	5019	5342	4564
合作研究	Cooperative Research	1522	3470	3293	3786	5044	6592	6655	7842
培　训	Training	363	695	1043	552	988	1174	1425	1069
展览会	Exhibition	149	447	490	127	373	116	116	100
其　他	Others	644	1407	1770	1353	1668	1847	2145	2726

8-9 国际科技合作项目参加人数

Personnel Participated in International Cooperation Exchange for Science and Technology

单位：人次 (person-time)

项 目	Item	1995	2005	2006	2007	2008	2009	2010	2011
按出国项目分	**by Type of Project Going Abroad**								
合 计	**Total**	**58883**	**54347**	**64238**	**81916**	**69125**	**103744**	**103972**	**124142**
考察访问	Field Trip	21578	23335	27300	30160	18543	23220	24891	29111
国际会议	International Conference	10937	10476	14562	20639	21848	34730	36047	39578
合作研究	Cooperative Research	6873	4884	6011	8019	8053	12385	10617	12464
培 训	Training	12127	7520	2300	8182	6056	7818	10151	10179
展览会	Exhibition	3729	3086	3754	3342	2330	2701	3080	3467
其 他	Others	3639	5046	10311	11574	12295	22890	19186	29343
按来华项目分	**by Type of Project Coming to China**								
合 计	**Total**	**35098**	**70900**	**85774**	**86354**	**99955**	**130019**	**118747**	**133278**
考察访问	Field Trip	15587	21192	26697	35891	35201	63086	52259	54247
国际会议	International Conference	9101	28765	29663	31707	29507	36460	35798	43820
合作研究	Cooperative Research	4029	8470	8170	7270	10583	14911	13139	18882
培 训	Training	1376	2506	4219	2920	4865	4097	5857	6560
展览会	Exhibition	3271	6822	10387	5707	14332	5211	3477	1979
其 他	Others	1734	3145	6638	2859	5467	6254	8217	7790

8-10 中国科协系统
Basic Statistics on Scientific and Technological Activities

指　标	Item	总 计 Total
机构	**Number of Associations or Academic Societies**	
实有机构（各级科协组织）(个)	Number of Associations or Academic Societies (Organizations at All Levels for S&T)(unit)	7174
#独立建制	Number of Independent Institution	2707
企业科协（个）	Number of Enterprises Association for Science and Technology(unit)	20208
大专院校科协（个）	Number of College Association for Science and Technology(unit)	815
街道科普协会（个）	Number of Street Science Association(unit)	7545
乡镇科普协会(个)	Number of Science Associations in towns (unit)	32435
农村专业技术协会（个）	Number of Rural Professional and Technical Associations (unit)	106737
人员	**Number of Personnel**	
各级科协从业人员(人)	Number of Persons Engaged in China Associations for S&T(person)	38700
学会从业人员(人)	Number of Persons Engaged of Academic Societies(person)	16934
#社会聘用人员	Number of Temperany Staff for Community	4953
学会个人会员(万人)	Number of Individual Members of Academic Societies(10 000 persons)	1065
企业科协个人会员(万人)	Number of Individual Members of Enterprises Association for Science and Technology (10 000 persons)	313
大专院校科协个人会员(万人)	Number of Individual Members of College Association for Science and Technology (10 000 persons)	50
街道科普协会个人会员(万人)	Number of Individual Members Street Science Association(10 000 persons)	52
乡镇科普协会个人会员(万人)	Number of Individual Members of Science Associations in towns (10 000 persons)	207
农村专业技术协会个人会员(万人)	Number of Individual Members of Rural Professional and Technical Associations (10 000 persons)	1305
经费	**Budget**	
经费筹集总额(百万元)	Total Budget(million yuan)	11014
#同级财政补助收入	Income of the Same Level Financial Assistance	6106
学术交流活动	**Academic Exchange**	
境内举办学术交流活动(次)	Number of Academic Meetings Held in China(time)	34672
参加人数(万人次)	Number of Participants(10 000 person-time)	529
科学技术普及活动	**S&T Popularization Activities**	
举办科普讲座(次)	Number of S&T Popularization Lectures(time)	180384
受众人数(万人次)	Number of Participants(10 000 person-time)	8910
举办科普展览(次)	Number of S&T Popularization Exhibitions(time)	73459
受众人数(万人次)	Number of Participants(10 000 person-time)	17191
发放科普宣传资料(万份)	Number of Releasing Popular Science Materials(10 000 units)	21261
开展科技咨询(次)	Number of S&T Popularization Consultion(time)	270021
实用技术培训人数(万人次)	Number of People receiving Applied Technology Training(10 000 person-time)	3498
推广新技术、新品种(项)	Number of New Technologies and New Products Promoted(item)	40804
科学技术普及专题——青少年科技教育	**S&T Populariztion Activities Specifics (Activities for Education in Popular S&T among Adolescent)**	
举办青少年科普讲座(次)	Number of S&T Popularization Lectures for Adolescent(time)	23317
听讲人数(万人次)	Number of Participants(10 000 person-time)	1508
举办青少年科普展览(次)	Number of S&T Popularization Exhibitions for Adolescent(time)	15928
参观人数(万人次)	Number of Participants(10 000 person-time)	2949
举办青少年科技竞赛(次)	Number of S&T Competitions for Adolescent(time)	11071
参加人数(万人次)	Number of Participants(10 000 person-time)	4119
举办青少年科技夏冬令营(次)	Number of Summer-Winter Camps for Adolescent(time)	2792
参加人数(万人次)	Number of Participants(10 000 person-time)	82

科技活动情况(2011年)
of China Associations for Science and Technology (2011)

科协小计 Total Number of Associations	学会小计 Total Number of Academic Societies	全国学会 National Learned Societies	省级学会 Provincial Learned Societies
3165	4009	198	3811
2707			
20208			
815			
7545			
32435			
106737			
38700			
	16934	2997	13937
	4953	1009	3944
	1065	428	637
313			
50			
52			
207			
1305			
7975	3039	1752	1287
6106			
14933	19739	4471	15268
255	274	90	184
138949	41435	4922	36513
6870	2040	777	1263
64703	8756	1091	7665
12062	5129	3234	1895
16684	4577	904	3673
270021			
3498			
40804			
23317			
1508			
15928			
2949			
10163	908	117	791
3285	834	491	343
2476	316	39	277
74	8	1	7

8-10 续表

指　标	Iem	总 计 Total
科普资源建设	**S&T Resource Construction**	
科普读物(种)	Number of Popular Science Books(kind)	9643
科普读物总印数(万册、幅)	The total printing of Popular Science Books(10 000 copies)	7307
制作科普广播影视节目(小时)	Hours in Producting Popular Science Broadcasting and Television Programs(hour)	14253
开发制作科普展览(个)	Number of Popular Science Exhibitions(unit)	5555
科普活动资源包(个)	Number of Popular Science Activities Resource Packages(unit)	1164
科普动漫作品(个)	Number of Popular Science Animation Works(unit)	7780
科普基础设施建设	**S&T Popularization Infrastrcture Construction**	
科技馆(科普活动中心)(个)	Number of Science and Technology Museum(Popular Science Center)(unit)	992
#建筑面积8000平方米以上	Number of More than 8000 Square Metres Construction Areas	51
科普教育基地(示范基地)(个)	Number of Education Bases for S&T Popularization(Model Bases)(unit)	33928
参观人数(万人次)	Number of Participants(10 000 person-time)	26273
科普画廊(宣传栏)(个)	Number of Popular Science Galleries(Boards)(unit)	271089
科普展示单元总长度 (万米)	The Total Length of Popular Science Displayed Units(10 000 metre)	258
科普大篷车行驶里程 (公里)	Mileage of Travelling about Science Caravans(Km)	5243516
科普网站(个)	Number of Popular Science Sites(unit)	2794
浏览人次 (万人次)	Number of Visitors(10 000 person-time)	120779
国际民间科技交流活动	**International S&T Exchange**	
国外及港澳台地区来访团组(个)	Visits from Foreign Countries,Hong Kong,Macao and Taiwan(unit)	4376
来访总人数 (人次)	Total Number of Visitors(person-time)	53984
派往国外及港澳台地区团组(个)	Visits to Foreign Countries,Hong Kong,Macao and Taiwan(unit)	2654
派出总人数 (人次)	Total Number of Visitors(person-time)	21985
科技活动和社会服务	**S&T Activities and Public Service**	
开展“讲、比”活动企业数(个)	Number of Carrying out "ideal and contribution" Competition Enterprises(unit)	26965
参与“讲、比”活动的科技人员(万人次)	Number of "ideal and contribution" Competition S&T Staffs (10 000 person-time)	204
完成技术咨询合同 (项)	Number of Consultative Contracts Completed(item)	23069
反映科技工作者建议(项)	Number of S&T Workers Proposals(item)	44253
举办培训班 (次)	Number of Training Courses(time)	60422
培训结业人数 (万人次)	Persons Trained(10 000 person-time)	680
表彰奖励科技工作者 (人次)	Number of Recognition and Award S&T Workers(person-time)	117409
科技传媒情况	**S&T Media**	
主办科技期刊 (种)	Number of Scientific & Technological Journals(kind)	2236
总印数(万册)	Printed Copies(10 000 copies)	11438
主办科技报纸 (种)	Number of Scientific & Technological Newspapers(kind)	107
总印数 (万份)	Printed Copies(10 000 copies)	13769
编著科技图书 (种)	Number of Scientific & Technological Books(kind)	1696
总印数(万册)	Printed Copies(10 000 copies)	968

continued

科协小计 Total Number of Associations	学会小计 Total Number of Academic Societies	全国学会 National Learned Societies	省级学会 Provincial Learned Societies
9643			
7307			
13328	925	280	645
5555			
1164			
7661	119	36	83
992			
51			
33928			
26273			
271089			
258			
5243516			
1913	881	345	536
38313	82466	66099	16367
895	3481	1197	2284
14819	39165	19784	19381
495	2159	604	1555
5110	16875	6421	10454
26965			
204			
16434	6635	255	6380
30101	14152	479	13673
42492	17930	1920	16010
484	196	34.1	162
71571	45838	20320	25518
39	2197	1071	1126
775	10663	7541	3122
32	75	6	69
11608	2161	680	1481
742	954	215	739
537	431	82	349

8-11 各地区科学普及

Main Indicators of Science and Technology

地 区	Region	科普专职人员 Full Time S&T Popularization Personnel	科普兼职人员 Part Time S&T Popularization Personnel	科技馆数量（个） S&T Museums (unit)	科技馆建筑面积（万平方米） Construction Area (10 000 m²)	科技馆展厅面积（万平方米） Exhibition Area (10 000 m²)
全 国	**National Total**	**223413**	**1528016**	**335**	**220.0**	**96.7**
东部地区	Eastern Region	74826	662679	165	133.2	60.7
中部地区	Middle Region	80165	456441	115	44.7	19.2
西部地区	Western Region	68422	408896	55	42.0	16.8
北 京	Beijing	6762	37817	12	15.3	6.4
天 津	Tianjin	3242	40238	1	2.1	1.0
河 北	Hebei	5648	30983	11	7.2	3.5
山 西	Shanxi	10018	44562	3	1.6	0.3
内 蒙 古	Inner Mongolia	7315	43893	8	3.9	1.0
辽 宁	Liaoning	5858	69082	15	12.4	3.5
吉 林	Jilin	6863	24231	10	3.1	0.6
黑 龙 江	Heilongjiang	3417	27942	8	5.8	4.2
上 海	Shanghai	5530	36125	22	16.8	9.1
江 苏	Jiangsu	13560	113697	10	12.1	5.9
浙 江	Zhejiang	7844	94802	21	11.2	4.3
安 徽	Anhui	9849	74733	11	6.4	3.7
福 建	Fujian	3886	86630	13	7.4	3.5
江 西	Jiangxi	7971	47725	6	3.6	1.9
山 东	Shandong	10064	71405	25	12.2	6.4
河 南	Henan	15834	97013	9	4.7	1.7
湖 北	Hubei	15777	73029	62	18.3	6.5
湖 南	Hunan	10436	67206	6	1.3	0.2
广 东	Guangdong	10555	71194	29	31.2	14.6
广 西	Guangxi	6253	34973	3	4.7	1.5
海 南	Hainan	1877	10706	6	5.3	2.5
重 庆	Chongqing	3392	25210	5	7.4	2.6
四 川	Sichuan	14554	84481	8	5.1	3.1
贵 州	Guizhou	2941	39584	4	2.7	0.8
云 南	Yunnan	8883	66390	4	1.6	0.8
西 藏	Tibet	89	750			
陕 西	Shaanxi	15611	56858	4	3.3	1.1
甘 肃	Gansu	2095	14117	11	2.9	1.2
青 海	Qinghai	694	6208	2	3.4	1.5
宁 夏	Ningxia	1587	8838	2	3.0	1.7
新 疆	Xinjiang	5008	27594	4	3.9	1.6

基本情况(2010年)

Popularization by Region (2010)

科技馆 当年参观人数 (万人次) Visitors (10 000 person-time)	年度科普经费筹集额 (万元) Annual Funding for S&T Popularization (10 000 yuan)	科普图书 Popular Science Books		科技活动周 Science & Technology Week	
		出版种数 (种) Types of Publications (kind)	出版总册数 (万册) Total Copies (10 000 copies)	科普专题活动次数 (次) Number of S&T Week Held (time)	参加人数 (万人次) Number of Participants (10 000 person-time)
3044.2	**995157**	**7043**	**6520.1**	**98857**	**10794.8**
1782.4	648449	5340	3868.8	41275	5666.9
497.5	164908	887	1451.2	26090	2517.1
764.4	181800	816	1200.1	31492	2610.7
195.4	204160	2044	1445.6	2986	1350.1
41.0	20193	156	67.6	318	20.4
26.1	21915	57	48.9	4542	418.8
18.7	13795	62	19.7	1361	249.0
29.5	11137	65	43.3	1603	161.0
62.3	29592	140	115.5	4149	355.9
13.5	7849	152	38.8	859	82.1
81.7	7881	52	38.9	1812	133.0
544.7	91584	764	578.6	4730	590.1
140.5	72688	757	363.8	6701	1142.5
116.2	81499	891	797.0	5785	438.2
61.2	24294	60	60.1	4068	196.4
64.1	26898	88	90.1	3846	290.2
55.6	18319	225	931.6	5045	241.1
221.9	20913	72	71.7	2495	296.6
37.5	20889	97	120.8	4910	648.9
208.2	46163	112	133.7	4637	598.6
21.1	25719	127	107.7	3398	368.2
300.4	71378	159	127.0	4473	649.0
35.1	21810	68	108.9	4633	306.7
69.8	7631	212	163.0	1250	115.2
114.3	22601	120	383.6	2576	177.3
160.5	25392	92	57.9	5584	580.0
34.1	17736	11	11.2	2423	128.1
135.2	27841	129	353.5	3469	392.5
	1381	39	65.7	15	7.6
16.7	17910	106	56.9	3963	248.4
79.2	3358	38	23.1	1433	119.1
0.5	14563	39	7.7	486	27.9
144.3	4879	18	13.7	990	81.2
15.0	13191	91	74.7	4317	380.8

8-12 全国生产力促进中心主要经济指标

Main Economic Indicators of Productivity Promotion Centers(PPCs) in China

年 份	中心总数 (个) Number of Productivity Promotion Centers (unit)	总资产 (亿元) Total Assets (100 million yuan)	服务企业总数 (万个) Total Number of Serviced Enterprises (10 000 units)	中心年总服务收入 (亿元) Total Service Income (100 million yuan)	为企业增加销售额 (亿元) Enterprises Sales Income Increased by PPCs Service (100 million yuan)	增加利税 (亿元) Profits and Taxes Added (100 million yuan)	为社会增加就业 (万人) Employment for Society Added (10 000 persons)
1998	254	13.5	1.9	2.2	177.0	18.0	5.7
1999	491	17.6	4.9	4.5	155.0	26.7	11.3
2000	581	27.8	3.4	8.9	388.0	57.0	28.0
2001	701	31.2	5.0	11.3	407.0	69.0	34.5
2002	865	61.4	7.8	10.3	300.0	45.0	48.1
2003	1070	67.0	6.5	13.6	477.0	66.0	150.2
2004	1218	77.1	9.2	18.7	642.0	88.1	175.3
2005	1270	90.6	9.7	18.4	1078.0	112.0	86.7
2006	1331	109.9	10.3	24.8	752.0	107.0	108.9
2007	1425	116.4	15.5	40.6	1299.0	193.6	110.6
2008	1532	162.5	19.0	30.4	1202.0	175.5	134.1
2009	1808	209.2	24.5	30.8	1796.8	208.2	165.8
2010	2032	157.1	24.5	38.4	1578.6	203.9	165.6
2011	2274	260.8	30.7	62.8	1918.2	284.0	180.0

九、国际比较
International Comparison

9-1 研究与试验发展(R&D)经费及占国内生产总值的比重

R&D Expenditure and as a Percentage of GDP

单位：10亿本国货币单位 (billion of national currency)

国家(地区)	Country (Area)	R&D经费 R&D Expenditure 1994	1995	1996	1997	1998	1999	2000	2001	2002	2003
中　国	China	30.63	34.87	40.45	50.92	55.11	67.89	89.57	104.25	128.76	153.96
美　国	USA	169.61	184.08	197.79	212.71	228.11	245.48	267.77	278.23	277.05	289.72
日　本	Japan	13596.03	14408.24	14155.06	14794.03	15169.20	15032.66	15304.42	15542.82	15551.51	15683.40
英　国	UK	13.68	14.03	14.34	14.66	15.45	16.93	17.72	18.29	19.23	19.9
法　国	France	26.76	27.30	27.84	27.76	28.32	29.53	30.95	32.89	34.53	34.57
德　国	Germany	38.90	40.46	41.17	42.86	44.65	48.19	50.62	52.00	53.36	54.54
澳大利亚	Australia	7.47		8.79		8.92		10.42		13.21	
加拿大	Canada	13.34	13.75	13.82	14.64	16.09	17.64	20.64	23.17	23.53	24.64
意大利	Italy	8.98	9.23	9.89	10.79	11.44	11.52	12.46	13.57	14.6	14.77
瑞　典	Sweden		59.30		66.92		75.81		97.28		97.10
瑞　士	Switzerland			9.99				10.68			
土耳其	Turkey	0.01	0.03	0.07	0.14	0.26	0.49	0.80	1.29	1.84	2.20
奥地利	Austria	2.55	2.70	2.89	3.12	3.40	3.76	4.03	4.39	4.68	5.04
比利时	Belgium	3.31	3.47	3.74	4.06	4.28	4.62	4.96	5.37	5.2	5.18
捷　克	Czech	12.98	13.98	16.26	19.48	22.87	23.65	26.49	28.34	29.55	32.25
丹　麦	Denmark		18.54	19.66	21.65	23.79	26.42		31.88	34.43	36.07
芬　兰	Finland	2.01	2.17	2.50	2.90	3.35	3.88	4.42	4.62	4.83	5.01
希　腊	Greek		0.39		0.49		0.76		0.85		0.98
冰　岛	Iceland	6.05	6.96		9.65	11.77	14.52	18.25	22.78	24.10	23.72
爱尔兰	Ireland	0.59	0.67	0.76	0.86	0.97	1.07	1.18	1.28	1.44	1.64
墨西哥	Mexico	4.17	5.69	7.83	10.94	14.52	19.75	20.49	22.92	27.34	29.93
荷　兰	Netherlands	5.67	6.01	6.34	6.81	6.87	7.56	7.63	8.08	8.02	8.38
新西兰	New Zealand		0.89		1.11		1.09		1.42		1.66
挪　威	Norway		15.91		18.19		20.32		24.44	25.44	27.30
葡萄牙	Portugal	0.44	0.46	0.52	0.58	0.70	0.81	0.93	1.04	1.03	1.02
西班牙	Spain	3.29	3.55	3.85	4.04	4.72	5.00	5.72	6.23	7.19	8.21
韩　国	South Korea	7894.75	9440.61	10878.05	12185.81	11336.62	11921.75	13848.50	16110.52	17325.08	19068.68
中国台北	Taipei		125.03	137.96	156.32	176.46	190.52	197.63	204.97	224.43	242.94
新加坡	Singapore	1.18	1.37	1.79	2.10	2.49	2.66	3.01	3.23	3.40	3.42
匈牙利	Hungary	38.85	41.20	44.89	61.75	68.62	78.19	105.39	140.61	171.47	175.77
波　兰	Poland	1.72	2.13	2.76	3.36	4.01	4.59	4.80	4.86	4.52	4.56
俄罗斯联邦	Russian Federation	5.15	12.15	19.39	24.45	25.08	48.05	76.70	105.26	135.00	169.86
巴　西	Brazil	3.23	5.63	6.04				10.90	12.22	14.55	16.28
印　度	India	66.22	74.84	89.14	106.11	129.02	150.9	176.6	180.34	170.36	180.02

9-1 续表 1 continued

单位：10亿本国货币单位、% (billion of national currency,%)

国 家（地区）	Country (Area)	R&D Expenditure							R&D / GDP			
		2004	2005	2006	2007	2008	2009	2010	1994	1995	1996	1997
中 国	China	196.63	245.00	300.31	371.02	461.60	580.21	706.26	0.64	0.57	0.57	0.64
美 国	USA	301.02	324.46	343.75	377.59	403.67	401.58		2.42	2.51	2.55	2.58
日 本	Japan	15782.74	16672.63	17273.45	17756.24	17377.22	15817.73	15696.48	2.79	2.92	2.81	2.87
英 国	UK	20.25	21.68	23.20	25.00	25.64	25.86	25.80	2	1.94	1.86	1.8
法 国	France	35.69	36.53	37.84	39.30	41.07	42.69	43.63	2.32	2.29	2.27	2.19
德 国	Germany	54.97	55.74	58.85	61.48	66.53	67.01	69.88	2.18	2.19	2.19	2.24
澳大利亚	Australia	15.97		21.00		28.15			1.53		1.61	
加拿大	Canada	26.48	27.70	28.07	30.03	30.52	29.43	29.34	1.73	1.7	1.65	1.66
意大利	Italy	15.25	15.60	16.83	18.23	18.99	19.21	19.54	1.02	0.97	0.99	1.03
瑞 典	Sweden	95.13	103.82	108.19	106.20	118.41	111.72	113.21		3.28		3.47
瑞 士	Switzerland	13.10				16.30					2.65	
土耳其	Turkey	2.90	3.84	4.40	6.09	6.89	8.09	9.27	0.36	0.38	0.45	0.49
奥地利	Austria	5.25	5.92	6.32	6.87	7.55	7.48	7.89	1.51	1.54	1.59	1.69
比利时	Belgium	5.40	5.55	5.80	6.36	6.81	6.90	7.05	1.65	1.67	1.77	1.83
捷 克	Czech	35.08	42.20	49.90	54.28	54.11	55.35	59.03	1.03	0.95	0.97	1.08
丹 麦	Denmark	36.43	37.96	40.42	43.74	49.96	51.09	53.68		1.82	1.84	1.92
芬 兰	Finland	5.25	5.47	5.76	6.24	6.87	6.79	6.97	2.28	2.26	2.52	2.7
希 腊	Greek	1.02	1.15	1.22	1.34					0.43		0.45
冰 岛	Iceland		28.44	34.97	35.13	39.17			1.37	1.53		1.83
爱尔兰	Ireland	1.84	2.03	2.31	2.43	2.62	2.84	2.75	1.25	1.26	1.3	1.27
墨西哥	Mexico	36.38	42.18	40.08	41.91				0.29	0.31	0.31	0.34
荷 兰	Netherlands	8.75	8.84	9.26	10.34	10.50	10.41	10.89	1.95	1.97	1.98	1.99
新西兰	New Zealand		1.83		2.16		2.44			0.95		1.09
挪 威	Norway	27.77	29.63	32.76	36.77	40.53	41.88	42.76		1.69		1.63
葡萄牙	Portugal	1.11	1.20	1.56	1.97	2.59	2.76	2.75	0.56	0.54	0.57	0.59
西班牙	Spain	8.95	10.20	11.82	13.34	14.70	14.58	14.59	0.79	0.79	0.81	0.8
韩 国	South Korea	22185.34	24155.41	27345.70	31301.38	34498.05	37928.50	43854.83	2.32	2.37	2.42	2.48
中国台北	Taipei	263.27	280.98	307.04	331.39	351.41	367.17	394.96		1.72	1.74	1.82
新加坡	Singapore	4.06	4.58	5.01	6.34	7.13	6.04	6.49	1.09	1.14	1.37	1.48
匈牙利	Hungary	181.53	207.76	237.95	245.69	266.39	299.16	310.21	0.87	0.71	0.63	0.7
波 兰	Poland	5.16	5.57	5.89	6.67	7.71	9.07	10.42	0.7	0.63	0.65	0.65
俄罗斯联邦	Russian Federation	196.04	230.79	288.81	371.08	431.07	485.83	523.38	0.84	0.85	0.97	1.04
巴 西	Brazil	17.46	20.86	23.65	28.61	32.77	37.80		0.92	0.87	0.77	
印 度	India	197.29	216.38	287.76	315.80				0.73	0.71	0.72	0.77

9-1 续表 2 continued

单位：% (%)

国家（地区）	Country (Area)	R&D / GDP 1998	1999	2000	2001	2002	2003	2004	2005	2006	2007	2008	2009	2010
中　国	China	0.65	0.76	0.90	0.95	1.07	1.13	1.23	1.32	1.39	1.40	1.47	1.70	1.77
美　国	USA	2.62	2.66	2.74	2.76	2.66	2.66	2.59	2.62	2.64	2.70	2.84	2.90	
日　本	Japan	3	3.02	3.04	3.12	3.17	3.2	3.17	3.32	3.41	3.46	3.47	3.36	3.26
英　国	UK	1.79	1.86	1.85	1.82	1.82	1.78	1.71	1.76	1.75	1.78	1.79	1.86	1.76
法　国	France	2.14	2.16	2.15	2.2	2.23	2.17	2.15	2.10	2.11	2.08	2.12	2.26	2.25
德　国	Germany	2.27	2.4	2.45	2.46	2.49	2.52	2.49	2.48	2.54	2.53	2.69	2.82	2.82
澳大利亚	Australia	1.47		1.51		1.69		1.78		1.99		2.24		
加拿大	Canada	1.76	1.8	1.92	2.09	2.04	2.03	2.05	2.01	2.00	1.96	1.90	1.92	1.81
意大利	Italy	1.05	1.02	1.05	1.09	1.13	1.11	1.10	1.09	1.13	1.17	1.21	1.26	1.26
瑞　典	Sweden		3.57		4.18		3.85	3.62	3.60	3.68	3.40	3.70	3.60	3.40
瑞　士	Switzerland			2.53				2.90				2.99		
土耳其	Turkey	0.5	0.63	0.64	0.72	0.66	0.48	0.52	0.59	0.58	0.72	0.73	0.85	0.84
奥地利	Austria	1.77	1.88	1.91	2.03	2.12	2.26	2.26	2.44	2.44	2.51	2.67	2.72	2.76
比利时	Belgium	1.86	1.94	1.97	2.08	1.94	1.88	1.87	1.84	1.86	1.89	1.97	2.03	1.99
捷　克	Czech	1.15	1.14	1.21	1.20	1.20	1.25	1.25	1.41	1.49	1.48	1.41	1.48	1.56
丹　麦	Denmark	2.04	2.18		2.39	2.51	2.58	2.48	2.45	2.48	2.58	2.85	3.06	3.06
芬　兰	Finland	2.86	3.16	3.34	3.3	3.36	3.43	3.45	3.48	3.48	3.47	3.70	3.93	3.88
希　腊	Greek		0.6		0.58		0.57	0.55	0.58	0.59	0.60			
冰　岛	Iceland	2.01	2.3	2.68	2.96	2.97	2.82		2.78	2.99	2.68	2.64		
爱尔兰	Ireland	1.24	1.18	1.12	1.10	1.10	1.17	1.24	1.26	1.24	1.28	1.45	1.77	1.77
墨西哥	Mexico	0.38	0.43	0.37	0.39	0.44	0.4	0.43	0.46	0.39	0.37			
荷　兰	Netherlands	1.9	1.96	1.82	1.80	1.72	1.76	1.78	1.72	1.88	1.81	1.77	1.82	1.85
新西兰	New Zealand		1		1.14		1.19		1.16		1.19		1.30	
挪　威	Norway		1.64		1.59	1.66	1.71	1.59	1.52	1.48	1.59	1.58	1.78	1.69
葡萄牙	Portugal	0.65	0.71	0.76	0.8	0.76	0.74	0.77	0.81	0.99	1.17	1.50	1.64	1.59
西班牙	Spain	0.87	0.86	0.91	0.91	0.99	1.05	1.06	1.12	1.20	1.27	1.35	1.39	1.39
韩　国	South Korea	2.34	2.25	2.39	2.59	2.53	2.63	2.85	2.98	3.01	3.21	3.36	3.56	3.74
中国台北	Taipei	1.91	1.98	1.97	2.08	2.18	2.31	2.38	2.45	2.51	2.57	2.78	2.94	2.90
新加坡	Singapore	1.81	1.9	1.88	2.11	2.15	2.11	2.20	2.30	2.16	2.37	2.65	2.24	2.09
匈牙利	Hungary	0.66	0.67	0.78	0.92	1	0.93	0.88	0.94	1.01	0.98	1.00	1.17	1.16
波　兰	Poland	0.67	0.69	0.64	0.62	0.56	0.54	0.56	0.57	0.56	0.57	0.60	0.68	0.74
俄罗斯联邦	Russian Federation	0.95	1	1.05	1.18	1.25	1.28	1.15	1.07	1.07	1.12	1.04	1.25	1.16
巴　西	Brazil			0.99	1.02	0.95	0.88	0.83	0.97	1.02	1.07	1.09	1.18	
印　度	India	0.81	0.82	0.86	0.82	0.82	0.8	0.78	0.61	0.88	0.76			

9-2 研究与试验发展
International Comparison

项　目	Item	中　国 China	美　国 USA	日　本 Japan	英　国 UK	法　国 France	德　国 Germany	澳大利亚 Australia
一、R&D人员	**R&D personnel**							
1.人力资源	**Human Resources**	**(2011)**	**(2007)**	**(2010)**	**(2010)**	**(2009)**	**(2010)**	**(2008)**
从事R&D活动人员(千人)	R&D Personnel(1 000 persons)	4017.6		878.0	319.5	390.4	549.0	137.1
#研究人员	Researchers	1905.9	1412.6	656.0	235.4	234.2	327.2	92.4
每万人劳动力中从事R&D活动人员(人)	R&D Personnel in 10 000 Labor Forces (person)	53		133	102	138	132	120
#研究人员	Researchers	25	91	100	75	83	78	81
2.从事R&D活动人员按执行部门分(%)	**R&D Personnel by Performing Sectors (%)**							
企业部门	Business Enterprise Sector	70.8		70.0	44.6	57.9	61.4	39.4
政府部门	Government Sector	9.0		7.0	5.4	13.6	16.5	12.4
高等教育部门	Higher Education Sector	15.7		21.4	47.9	26.9	22.1	44.7
二、R&D经费	**R&D Funds**							
1.按经费来源分(%)	**By sources of Funds (%)**	**(2011)**	**(2009)**	**(2010)**	**(2010)**	**(2010)**	**(2009)**	**(2008)**
来源于企业资金	Financed by Industry	73.9	61.6	75.9	45.1	51.0	66.1	62.0
来源于政府资金	Financed by Government	21.7	31.3	17.2	32.1	39.7	29.7	34.5
来源于其他资金	Financed by Other Sources	4.4	7.1	6.9	22.7	9.3	4.1	3.5
2.按执行部门分(%)	**By Performing Sector (%)**	**(2011)**	**(2009)**	**(2010)**	**(2010)**	**(2010)**	**(2010)**	**(2008)**
企业部门	Business Enterprise Sector	75.7	70.3	76.5	60.9	61.2	67.2	61.3
政府部门	Government Sector	15.0	11.7	9.0	9.4	16.4	14.8	12.2
高等教育部门	Higher Education Sector	7.9	13.5	12.9	27.2	21.3	18.0	23.9
私人非营利部门	Private Non-Profit Sector	1.3	4.4	1.6	2.4	1.2		2.6
3.按研究类型分(%)	**By types of Research (%)**	**(2011)**	**(2009)**	**(2009)**	**(2009)**	**(2009)**		**(2008)**
基础研究	Basic Research	4.7	19.0	12.5	8.8	26.0		20.0
应用研究	Applied Research	11.8	17.8	22.3	40.6	39.8		38.6
试验发展	Experimental Development	83.5	63.2	60.5	50.6	34.2		41.4

(R&D)活动的国际比较
of R&D Activities

	加拿大 Canada	意大利 Italy	瑞 典 Sweden	瑞 士 Switzerland	土耳其 Turkey	奥地利 Austria	比利时 Belgium	捷 克 Czech	丹 麦 Denmark	韩 国 South Korea	俄罗斯联邦 Russian Federation
	(2009)	**(2010)**	**(2010)**	**(2008)**	**(2010)**	**(2010)**	**(2010)**	**(2010)**	**(2010)**	**(2010)**	**(2010)**
	234.7	218.8	77.4	62.1	81.8	58.5	59.9	52.3	53.2	335.2	840.0
	146.3	105.8	49.3	25.1	64.3	35.9	38.2	29.2	35.3	264.1	442.1
	127	88	156	132	32	137	122	99	183	135	111
	79	42	99	54	25	84	78	55	122	107	59
	63.9	47.5	70.8	64.2	45.9	67.9	54.6	51.6	64.2	68.7	52.9
	8.6	15.3	4.0	1.3	13.9	4.7	8.3	20.9	2.8	8.0	33.4
	27.0	33.5	25.2	34.5	40.2	26.7	36.1	26.9	32.5	21.9	13.5
	(2009)	**(2009)**	**(2009)**	**(2008)**	**(2010)**	**(2010)**	**(2009)**	**(2010)**	**(2010)**	**(2010)**	**(2010)**
	46.5	44.2	58.8	68.2	45.1	44.3	58.6	48.9	60.3	71.8	25.5
	34.3	42.1	27.5	22.8	30.8	38.9	25.3	39.9	27.7	26.7	70.3
	19.2	13.7	13.7	9.0	24.1	16.8	16.1	11.2	12.0	1.4	4.1
	(2010)	**(2010)**	**(2010)**	**(2008)**	**(2010)**	**(2010)**	**(2010)**	**(2010)**	**(2010)**	**(2010)**	**(2010)**
	50.8	53.6	68.7	73.5	42.5	68.1	66.3	62.0	68.1	74.8	60.5
	10.9	14.3	4.9	0.7	11.4	5.3	9.4	19.4	2.1	12.7	31.0
	38.0	29.0	26.3	24.2	46.0	26.1	23.3	18.0	29.4	10.8	8.4
	0.4	3.2		1.6		0.5	1.0	0.5	0.4	1.7	0.2
		(2008)		**(2008)**		**(2008)**		**(2010)**	**(2009)**	**(2010)**	**(2010)**
		26.7		26.8		18.7		26.9	16.8	18.2	19.6
		47.6		31.9		34.1		30.3	26.6	19.9	18.8
		25.6		41.3		45.2		42.9	56.6	61.8	61.6

9-3 按ESI论文数量排序的前20个国家*

The Top 20 Most-cited Countries Sorted by Papers in ESI

国家（地区）	Country (Area)	位次 Rank	论文数量(篇) Papers(piece)	被引用次数(次) Citations(time)	论文引用率(次/篇) Citations Per Paper (time/piece)
美 国	USA	1	3049662	48862100	16.02
中 国	China	2	836255	5191358	6.21
德 国	Germany	3	784316	10518133	13.41
日 本	Japan	4	771548	8084145	10.48
英 国	UK	5	697763	10508202	15.06
法 国	France	6	557322	7007693	12.57
加拿大	Canada	7	451588	6019195	13.33
意大利	Italy	8	429301	5151675	12.00
西班牙	Spain	9	339164	3588655	10.58
澳大利亚	Australia	10	304160	3681695	12.10
印 度	India	11	293049	1727973	5.90
韩 国	South Korea	12	282328	2024609	7.17
俄罗斯	Russia	13	265721	1282281	4.83
荷 兰	Netherlands	14	252242	3974719	15.76
巴 西	Brazil	15	212243	1360097	6.41
瑞 士	Switzerland	16	181636	3070458	16.90
瑞 典	Sweden	17	179126	2686304	15.00
台 湾	Taiwan	18	177929	1273682	7.16
土耳其	Turkey	19	155276	819071	5.27
波 兰	Poland	20	154016	1036062	6.73

注：数据来源于 Essential Science Indicators（基本科学指标数据库），年限跨度从2001年1月至2011年8月31日。

Source: Essential Science Indicators covering a ten-year plus eight-month period, January 2001-August 31, 2011.

9-4 按ESI论文被引用次数排序的前20个国家*

The Top 20 Most-cited Countries Sorted by Citations in ESI

国家（地区）	Country (Area)	位 次 Rank	被引用次数(次) Citations(time)	论文数量(篇) Papers(piece)	论文引用率(次/篇) Citations Per Paper (time/piele)
美 国	USA	1	3049662	48862100	16.02
德 国	Germany	2	784316	10518133	13.41
英 国	UK	3	697763	10508202	15.06
日 本	Japan	4	771548	8084145	10.48
法 国	France	5	557322	7007693	12.57
加拿大	Canada	6	451588	6019195	13.33
中 国	China	7	836255	5191358	6.21
意大利	Italy	8	429301	5151675	12.00
荷 兰	Netherlands	9	252242	3974719	15.76
澳大利亚	Australia	10	304160	3681695	12.10
西班牙	Spain	11	339164	3588655	10.58
瑞 士	Switzerland	12	181636	3070458	16.90
瑞 典	Sweden	13	179126	2686304	15.00
韩 国	South Korea	14	282328	2024609	7.17
比利时	Belgium	15	137878	1918993	13.92
印 度	India	16	293049	1727973	5.90
苏格兰	Scotland	17	109135	1709814	15.67
丹 麦	Denmark	18	98083	1574167	16.05
以色列	Israel	19	110558	1426421	12.90
巴 西	Brazil	20	212243	1360097	6.41

注：数据来源于 Essential Science Indicators（基本科学指标数据库），年限跨度从2001年1月至2011年8月31日。
Source: Essential Science Indicators covering a ten-year plus eight-month period, January 2001-August 31, 2011.

The Top 20 Most Cited Countries Sorted by Citations in ESI

指标解释

Explanatory Notes of Indicators

指 标 解 释

研究与试验发展（R&D）：指在科学技术领域，为增加知识总量、以及运用这些知识去创造新的应用而进行的系统的、创造性的活动，包括基础研究、应用研究、试验发展三类活动。

基础研究：指为了获得关于现象和可观察事实的基本原理的新知识（揭示客观事物的本质、运动规律，获得新发展、新学说）而进行的实验性或理论性研究，它不以任何专门或特定的应用或使用为目的。

应用研究：指为获得新知识而进行的创造性研究，主要针对某一特定的目的或目标。应用研究是为了确定基础研究成果可能的用途，或是为达到预定的目标探索应采取的新方法（原理性）或新途径。

试验发展：指利用从基础研究、应用研究和实际经验所获得的现有知识，为产生新的产品、材料和装置，建立新的工艺、系统和服务，以及对已产生和建立的上述各项作实质性的改进而进行的系统性工作。

R&D 人员：指调查单位内部从事基础研究、应用研究和试验发展三类活动的人员。包括直接参加上述三类项目活动的人员以及这三类项目的管理人员和直接服务人员。为研发活动提供直接服务的人员包括直接为研发活动提供资料文献、材料供应、设备维护等服务的人员。

R&D 人员中全时人员：在报告年度实际从事 R&D 活动的时间占制度工作时间 90%及以上的人员。

R&D 人员全时当量：是国际上通用的、用于比较科技人力投入的指标。指 R&D 全时人员（全年从事 R&D 活动累积工作时间占全部工作时间的 90%及以上人员）工作量与非全时人员按实际工作时间折算的工作量之和。例如：有 2 个 R&D 全时人员（工作时间分别为 0.9 年和 1 年）和 3 个 R&D 非全时人员（工作时间分别为 0.2 年、0.3 年和 0.7 年），则 R&D 人员全时当量＝1+1+0.2+0.3+0.7=3.2（人年）。

研究人员：指 R&D 人员中具备中级以上职称或博士学历（学位）的人员。

R&D 经费内部支出：指调查单位在报告年度用于内部开展 R&D 活动的实际支出。包括用于 R&D 项目（课题）活动的直接支出，以及间接用于 R&D 活动的管理费、服务费、与 R&D 有关的基本建设支出以及外协加工费等。不包括生产性活动支出、归还贷款支出以及与外单位合作或委托外单位进行 R&D 活动而转拨给对方的经费支出。

日常性支出：指调查单位在报告年度为开展 R&D 活动而发生的人员劳务费，及其各项管理费用和购买非资产性的材料、物资费用等他日常支出。

资产性支出：指调查单位在报告年度为开展 R&D 活动而进行建造、购置、安装、改建、扩建固定资产，以及进行设备技术改造和大修理等实际支出的费用。

政府资金：指调查单位 R&D 经费内部支出中来自各级政府部门的各类资金，包括财政科学技术拨款、科学基金、教育等部门事业费以及政府部门预算外资金的实际支出。

企业资金：指调查单位 R&D 经费内部支出中来自本企业的自有资金和接受其他企业委托而获得的经费，以及科研院所、高校等事业单位从企业获得的资金的实际支出。

R&D 经费外部支出合计：指报告年度调查单位

委托外单位或与外单位合作进行 R&D 活动而拨给对方的经费。

R&D 项目（课题）：指调查单位在当年立项并开展研究工作、以前年份立项仍继续进行研究的研究开发项目或课题，包括当年完成和年内研究工作已告失败的研发项目或课题。

科技进步贡献率：指广义技术进步对经济增长的贡献份额，它反映在经济增长中投资、劳动和科技三大要素作用的相对关系。其基本含义是扣除了资本和劳动后科技等因素对经济增长的贡献份额。

专业技术人员：指从事专业技术工作和专业技术管理工作的人员，即企事业单位中已经聘任专业技术职务从事专业技术工作和专业技术管理工作的人员，以及未聘任专业技术职务，现在专业技术岗位上的人员。包括工程技术人员，农业技术人员，科学研究人员，卫生技术人员，教学人员，经济人员，会计人员，统计人员，翻译人员，图书资料、档案、文博人员，新闻出版人员，律师、公证人员、广播电视播音人员，工艺美术人员，体育人员，艺术人员及企业政治思想工作人员，共十七个专业技术职务类别。

新产品：指采用新技术原理、新设计构思研制、生产的全新产品，或在结构、材质、工艺等某一方面比原有产品有明显改进，从而显著提高了产品性能或扩大了使用功能的产品。

专利：是专利权的简称，是对发明人的发明创造经审查合格后，由专利局依据专利法授予发明人和设计人对该项发明创造享有的专有权。包括发明、实用新型和外观设计。

发明专利：指对产品、方法或者其改进所提出的新的技术方案。

实用新型专利：指对产品的形状、构造或者其结合所提出的适于实用的新的技术方案。

外观设计专利：指对产品的形状、图案、色彩或者其结合所作出的富有美感并适于工业上应用的新设计。

职务发明：执行本单位的任务或者主要是利用本单位的物质条件所完成的发明创造，申请专利的权利属于本单位。

有效发明专利数：指调查单位作为专利权人在报告年度拥有的、经国内外知识产权行政部门授权且在有效期内的发明专利件数。

专利所有权转让及许可数：指报告年度调查单位向外单位转让专利所有权或允许专利技术由被许可单位使用的件数。

专利所有权转让与许可收入：指报告年度调查单位向外单位转让专利所有权或允许专利技术由被许可单位使用而得到的收入。包括当年从被转让方或被许可方得到的一次性付款和分期付款收入，以及利润分成、股息收入等。

集成电路布图设计登记数：指报告年度调查单位向知识产权行政部门提出登记申请并被受理登记的集成电路布图设计的件数。

形成国家或行业标准数：指报告年度调查单位在自主研发或自主知识产权基础上形成的国家或行业标准。形成国家或行业标准须经有关部门批准。

发表科技论文：指在学术刊物上以书面形式发表的最初的科学研究成果。应具备以下三个条件：（1）首次发表的研究成果；（2）作者的结论和试验能被同行重复并验证；（3）发表后科技界能引用。

出版科技著作：指经过正式出版部门编印出版的论述科学技术问题的理论性论文集或专著以及大专院校教科书、科普著作。但不包括翻译国外的著作。由多人合著的科技著作，由第一作者所在单位统计。

《SCI》：美国《科学引文索引》（Science Citation Index），是由美国科学情报研究所于 1961 年创立，报道生命科学、医学、生物、物理、化学、农业、工程技术领域内的科技文献。是目前国际上最具权威性的用于基础研究和应用研究科研成果的评价体系。

《EI》：美国《工程索引》（The Engineering Index），创刊于1884年，由美国工程信息公司编辑出版。作为世界著名的工程技术领域的文献检索系统，其收录文献的内容包括以下工程技术领域：生物工程、土木、地质、环境、矿业、石油、冶金、机械、燃料工程、核能、汽车、宇航工程、电气、电子、控制工程、化工、食品、农业、工业管理、数学、物理、仪表等。

《ISTP》：《科学技术会议录索引》（Index to Scientific and Technical Proceedings）。

东部地区：包括北京，天津，河北，辽宁，上海，江苏，浙江，福建，山东，广东和海南11个省市。

中部地区：包括山西，吉林，黑龙江，安徽，江西，河南，湖北和湖南8个省市。

西部地区：包括内蒙古，广西，重庆，四川，贵州，云南，西藏，陕西，甘肃，青海，宁夏和新疆12个省区市。